高职高专“十二五”建筑及工程管理类专业系列规划教材

工程材料试验

Construction Project

主　编　高　鹤

副主编　李子成　姜　波　张爱菊

西安交通大学出版社
XI'AN JIAOTONG UNIVERSITY PRESS

内容提要

本书依据教育部教学改革精神，针对高等职业教育培养应用技能型人才的特点，结合目前土建行业急需学生掌握的基本知识和技能，采用最新的国家标准和行业标准，从实用、够用的角度出发编写而成。

本书包括工程材料的基本性质、水泥、混凝土骨料、粉煤灰、混凝土减水剂、混凝土、建筑砂浆、砌墙砖、建筑钢材、沥青及沥青混合料、土工材料等11章，主要介绍各类工程材料相关性能的试验方法。

本书可作为高职高专土建施工类、交通工程类、工程管理类等相关专业的教材，也可作为试验检测专业技术人员培训用书，还可作为住建部材料员、人社部试验工、交通部试验检测员等职业资格鉴定考试学习用书。

前言

本书依据教育部教学改革精神，针对高等职业教育培养技能型、应用型人才的特点，以适应土建类专业发展为导向，理论与实践紧密结合。内容方面强调以应用为主旨，以能力为主线，以素质培养为核心，针对目前土建行业就业市场急需具备的理论与实践能力来设置章节。工程材料的检测是土建类各专业学生必须具备的一项基本技能，了解材料的基本性能与检测方法对于进一步学好专业知识，更好地从事工程实践具有重要意义。

本书编写时在内容的编排上进行了改革，对于工程材料基本知识、技术指标作简单介绍，试验检测的内容紧随其后，以便在了解一定理论知识的基础上，重点学习材料试验的操作技能。针对近几年土建行业规范更新较快的实际，本书全部采用最新的国家、行业标准，并组织长期从事一线教学的教师以及工程单位从事试验检测的技术人员进行编写。从实用、够用的角度出发，图文结合，增加了内容的趣味性。

全书共分为十一章，内容包括工程材料的基本性质、水泥、混凝土骨料、粉煤灰、混凝土减水剂、混凝土、建筑砂浆、砌墙砖、建筑钢材、沥青及沥青混合料、土工材料等各类工程材料的基础知识及主要性能的试验方法。

本书可作为高职高专土建类土木工程材料实训教材，也可作为从事土建施工一线的试验检测专业技术人员培训用书，还可作为材料员、试验员、试验检测工程师等的考试学习用书。

本书由石家庄铁路职业技术学院高鹤担任主编，负责全书的统稿及整理工作，李子成、姜波、张爱菊担任副主编，参与编写的还有杨维亭、刘良军、武国平、李志通、袁晓文、王书鹏等。

本书在编写过程中，参阅了大量专家、学者的著作、文献，在此对这些文献作者表示衷心的感谢！

由于编者水平有限，书中难免有疏漏和不足之处，敬请读者批评指正。

编者

2014 年 3 月

目录

第1章 工程材料的基本性质试验

工程材料的基本性质是指当材料处于不同的使用条件和使用环境时，通常必须考虑的最基本的、共有的性质。其主要包括材料的各种密度、密实度与孔隙率、散粒状材料的填充率与空隙率、材料与水有关的性能、材料的力学性能、热学性能和耐久性能等。建筑物的材料所处的环境不尽相同，同时为了满足不同的功能需求，对材料性质的要求也不完全一样。掌握这些基本性质及其试验方法，有助于我们在工程设计和施工中正确、合理地选择和使用材料，开发材料的应用潜能。本章主要介绍工程材料的密度、表观密度、堆积密度、孔隙率和空隙率以及材料的吸水率试验。

1.1 密度

密度是指材料在绝对密实状态下单位体积的质量，即材料的质量与其绝对密实体积之比。钢材、玻璃等少数密实材料近似认为不含孔隙，可根据外形尺寸求得体积。大多数有孔隙的材料，在测定材料的密度时，应把材料磨成细粉，干燥后用李氏瓶测定其体积。材料磨得越细(一般要求<0.2 mm)，测得的密度数值就越精确。了解材料的密度可帮助认识材料的性能，用于计算材料的孔隙率。

本试验方法可以测定块状材料(如黏土砖)、粉末状材料(如水泥)等的密度。

1. 仪器设备

密度瓶(如图1-1所示，又名李氏瓶)、量筒、烘箱、干燥器、恒温水槽、天平(称量500 g，感量0.01 g)、温度计、0.20 mm筛、漏斗和小勺等。

2. 试料准备

对于黏土砖应将试样研碎，通过0.20 mm筛，除去筛余物。对于水泥试样直接采用粉体颗粒即可。放在105～110 ℃的烘箱中，烘至恒重，再放入干燥器中冷却至室温备用。

3. 试验步骤

①在密度瓶中注入与试样不起反应的液体(水泥可采用煤油)至突颈下部刻度线零处附近。将李氏瓶放在温度为(20±0.5) ℃恒温水槽中，恒温30 min后记下刻度数V_0。

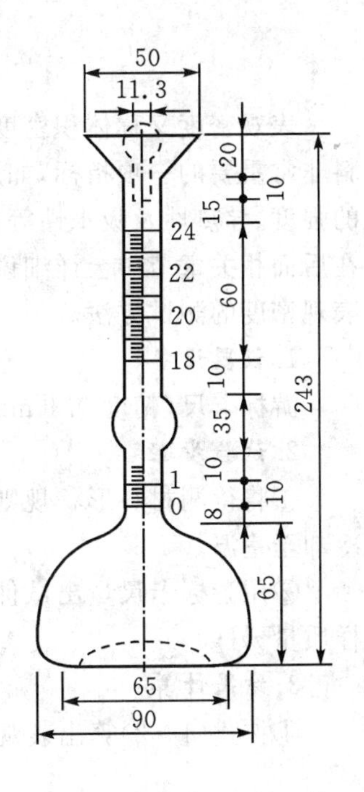

图1-1 李氏瓶(单位:mm)

②用天平称取60～90 g试样，用小勺和漏斗小心地将试样徐徐送入密度瓶中，注意不能大量倾倒，防止在密度瓶喉部发生堵塞，直至液面上升到20 mL刻度左右为止。再称剩余的试样质

量，计算出装入瓶内的试样质量 m(g)。

③轻轻振动密度瓶，使液体中的气泡排出，直至无气泡上升时。将李氏瓶放入温度为 20 ℃±0.5 ℃的恒温水槽中，恒温 30 min 后记下液面刻度 V_1，根据前后两次液面读数，算出液面上升的体积，即为瓶内试样所占的绝对体积 $V=V_1-V_0$(cm³)。

4. 结果计算

①按式(1-1)算出密度 ρ(精确至 0.01 g/cm³)：

$$\rho=\frac{m}{V} \tag{1-1}$$

式中：m——装入瓶中试样的质量，g；

V——装入瓶中试样的绝对体积，cm³；

ρ——材料的密度，g/cm³。

密度试验应用两个试样平行进行，以其结果的算术平均值作为最后结果，但两个结果之差不应超过 0.02 g/cm³，否则应重新取样进行试验。

②将密度试验结果填入表 1-1。

表 1-1　密度试验报告

试验次数	试样的干质量 m/g	放入试样前密度瓶中液面刻度 V_0/cm³	放入试样后密度瓶中液面刻度 V_1/cm³	密度 ρ(0.01 g/cm³)	
				$\rho=\frac{m}{V_1-V_0}$	计算值
1					
2					

1.2　表观密度

表观密度又称体积密度，是指包含自身孔隙在内的单位体积的质量。表观密度是工程材料非常重要的一项指标，如用来评价混凝土骨料和砌块的质量，计算材料的孔隙率，估计材料的强度、导热性及吸水性等。砂、石等几何不规则的材料的表观密度的测试方法采用排液法，在后面相关章节中会详细说明。这里我们仅以具有规则外形的材料(如黏土砖)为例，来介绍表观密度的测试方法。

1. 仪器设备

游标卡尺(精度 0.1 mm)、天平(感量 0.1 g)、烘箱、干燥器等。

2. 试验步骤

①将待测材料形状规则的试件放入 105～110 ℃烘箱中烘干至恒重，取出置入干燥器中，冷却至室温。

②用游标卡尺量出试件尺寸(每边测 3 次，取平均值)，并计算出体积 V_0(cm³)，再称取试样质量 m(g)。

3. 结果计算

①按式(1-2)算出表观密度 ρ_0(精确至 0.01 g/cm³)：

$$\rho_0=\frac{m}{V_0} \tag{1-2}$$

式中：m——试样的质量，g；

V_0——计算得出的试样体积，cm^3；

ρ_0——材料的表观密度，g/cm^3。

表观密度试验用 5 个试样平行进行，以 5 次试验结果的平均值为最后结果。

②规则试样表观密度试验结果填入表 1-2。

表 1-2　表观密度试验报告

试验次数	试样的干质量 m/g	试样尺寸（边长或直径）/cm	试样体积 V_0/cm^3	密度 ρ（0.01 g/cm^3）	
				$\rho_0=\dfrac{m}{V_0}$	计算值
1					
2					
3					
4					
5					

1.3　堆积密度

堆积密度指散粒材料（粉状、粒状或纤维状材料），在自然状态下，单位体积的质量。测定堆积密度时，堆积体积是指所用容器的体积。堆积密度又分为松散堆积密度和紧密堆积密度。材料的堆积密度取决于材料的表观密度和测定时材料装入容器中的疏密程度，工程中常用松散堆积密度来确定散粒状材料的堆放空间。

1. 仪器设备

标准容器、电子秤（感量 1 g）、烘箱、干燥器、漏斗、钢直尺、垫棒等。

2. 试样准备

将试样放在 105～110 ℃的烘箱中，烘至恒重，再放入干燥器中冷却至室温。

3. 试验步骤

（1）材料松堆积密度的测定。

称取标准容器的质量 m_1，将散粒材料（试样）经过标准漏斗（或标准斜面），徐徐地装入容器内，漏斗口（或斜面底）距容器口为 50 mm，待容器顶上形成锥形，将多余的材料用钢尺沿容器口中心线向两个相反方向刮平，或保证高出和低于容器口的体积大致相等，称容器和材料总质量 m_2。

（2）材料紧堆积密度的测定。

称取标准容器的质量 m_1，取另一份试样，分两层装入标准容器内。装完一层后，在筒底垫放一根垫棒，将筒按住，左右交替颠击地面各 25 下，再装第二层，把垫着的钢筋转 90°，再同法前后颠击。加料至试样超出容器口，用钢尺沿容器口中心线向两个相反方向刮平，或保证高出和低于容器口的体积大致相等，称其总质量 m_2。

（3）容器容积 V_0'的测定。

以 20 ℃±5 ℃的饮用水装满容器,用玻璃板沿容器口滑移,使其紧贴容器口,容器与玻璃板之间不能有气泡。擦干容器外壁上的水分,称其质量 m'_1。事先称得玻璃板与容器的总质量 m'_2,单位以 g 计。容器的容积按式(1-3)计算:

$$V'_0=\frac{m'_1-m'_2}{\rho_w} \tag{1-3}$$

式中:V'_0——容器的容积,cm^3;

ρ_w——水的密度,可取 1 g/cm^3。

(4)结果计算。

堆积密度按式(1-4)计算(精确至 0.01 g/cm^3):

$$\rho'_0=\frac{m_2-m_1}{V'_0} \tag{1-4}$$

式中:m_2——容器和试样总质量,g;

m_1——容器质量,g;

ρ'_0——材料的堆积密度,g/cm^3。

堆积密度试验用两个试样平行进行,以两次试验结果的算术平均值作为堆积密度测定的结果。

(5)散粒状材料堆积密度试验结果填入表 1-3。

表 1-3　堆积密度试验报告

试验次数	容器的质量 m_1/g	容器和试样的总质量 m_2/g	容器+玻璃板+水的总质量 m'_1/g	容器+玻璃板的总质量 m'_2/g	密度 ρ(0.01 g/cm^3)	
					$\rho'_0=\frac{m_2-m_1}{m'_1-m'_2}$	计算值
1						
2						

1.4　孔隙率与空隙率

孔隙是指材料内部被空气所占据的部分,包括开口孔隙和闭口孔隙,如图 1-2 所示。孔隙率指材料的自然体积内,孔隙体积占总体积的百分率,反映材料的致密程度。空隙是指散粒状材料的堆积体中颗粒之间的部分,如图 1-3 所示。空隙率指散粒材料在堆积体积中,空隙体积占堆积体积的百分率,反映了散粒材料的颗粒互相填充的紧密程度。孔隙率和空隙率可根据前面测得的材料的密度、表观密度和堆积密度计算得出。

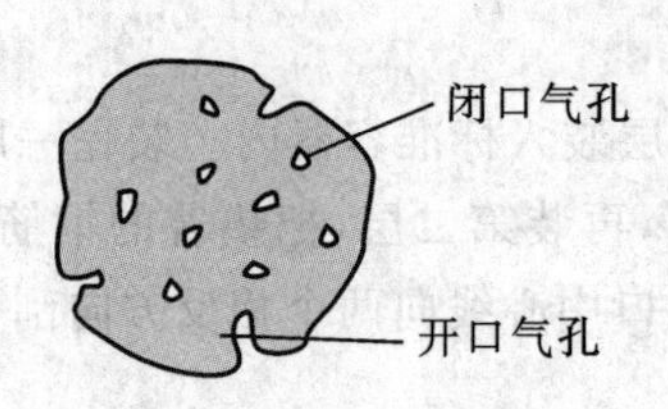

图 1-2　材料的孔隙

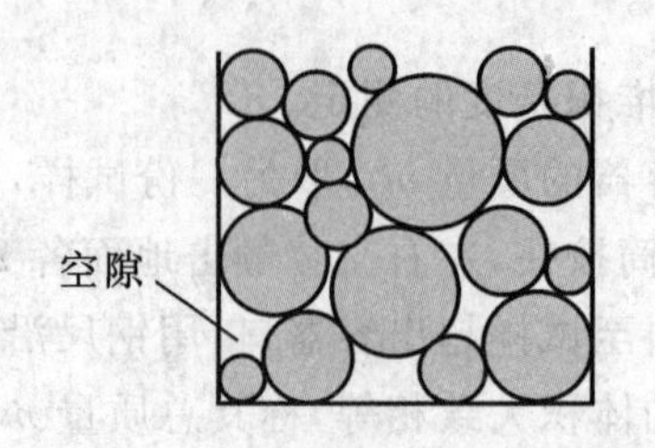

图 1-3　材料颗粒间的空隙

(1)材料孔隙率按式(1-5)计算：

$$P=\left(1-\frac{\rho_0}{\rho}\right)\times 100\% \tag{1-5}$$

式中：P——材料的孔隙率，%；

ρ——材料的密度，g/cm^3；

ρ_0——材料的表观密度，g/cm^3。

(2)材料空隙率按式(1-6)计算：

$$P'=\left(1-\frac{\rho_0'}{\rho_0}\right)\times 100\% \tag{1-6}$$

式中：P'——材料的空隙率，%；

ρ_0'——材料的堆积密度，g/cm^3；

ρ_0——材料的表观密度，g/cm^3。

(3)孔隙率和空隙率试验结果填入表 1-4。

表 1-4　孔隙率和空隙率试验报告

材料的密度 ρ (g/cm^3)	材料的表观密度 ρ_0 (g/cm^3)	材料的堆积密度 ρ_0' (g/cm^3)	孔隙率/%	空隙率/%
			$P=\left(1-\frac{\rho_0}{\rho}\right)\times 100\%$	$P'=\left(1-\frac{\rho_0'}{\rho_0}\right)\times 100\%$

1.5　吸水率

材料在水中吸收水分的能力称为吸水性，以吸水率表示，有质量吸水率和体积吸水率两种表示方法。材料的吸水率的大小对强度、抗冻性、导热性等都有较大影响。

(1)仪器设备。

天平(感量 0.1 g)、水槽、烘箱、干燥器等。

(2)试验步骤。

①将试件置于烘箱中，以不超过 105～110 ℃的温度烘至恒重，置于干燥器中冷却至室温，称其质量 m_0(g)。

②将试件放入水槽中，试件之间应留 10～20 mm 的间隔，试件底部应用玻璃棒垫起，避免与槽底直接接触，保证水分能自由进入试件内部。

③将水注入水槽中，使水面至试件高度的 1/4 处，2 h 后加水至试件高度的 1/2，隔 2 h 再加入水至试件高度的 3/4 处，又隔 2 h 加水至高出试件 1～2 cm，再经 24 h 后取出试件。这样逐次加水能使试件孔隙中的空气逐渐逸出。

④取出试件后，用拧干的湿毛巾轻轻抹去试件表面的水分(不得来回擦拭)。称其质量，称量后仍放回槽中浸水。以后每隔 24 h 用同样方法称取试样质量，直至试件浸水至恒定质量为止(质量相差不超过 1%时)，此时称得的试件质量为 m_1(g)。

(3)结果计算。

按式(1-7)和式(1-8)分别计算质量吸水率 $W_质$ 及体积吸水率 $W_体$：

$$W_{质}=\frac{m_1-m}{m}\times 100\% \quad (1-7)$$

$$W_{体}=\frac{V_1}{V_0}\times 100\%=\frac{m_1-m}{m}\times\frac{\rho_0}{\rho_w}\times 100\%=W_{质}\ \rho_0 \quad (1-8)$$

式中：V_1——材料吸水饱和时水的体积，cm^3；

V_0——干燥材料自然状态时的体积，cm^3；

ρ_0——试样的表观密度，g/cm^3；

ρ_w——水的密度，常温时 $=1\ g/cm^3$。

吸水率试验用三个试样平行进行，最后取三个试件试验结果的算术平均值作为测定结果。

(4)吸水率试验结果填入表1-5。

表1-5　吸水率试验报告

试验次数	试样的干质量 m_0/g	试样吸水饱和后的质量 m_1/g	材料的表观密度 ρ_0 (g/cm^3)	质量吸水率/%		体积吸水率/%	
				$W_{质}=\frac{m_1-m}{m}\times 100\%$	计算值	$W_{体}=W_{质}\ \rho_0$	计算值
1							
2							
3							

第2章 水泥试验

水泥是指加入适量水后可形成塑性浆体,既能在空气中硬化又能在水中硬化,并能将砂、石等散粒状材料牢固地胶结在一起的细粉状水硬性胶凝材料。

水泥是建筑工程中用量最大的建筑材料,广泛用于工业、民用建筑、道路桥梁、水利及国防等土建工程中。在今后很长一段时间内,水泥和水泥混凝土制品仍将是主要的建筑材料。对水泥的技术指标进行检测,对于控制工程当中水泥制品质量,保证结构物安全具有十分重要的意义。本章主要介绍通用水泥的细度、标准稠度用水量、凝结时间、体积安定性、强度和胶砂流动度等的测试方法。通用水泥的试验应符合下列规定:

(1)取样方法。

水泥取样依据《水泥取样方法》(GB/T 12573—2008)。水泥使用单位现场取样应按下述方法进行:

①散装水泥:以同一水泥厂按同品种、同标号、同期到达的水泥,不超过500 t为一个取样单位。随机从不少于3个罐车中采取等量水泥,经混拌均匀后称取不少于12 kg。

②袋装水泥:以同一水泥厂按同品种、同标号、同期到达的水泥,不超过200 t为一个取样单位。取样应具有代表性,可从20个以上不同部位的袋中取等量样品水泥,经混拌均匀后称取不少于12 kg。

按照上述方法取得的水泥样品,按标准规定进行检验前,将其分成两等份。一份用于标准检验,一份密封保管3个月,以备有疑问时复验。

(2)对试验材料的要求。

①水泥试样应存放在密封干燥的铁桶或塑料桶内,并在容器上注明水泥生产厂家、品种、强度等级、出厂日期、送样日期等。

②试验室温度保持在20 ℃±2 ℃,每天做好温度和湿度记录,试验用材料,包括水泥、标准砂和水等,均应与试验室温度相同。

③试验用水必须是洁净的饮用水或蒸馏水。

2.1 细度

水泥的细度是指颗粒的粗细程度,是检验水泥品质的主要指标之一。水泥颗粒越细,总表面积越大,水化速度越快,水化程度越彻底。但水泥颗粒也不宜过细,否则会使得水化热增大,硬化时的体积收缩大,且生产水泥的成本也会增大。所以,应合理控制水泥的细度。依据《通用硅酸盐水泥》(GB 175—2007)规定,硅酸盐水泥和普通硅酸盐水泥的细度以比表面积表示,其比表面积不小于300 m^2/kg;矿渣硅酸盐水泥、火山灰硅酸盐水泥、粉煤灰硅酸盐水泥和复合硅酸盐水泥的细度以筛余百分率表示,其80 μm方孔筛筛余不大于10%,45 μm方孔筛筛余不大于30%。

2.1.1 比表面积法

水泥的比表面积是指单位质量的水泥所具有的总表面积，以 cm^2/g 或 m^2/kg 来表示。比表面积越大，说明水泥颗粒越细小。

比表面积法依据《水泥比表面积测定方法 勃氏法》(GB/T 8074—2008)，采用勃氏透气仪测定。本方法的原理是，根据一定量的空气通过具有一定空隙率和固定厚度的水泥层时，所受阻力不同而引起流速的变化来测定水泥的比表面积。在一定空隙率的水泥层中，空隙的大小和数量是颗粒尺寸的函数，同时也决定了通过料层的气流速度。本试验要求试验室相对湿度不大于 50%。

1. 仪器设备

①勃氏比表面积测定仪(如图 2-1 所示)。主要组成部分包括：U 型压力计(如图 2-2 所示)，透气圆筒(如图 2-3 所示)，捣器(如图 2-4 所示)。

②烘干箱(烘制温度灵敏度±1 ℃)。

③分析天平(感量 0.001 g)。

④秒表(精确至 0.5 s)。

⑤其他：基准材料(GSB14-1511 或相同等级的标准物质)、压力计液体(蒸馏水)、滤纸、汞(分析纯)。

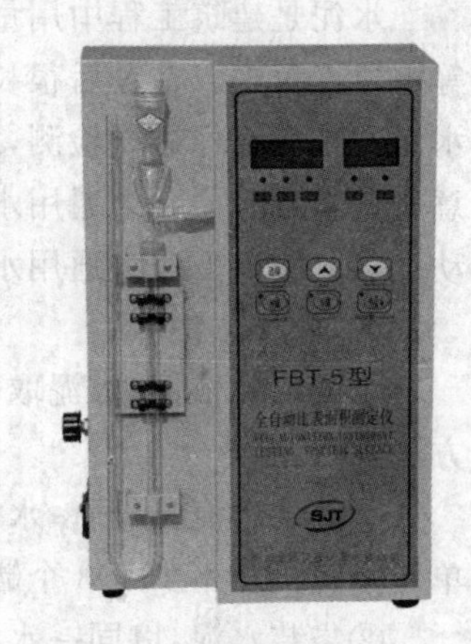

图 2-1 勃氏比表面积测定仪

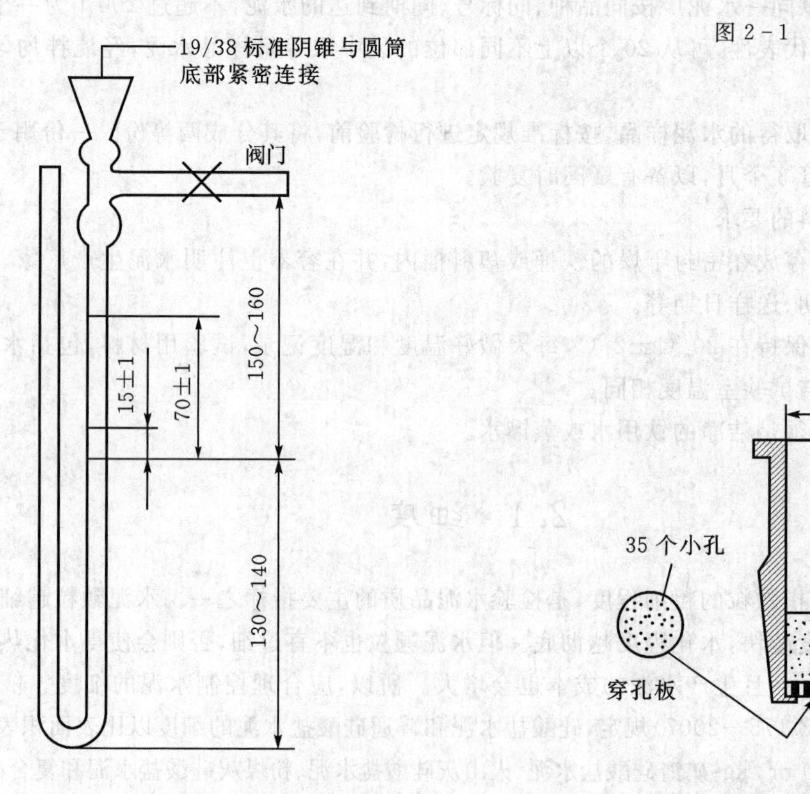

图 2-2 U 型压力计(单位：mm)

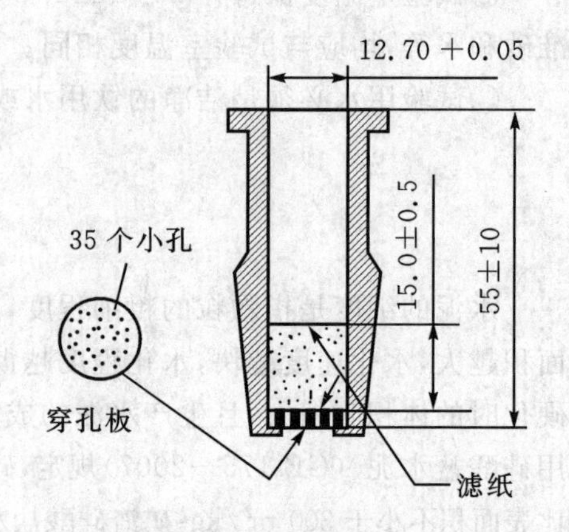

图 2-3 透气圆筒(单位：mm)

2.试验步骤

①水泥样品先通过0.9 mm方孔筛,再在110 ℃±5 ℃下烘干1 h,并在干燥器中冷却至室温。

②采用李氏瓶法测定水泥的密度(见本书第1章)。

③将透气圆筒的上口用橡胶皮塞塞紧,接到压力计上。用抽气装置从压力计一臂中抽出部分气体,然后关闭阀门,观察是否漏气。如发现漏气,可用活塞油脂加以密封。

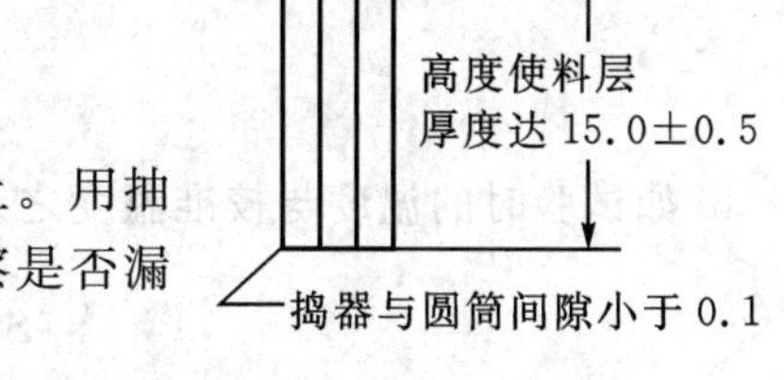

图2-4　捣器(单位:mm)

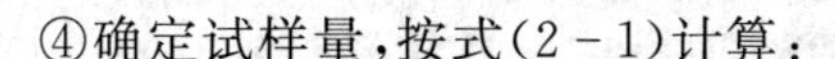

④确定试样量,按式(2-1)计算:

$$m=\rho V(1-\varepsilon) \tag{2-1}$$

式中:m——需要的试样量,g;

V——试料层的体积,cm^3;

ρ——试样的密度,g/cm^3;

ε——试样层空隙率,硅酸盐水泥(P·Ⅰ、P·Ⅱ)的空隙率采用0.500±0.005,其他水泥或粉料采用0.530±0.005。

⑤试料层制备。将穿孔板放入透气圆筒的凸缘上,用捣棒把一片滤纸放到穿孔板上,边缘放平并压紧。称取试样(④确定的试样量),精确到0.001 g,倒入圆筒。轻敲圆筒的边缘,使水泥层表面平坦。再放入一片滤纸,用捣器均匀捣实试料直至捣器的支持环与圆筒顶边接触,并旋转1～2圈,慢慢取出捣器。穿孔板上的滤纸为ϕ12.7 mm边缘光滑的圆形滤纸片,每次测定需用新的滤纸片。

⑥把装有试料层的透气圆筒下锥面涂一薄层活塞油脂,然后把它插入压力计顶端锥形磨口处,旋转1～2圈。要保证紧密连接不致漏气,并不振动所制备的试料层。

⑦打开微型电磁泵慢慢从压力计一臂中抽出空气,直到压力计内液面上升到扩大部位下端时,关闭阀门。当压力计内液体的凹液面下降到第一条刻线时开始计时,当液体的凹液面下降到第二条刻线时停止计时,记录液面从第一条刻线到第二条刻度线所需的时间。以秒记录,并记录下试验时的温度(℃)。每次透气试验时,应重新制备试料层。

3.计算与结果处理

①当被测试样的密度、试料层中空隙率与标准样品相同,试验时的温度与校准温度之差≤3 ℃时,可按式(2-2)计算:

$$S=\frac{S_s\sqrt{T}}{\sqrt{T_s}} \tag{2-2}$$

如试验时的温度与校准温度之差>3 ℃时,可按式(2-3)计算:

$$S=\frac{S_s\sqrt{\eta_s}\sqrt{T}}{\sqrt{\eta}\sqrt{T_s}} \tag{2-3}$$

式中:S——被测试样的比表面积,cm^2/g;

S_s——标准试样的比表面积,cm^2/g;

T——被测试样试验时,压力计中液面降落测得的时间,s;

T_s——标准试样试验时,压力计中液面降落测得的时间,s;

η——被测试样在试验温度下的空气黏度,$\mu Pa \cdot s$;

η_s——标准试样在试验温度下的空气黏度,$\mu Pa \cdot s$。

②当被测试样的试料层中空隙率与标准样品不同,试验时的温度与校准温度之差≤3 ℃时,可按式(2-4)计算:

$$S=\frac{S_s\sqrt{T}(1-\varepsilon_s)\sqrt{\varepsilon^3}}{\sqrt{T_s}(1-\varepsilon)\sqrt{\varepsilon_s^3}} \tag{2-4}$$

如试验时的温度与校准温度之差>3 ℃时,可按式(2-5)计算:

$$S=\frac{S_s\sqrt{\eta_s}\sqrt{T}(1-\varepsilon_s)\sqrt{\varepsilon^3}}{\sqrt{\eta}\sqrt{T_s}(1-\varepsilon)\sqrt{\varepsilon_s^3}} \tag{2-5}$$

式中:ε——被测试样试料层中的空隙率;

ε_s——标准试样试料层中的空隙率。

③当被测试样的试料层中密度和空隙率均与标准样品不同,试验时的温度与校准温度之差≤3 ℃时,可按式(2-6)计算:

$$S=\frac{S_s\rho_s\sqrt{T}(1-\varepsilon_s)\sqrt{\varepsilon^3}}{\rho\sqrt{T_s}(1-\varepsilon)\sqrt{\varepsilon_s^3}} \tag{2-6}$$

如试验时的温度与校准温度之差>3 ℃时,可按式(2-7)计算:

$$S=\frac{S_s\rho_s\sqrt{\eta_s}\sqrt{T}(1-\varepsilon_s)\sqrt{\varepsilon^3}}{\rho\sqrt{\eta}\sqrt{T_s}(1-\varepsilon)\sqrt{\varepsilon_s^3}} \tag{2-7}$$

式中:ρ——被测试样的密度,g/cm^3;

ρ_s——标准试样的密度,g/cm^3。

④水泥比表面积应由两次透气试验结果的平均值确定。如两次试验结果相差2%以上时,应重新试验。计算结果保留至10 cm^2/g。

⑤试验结果填入表2-1。

表2-1 水泥比表面积试验报告

试验次数	试料层体积 V(cm^3)	试样质量 m(g)	标准试样比表面积 S_s (10 cm^2/g)	标准试样试验时间 T_s(s)	被测试样试验时间 T(s)	标准试样试验温度 t_s(℃)	被测试样试验温度 t(℃)	标准试样试验温度空气黏度 η_s(μPa·s)	被测试样试验温度空气黏度 η(μPa·s)	比表面积 S(10 cm^2/g)	
										单值	计算值
1											
2											

2.1.2 筛析法

筛析法试验依据《水泥细度检验方法 筛析法》(GB/T 1345—2005),采用45 μm方孔筛和80 μm方孔筛对水泥试样进行筛分试验,用筛上筛余物的质量百分数表示水泥样品的细度。

筛析法又分为负压筛析法、水筛法和手工筛析法三种,为保持筛孔的标准度,试验筛应用已知筛余的标准样品来标定。

1.仪器设备

负压筛析仪(如图2-5所示)、试验用筛(如图2-6所示)、水泥细度筛(如图2-7所示)、喷头、天平(感量0.1 g)、红外线干燥器。

2. 试验步骤

(1)负压筛析法。

负压筛析法测定水泥细度的原理是通过负压源产生的恒定气流，在规定筛析时间内使试验筛内小于筛孔尺寸的水泥通过，测试筛上残留水泥质量占总质量的百分数来评价水泥的细度。

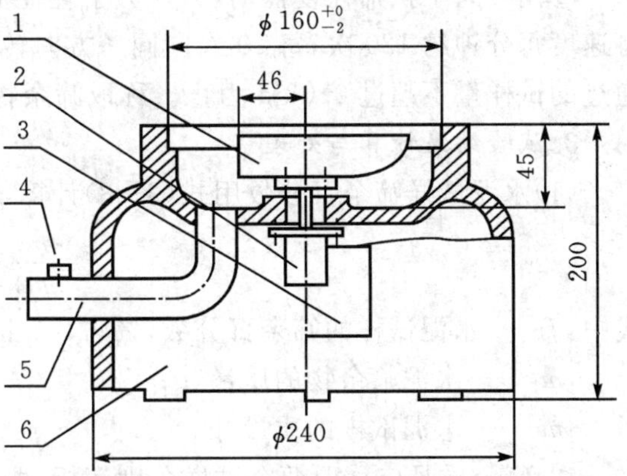

①筛析试验前，应调整负压筛的负压范围。方法是把试验筛放在筛座上，盖上筛盖，接通电源，调节负压至4000～6000 Pa范围内。当工作负压小于4000 Pa时，应清理吸尘器内水泥，使负压恢复正常。

1—喷气嘴；2—微电机；3—控制板开口；4—负压表接口；5—负压源及收尘器接口；6—壳体

图2-5 负压筛析仪座示意图(单位：mm)

②称取试验用水泥(若采用80 μm筛，称取水泥试样25 g；若采用45 μm筛，则称取水泥试样10 g)，精确至0.01 g。将称好的水泥置于洁净干燥的负压筛中，放在筛座上，盖上筛盖。设置试验时间为2 min，开动筛析仪筛析，在此期间如有试样附着在筛盖上，可轻轻地敲击，使试样落下。筛分完毕以后，用天平称量筛余物质量。

图2-6 试验用筛

(2)水筛法。

水筛法是将试验筛放在水筛座上，用规定压力的水流，在规定时间内使试验筛内的水泥达到筛分。水筛的试验装置如图2-7所示装置。

①试验所用的水应洁净，无泥砂。试验前调整好水压及水筛架的位置，保证水筛架能正常运转。试验时，喷头底面和筛网之间距离为35～75 mm。

②按要求根据所用水筛的筛孔大小，称取一定质量的水泥试样，精确至0.01 g。将称好的水泥置于洁净的水筛中，立即用洁净淡水冲洗至大部分细粉通过后，再将筛子置于水筛架上，用喷头连续冲洗约3 min，水压应保持为0.05 MPa±0.02 MPa。冲洗完毕，用少量水把筛余物冲至蒸发器中，水泥颗粒全部沉淀后小心倒出清水，烘干并用天平称量筛余物的质量。

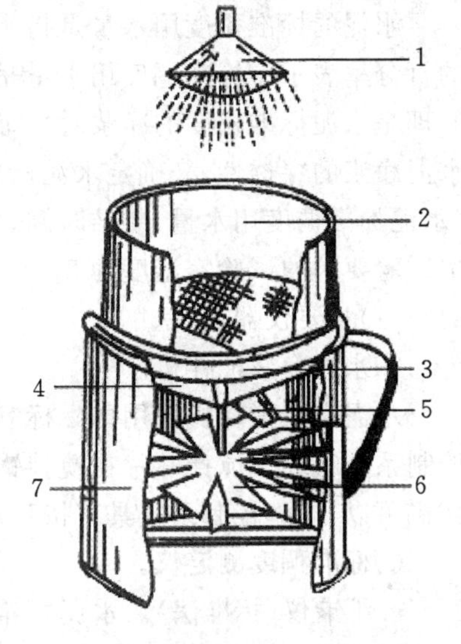

1—喷头；2—标准筛；3—旋转托架；4—集水斗；5—出水口；6—叶轮；7—外筒

图2-7 水泥细度筛(水筛法)

(3)手工筛析法。

在没有负压筛析仪和水筛的情况下，允许用手工干筛法测定。手工筛析是将试验筛放在接料盘(底盘)上，用手工按照规定的拍打速度和转动角度，对水泥进行筛析试验。

①按规定称取一定质量的水泥试样，精确至0.01 g，倒入干筛内。

②用一只手执筛往复摇动，另一只手轻轻拍打，往复摇动和拍打过程应保持近于水平。拍打速度每分钟约 120 次，每 40 次向同一方向转动 60°，使试样均匀分布在筛网上，直至每分钟通过的试样量不超过 0.03 g 为止。称取筛余物质量。

3.试验结果计算与处理

(1)水泥试样筛余百分数用式(2-8)计算，精确至 0.1%。

$$f=\frac{m_1}{m_0}\times 100\% \tag{2-8}$$

式中：f——水泥试样的筛余百分数，%；

m_1——水泥筛余物的质量，g；

m_0——水泥试样的质量，g。

(2)每个样品应称取两个试样分别筛析，取筛余平均值为筛析结果。若两次筛余结果误差大于 0.5%时，应再做一次试验，取两次相近结果的算术平均值作为最终结果。负压筛法与水筛法或干筛法测定的结果发生争议时，以负压筛法为准。

(3)试验结果填入表 2-2。

表 2-2　水泥细度试验报告

测定方法	试验编号	试样质量 m_0(g)	筛余物质量 m_1(g)	筛余百分数 f(%)

2.2　标准稠度用水量

水泥的标准稠度用水量是指水泥净浆达到规定稠度时所需的拌和用水量，以占水泥质量的百分率表示。标准稠度用水量是确定水泥凝结时间和体积安定性试验用水量的前提。基本原理是水泥标准稠度的净浆对标准试杆(或试锥)的沉入具有一定阻力，通过试验不同含水量水泥净浆的穿透性，来确定水泥标准稠度净浆中所需加入的水量。标准稠度用水量试验依据《水泥标准稠度用水量、凝结时间、安定性检验方法》(GB/T 1346—2011)，分标准法和代用法。本试验要求的试验室温度为 20 ℃±2 ℃，相对湿度应不低于 50%。

(1)主要仪器设备。

①水泥净浆搅拌机。

水泥净浆搅拌机采用国际标准通用型，如图 2-8 所示，由搅拌锅、搅拌叶片、传动机构和控制系统组成。搅拌叶片在搅拌锅内作旋转方向相反的公转和自转，并可在竖直方向调节，搅拌机可以升降，控制系统具有按程序自动控制与手动控制两种功能。

②标准稠度测定仪。

a.维卡仪(标准法)。水泥标准稠度测定采用维卡仪，如图 2-9 所示。试杆为有效长度 50 mm±1 mm，直径为 ϕ10 mm±0.05 mm 的圆柱形耐腐蚀金属制成。盛装水泥净浆的试模由耐腐蚀的、有足够硬度的金属制成。深度为 40 mm±0.2 mm、顶内径为 ϕ65 mm±0.5 mm、底内径 ϕ75 mm±0.5 mm 的截顶圆锥体，每个试模配有一个边长约为 100 mm、厚度约 5 mm 的玻璃板。

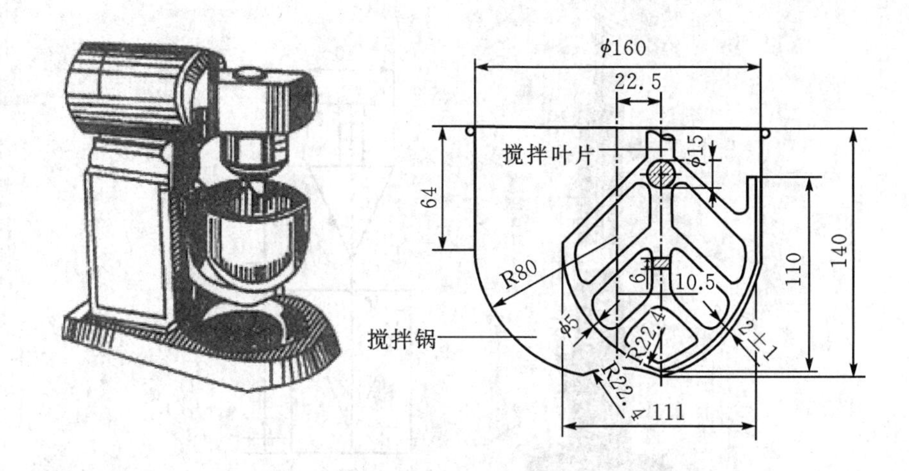

图 2-8　水泥净浆搅拌机示意图(单位:mm)

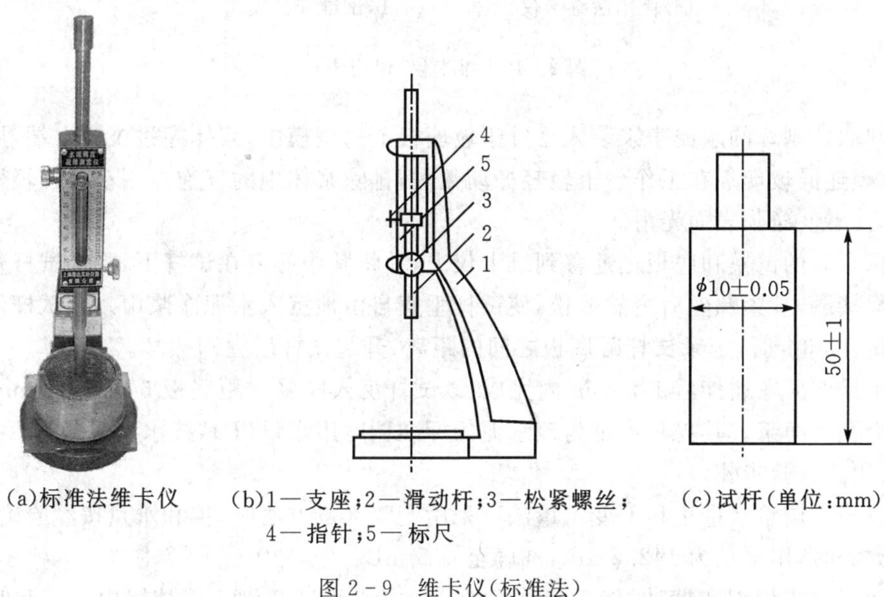

(a)标准法维卡仪　(b)1—支座;2—滑动杆;3—松紧螺丝;4—指针;5—标尺　(c)试杆(单位:mm)

图 2-9　维卡仪(标准法)

b.维卡仪(代用法)。水泥标准稠度测定采用维卡仪(代用法),如图 2-10 所示。滑动部分的总质量为 300 g±1 g,金属空心试锥锥底直径 40 mm,高 50 mm,装净浆用锥模上部内径 60 mm,锥高 75 mm。

③其他仪器:天平(感量 0.1 g)、量筒、烧杯、抹刀等。

(2)标准法试验步骤。

①试验前检查测定仪的滑动杆能否自由滑动,调整试杆接触玻璃板时指针对准零点,搅拌机应运转正常。

②拌和用具先用湿布擦抹,将拌和用水加入搅拌锅内,然后将称好的 500 g 水泥试样倒入搅拌锅内,防止水和水泥溅出。

③装好搅拌锅,升至搅拌位置,开机搅拌。低速搅拌 120 s,停 15 s,接着高速搅拌 120 s,停机后将叶片上的水泥刮入锅中间,卸下搅拌锅。

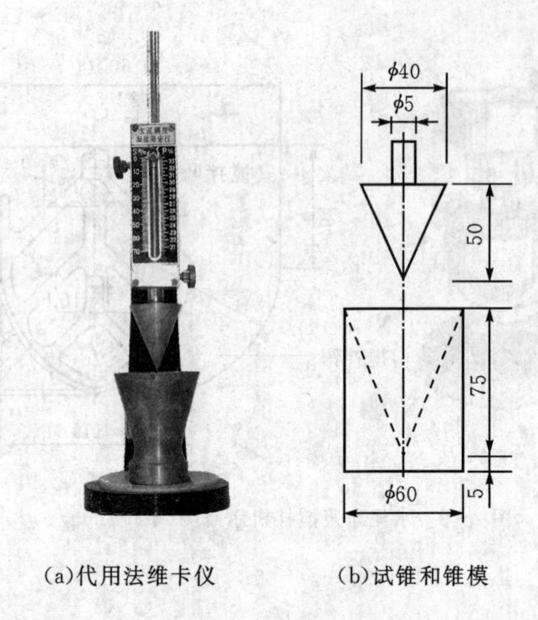

(a)代用法维卡仪　　(b)试锥和锥模

图 2-10　维卡仪(代用法)

④立即取拌制好的水泥净浆装入已置于玻璃板上的试模中,浆体超过试模上端,用小刀插捣,并将试模连同玻璃板在工作台上轻轻振动数次,排除浆体中的气泡。用小刀轻轻地刮去多余的净浆,抹平使净浆表面光滑。

⑤将抹平后的试模和底板迅速移到维卡仪上,并将其中心定在试杆下,降低试杆直至与水泥净浆表面接触,拧紧螺丝后突然放松,使试杆垂直自由地沉入水泥净浆中。在试杆停止沉入后或释放试杆 30 s 时,记录试杆距底板之间的距离,升起试杆后立即擦净。

⑥整个操作应在搅拌后 1.5 min 内完成,以试杆沉入净浆并距底板 6 mm±1 mm 的水泥净浆为标准稠度净浆。其拌和水量为该水泥的标准稠度用水量(P),按水泥质量的百分比计。

(3)代用法试验步骤。

①可以采用调整水量法和不变水量法。采用调整水量方法时,拌和水量按经验确定;采用不变水量方法时,用水量为 142.5 mL,准确至 0.5 mL。

②拌和用具先用湿布擦抹,然后将称好的 500 g 水泥试样倒入搅拌锅内。拌和时将搅拌锅放到搅拌机锅座上的搅拌位置,开动机器,同时徐徐加入拌和用水,慢速搅拌 120 s,停拌 15 s,接着快速搅拌 120 s 后停机。

③拌和完毕,立即将净浆一次装入锥模中,用小刀插捣并振动数次,刮去多余净浆,将锥模在工作台上轻轻振动以排出多余气泡,抹平后迅速放到测定仪试锥下面的固定位置上。将试锥降至净浆表面,拧紧螺丝,然后突然放松螺丝,让试锥沉入净浆中,到停止下沉或释放试杆 30 s 时,记录试锥下沉深度 S。

④用调整水量方法测定时,以试锥下沉深度 30 mm±1 mm 时的拌和水量为标准稠度用水量(P),以水泥质量百分数计。如下沉深度超出范围,需另称试样后调整水量,重新试验,直至达到 30 mm±1 mm 时为止。

⑤用不变水量方法测定时,根据测得的下沉深度 S(mm),可按式(2-9)计算标准稠度用水量 P(%)。当试锥下沉深度小于 13 mm 时,应用调整水量方法测定。

$$P = 33.4 - 0.185S \tag{2-9}$$

式中：P——标准稠度用水量，%；

S——试锥下沉深度，mm。

(4)试验结果填入表2-3。

表2-3 水泥标准稠度用水量试验报告

测定方法	试验编号	试样质量 m(g)	拌和水量 (mL)	试杆距底板距离 (mm)	试锥下沉深度 S(mm)	标准稠度用水量 P(%)

2.3 凝结时间

水泥的凝结时间包括初凝时间和终凝时间。初凝时间是指水泥加水拌和至水泥浆体开始失去塑性所需的时间；终凝时间是指水泥加水拌和至水泥浆体完全失去塑性，开始产生强度所需的时间。凝结时间对于保证施工顺利进行具有重大意义，初凝不能过早，以便有足够的时间完成混凝土的搅拌、运输、浇注、振捣等工艺；终凝不宜过长，以免拖延施工进度。

《通用硅酸盐水泥》规定，硅酸盐水泥的初凝时间不小于45 min，终凝时间不大于390 min。其他通用水泥的初凝时间不小于45 min，终凝时间不大于600 min。

(1)主要仪器设备。

水泥净浆搅拌机、标准维卡仪(换成凝结时间的试针，如图2-11所示)、水泥标准养护箱、天平(感量0.1 g)、量筒、烧杯、抹刀等。

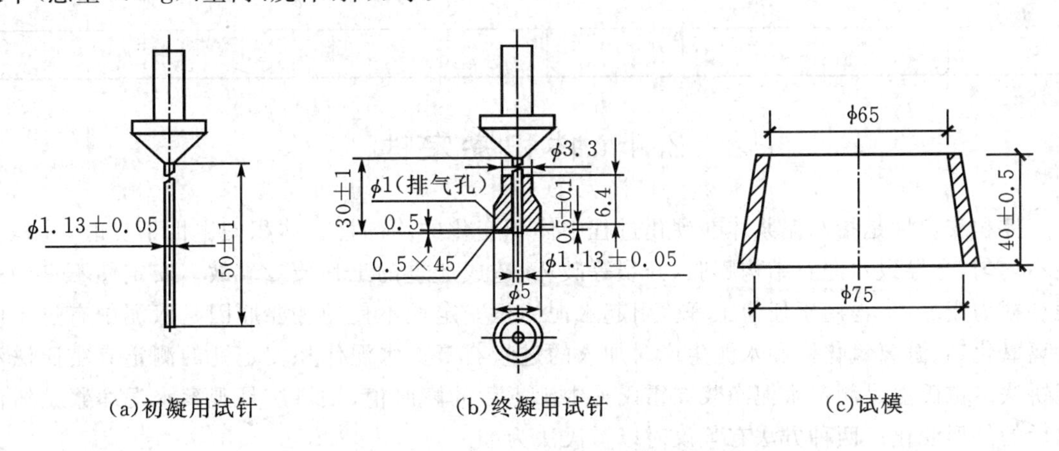

图2-11 凝结时间用试针和试模(单位：mm)

(2)试验步骤。

①测定前，将圆模放在玻璃板上，并调整仪器使试针接触玻璃板时，指针对准标尺的零点。

②测定水泥的标准稠度用水量，称取500 g水泥，按该用水量拌制标准稠度水泥净浆，并

将净浆立即一次装入圆模,振动数次后刮平,然后放入水泥标准养护箱内,记录水泥全部加入水中的时间作为凝结时间的起始时间。

③30 min 时进行第一次测试,从养护箱中取出试模放到试针下,降低试针与净浆表面接触,拧紧螺丝,然后突然放松,试针自由沉入净浆,观察试针停止下沉或释放试杆 30 s 时的读数。当临近初凝时,每隔 5 min 测定一次,当试针沉至距底板 4 mm±1 mm,即为水泥达到初凝状态。以水泥全部加入水中至初凝状态的时间为初凝时间,用 min 表示。

④初凝时间测出后,立即将试模连同浆体以平移的方式从玻璃板上取下,翻转 180°,直径大端向上,小端向下,放在玻璃板上,再放到水泥标准养护箱中养护。临近终凝时,每隔15 min 测定一次,当试针沉入试体 0.5 mm 时,即环形附件开始不能在试体上留下痕迹时,即水泥达到初凝状态,水泥全部加入水中至终凝状态的时间为终凝时间,用 min 表示。每次测定完毕,须将圆模放回养护箱内,并将试针擦净。

(3)注意事项。

①标准稠度用水量直接影响凝结时间的测定结果,故标准稠度应测定准确。

②在最初测定初凝时间时应轻轻扶持试针的滑棒,使之徐徐下降,以防止试针被撞弯。但初凝时间仍必须以自由降落的指针读数为准。

③每次测试时不能让试针落入原针孔,在整个测试过程中试针沉入净浆的位置距试模至少大于 10 mm。

④每次测定完毕,需将试针擦净并将试模放入养护箱内,测定过程中避免试模受震动。

(4)试验结果填入表 2-4。

表 2-4　水泥凝结时间试验报告

试验编号	水泥全部加入水中时刻 (h:min)	初凝时刻 (h:min)	初凝时间 (min)	终凝时刻 (h:min)	终凝时间 (min)

2.4　体积安定性

体积安定性是指水泥浆体在硬化过程中体积变化的均匀性。体积安定性不良时,体积变化不均匀,会导致水泥石结构膨胀、开裂等破坏,造成严重的工程质量事故。安定性不良的水泥被视为废品,不得用于任何工程。引起水泥体积安定性不良的主要原因是水泥中有过多的游离氧化钙、游离氧化镁和水泥生产时加入的过量石膏。水泥体积安定性的测定有雷氏法和试饼法。雷氏法是测定水泥净浆在雷氏夹中沸煮后的膨胀值,试饼法是观察水泥净浆试饼沸煮后的外形变化。两种方法有争议时以雷氏法为准。

(1)主要仪器设备。

水泥净浆搅拌机、沸煮箱(如图 2-12 所示)、雷氏夹(如图 2-13 所示)、雷氏夹膨胀值测量仪(如图 2-14 所示)、天平(感量 0.1 g)、量筒、烧杯、抹刀、玻璃板等。

(2)试验步骤。

①雷氏法。

a. 与水泥接触的玻璃板一面和雷氏夹内涂上一层机油，按标准稠度测定时拌和净浆的方法制成标准稠度水泥净浆。

b. 将预先准备好的雷氏夹放在已擦油的玻璃板上，并立刻将已制好的标准稠度净浆装满试模，装模时一只手轻轻扶持试模，另一只手用宽约 25 mm 的直边刀在浆体表面轻轻插捣 3 次，然后抹平，盖上稍涂油的玻璃板，接着立刻将试模移至湿气养护箱内养护 24 h±2 h。

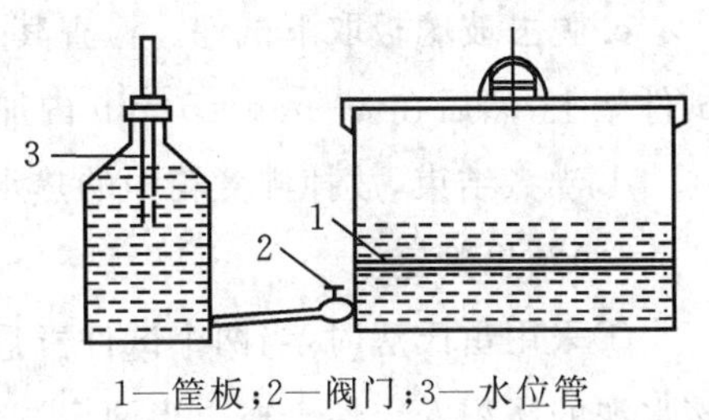

1—箆板；2—阀门；3—水位管

图 2-12 沸煮箱

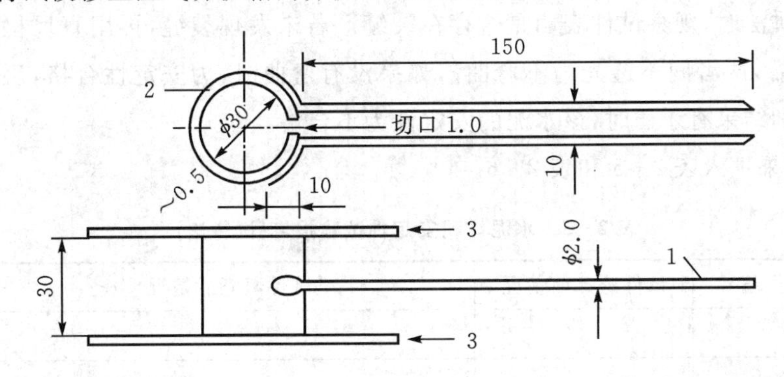

1—指针；2—环模；3—玻璃板

图 2-13 雷氏夹(单位：mm)

c. 脱去玻璃板取下试件，先测量雷氏夹指针尖端的距离 A_0(精确至 0.5 mm)。接着将试件放入沸煮箱水中试件架上，指针朝上，试件之间互不交叉，然后在 30 min±5 min 内加热至沸，并恒沸 180 min±5 min。

d. 沸煮结束后，立即放掉沸煮箱中的热水，打开箱盖，冷却至室温后取出试件。测量雷氏夹指针尖端的距离 A_1(精确至 0.5 mm)。

②试饼法。

a. 每个水泥样品需准备两块边长约为 100 mm×100 mm 的玻璃板，与水泥接触的一面涂上一薄层机油。按标准稠度测定时拌和净浆的方法制成水泥净浆。

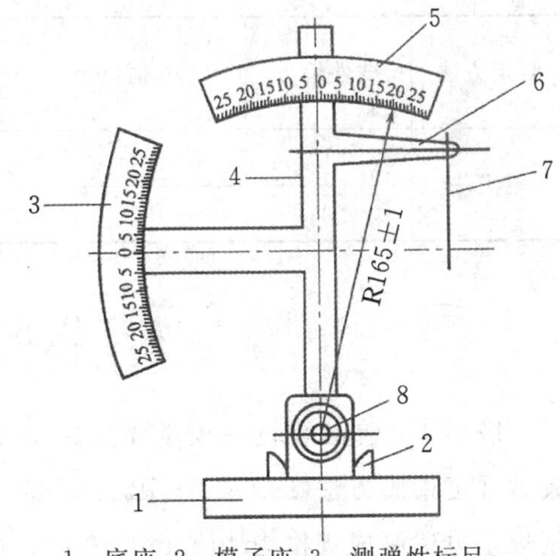

1—底座；2—模子座；3—测弹性标尺；4—立柱；5—测膨胀值标尺；6—悬臂；7—悬丝；8—弹簧顶扭

图 2-14 雷氏夹膨胀值测量仪(单位：mm)

b. 从拌制好的水泥净浆中取出净浆约 150 g，分成两等份，使之成球形，放在涂过油的玻璃板上。轻轻振动玻璃板，并用湿布擦过的小刀由边缘向中央抹动，做成直径 70～80 mm、中心厚约 10 mm、边缘渐薄、表面光滑的试饼。接着将试饼放入湿气养护箱内，养护 24 h±2 h。

c. 脱去玻璃板取下试件。检查其是否完整，在试件无缺陷的情况下将试饼放在沸煮箱的试件架上，然后在 30 min±5 min 内加热至沸，并恒沸 180 min±5 min。

d. 沸煮结束，放掉沸煮箱中的热水，打开箱盖，待冷却至室温，取出试件进行判别。

(3)结果判定。

①采用雷氏法时，当两个试件煮后增加距离(A_1-A_0)的平均值不大于 5.0 mm 时，即为该水泥的体积安定性合格。当两个试件煮后增加距离(A_1-A_0)的平均值大于 5.0 mm 时，应用同一样品立即重做一次试验。若仍超过 5.0 mm，则该水泥的体积安定性不合格。

②采用试饼法时，观察试件表面是否存在裂缝。若未发现裂缝，再用直尺检查(使钢直尺和试饼底部紧靠，两者间不透光为不弯曲)，如果没有弯曲时，为安定性合格，反之为不合格。当两个试饼判别结果有矛盾时，该水泥的安定性为不合格。

(4)试验结果填入表 2-5 和表 2-6。

表 2-5　水泥体积安定性试验报告(试饼法)

测定方法	试件编号	试件蒸煮前情况	试件蒸煮后情况	测定结果
试饼法	1			
	2			

表 2-6　水泥体积安定性试验报告(雷氏法)

测定方法	试件编号	A_0值(mm)	A_1值(mm)	A_1-A_0值(mm)		测定结果
				单值	平均值	
雷氏法	1					
	2					

2.5　胶砂强度

胶砂强度是水泥的一项重要指标，是确定水泥强度等级的依据。水泥强度测定依据《水泥胶砂强度检验方法(ISO 法)》(GB/T 17671—1999)，将水泥、标准砂和水按规定比例(1∶3∶0.5)，用规定方法制成规格为 40 mm×40 mm×160 mm 的棱柱体标准试件，在标准条件下(相对湿度不低于 90%，温度 20 ℃±1 ℃)养护，测定 3 d 和 28 d 的抗折和抗压强度。根据《通用硅酸盐水泥》规定，不同强度等级的通用硅酸盐水泥，其不同龄期的强度应符合表 2-7 规定。

表 2-7 通用硅酸盐水泥强度等级要求

品种	强度等级	抗压强度/MPa		抗折强度/MPa	
		3 d	28 d	3 d	28 d
硅酸盐水泥	42.5	≥17.0	≥42.5	≥3.5	≥6.5
	42.5R	≥22.0		≥4.0	
	52.5	≥23.0	≥52.5	≥4.0	≥7.0
	52.5R	≥27.0		≥5.0	
	62.5	≥28.0	≥62.5	≥5.0	≥8.0
	62.5R	≥32.0		≥5.5	
普通硅酸盐水泥	42.5	≥17.0	≥42.5	≥3.5	≥6.5
	42.5R	≥22.0		≥4.0	
	52.5	≥23.0	≥52.5	≥4.0	≥7.0
	52.5R	≥27.0		≥5.0	
矿渣硅酸盐水泥、火山灰硅酸盐水泥、粉煤灰硅酸盐水泥、复合硅酸盐水泥	32.5	≥10.0	≥32.5	≥2.5	≥5.5
	32.5R	≥15.0		≥3.5	
	42.5	≥15.0	≥42.5	≥3.5	≥6.5
	42.5R	≥19.0		≥4.0	
	52.5	≥21.0	≥52.5	≥4.0	≥7.0
	52.5R	≥23.0		≥4.5	

1. 仪器设备

(1)水泥胶砂搅拌机。与净浆搅拌机(如图 2-8 所示)外形相似,其型号稍大,工作时搅拌叶和搅拌锅作相反方向转动。胶砂搅拌机用搅拌锅如图 2-15 所示。

(2)振实台。振实台由台盘和使其跳动的凸轮等组成。台盘上有固定试模用的卡具,并连有两根起稳定作用的臂,凸轮由电机带动,通过控制器控制按一定的要求转动并保证使台盘平稳上升至一定高度后自由下落,其中心恰好与止动器撞击。卡具与模套连成一体,可沿与臂杆垂直方向向上转动不小于 100°。基本结构如图 2-16 所示。

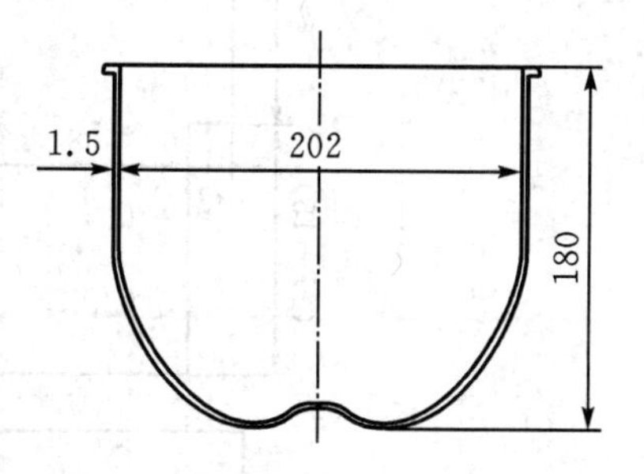

图 2-15 胶砂搅拌锅(单位:mm)

(3)试模(如图 2-17 所示)。试模为可装卸的三联模,由隔板、端板、底座组成。组装后三板内壁各接触面应相互垂直。在组装备用的干净模型时,应用黄干油等密封材料涂覆模型的外接缝。试模的内表面应涂上一薄层模型油或机油。成型操作时,应在试模上面加有一个壁高 20 mm 的金属模套,当从上往下看时,模套壁与模型内壁应该重叠,超出内壁不应大于 1 mm。为了控制料层厚度和刮平胶砂,应备有图 2-18 所示的两个播料器和一个金属刮平直尺。

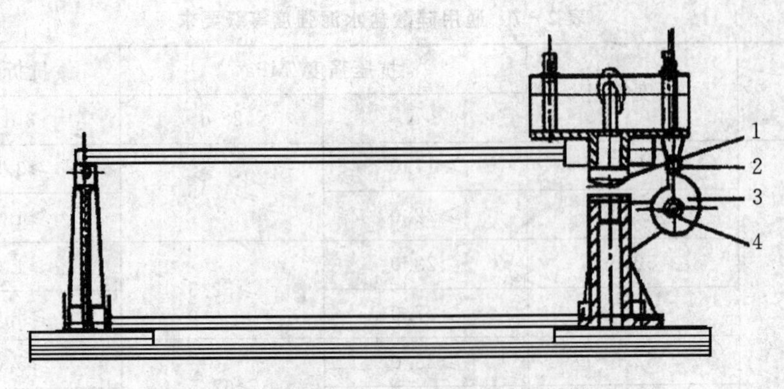

1—突头;2—随动轮;3—凸轮;4—止动器

图 2-16　胶砂振实台

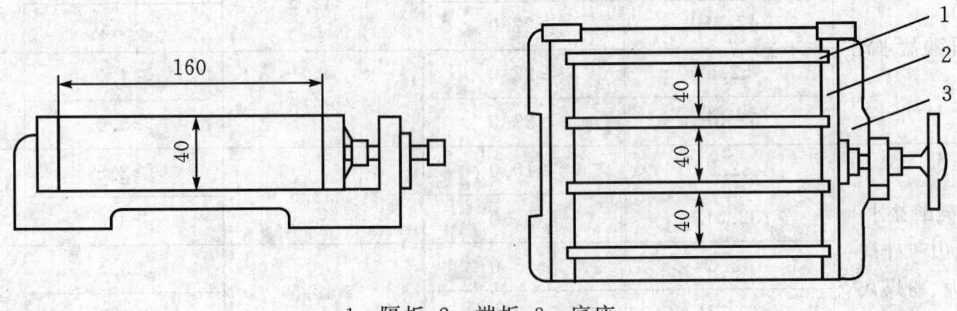

1—隔板;2—端板;3—底座

图 2-17　胶砂试模(单位:mm)

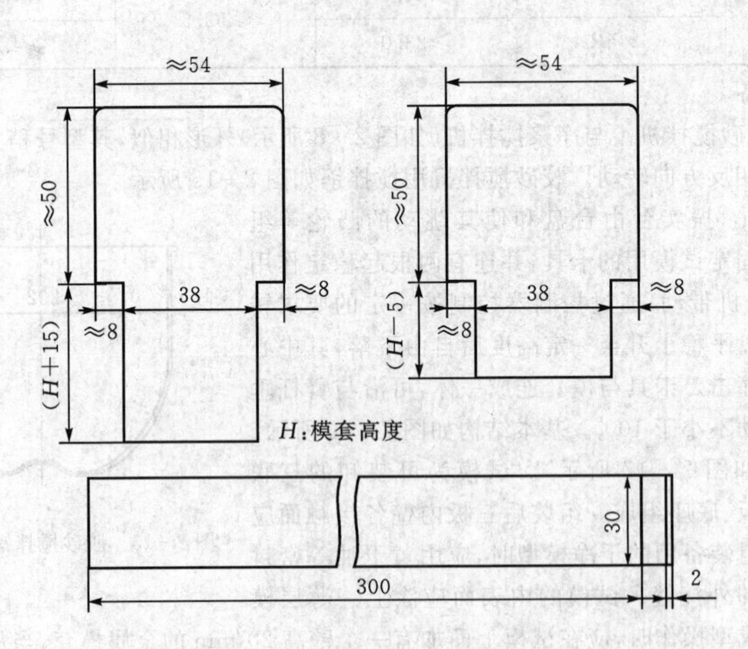

图 2-18　播料器和刮平尺(单位:mm)

(4)水泥抗折试验机(如图 2-19 所示)。通过三根圆柱轴的三个竖向平面应该平行,并在试验时继续保持平行和等距离垂直试体的方向，其中一根支撑圆柱和加荷圆柱能轻微地倾斜使圆柱与试体完全接触，以便荷载沿试体宽度方向均匀分布，同时不产生任何扭转应力。

(5)抗压试验机及抗压夹具(如图 2-20 所示)。抗压强度试验机，最大荷载宜为 200～300 kN。在较大的 4/5 量程范围内使用时记录的荷载应有±1%精度，并具有按 2400 N/s±200 N/s速率的加荷能力，应有一个能指示试件破坏时荷载并把它保持到试验机卸荷以后的指示器，可以用表盘里的峰值指针或显示器来达到。人工操纵的试验机应配有一个速度动态装置以便于控制荷载增加。

抗压夹具应符合《40 mm×40 mm 水泥抗压夹具》(JC/T 683)的要求，由框架、传压柱、上下压板组成，上压板带有球座，用两根吊簧吊在框架上，下压板固定在框架上。工作时传压柱、上下压板与框架处于同一轴线上，以便将压力机的荷载传递至胶砂试件表面。夹具应使水泥试件的受压面积为 40 mm×40 mm。夹具要保持清洁，球座应能转动以使其上压板能从一开始就适应试体的形状并在试验中保持不变。

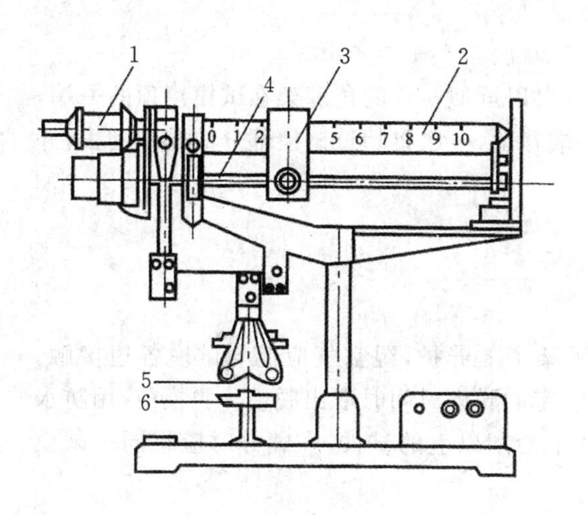

1—平衡砣；2—大杠杆；3—游动砖码；4—丝杆

图 2-19　水泥抗折试验机

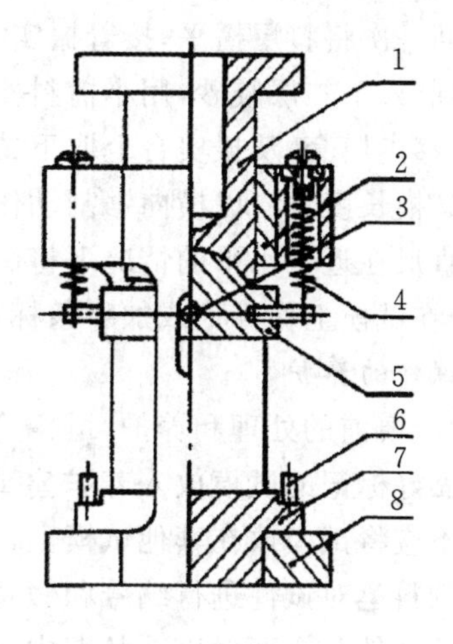

1—传压柱；2—铜套；3—定位销；4—吊簧；5—上压板和球座；6—定位销；7—下压板；8—框架

图 2-20　胶砂抗压夹具

(6)其他：天平、料铲、刮刀、量筒、烧杯等。

2. 试验原材料

(1)砂：采用中国 ISO 标准砂，颗粒分布和湿含量符合 GB/T 17671—1999 的规定，每袋质量 1350 g±5 g。

(2)水泥：从取样至试验要保持 24 h 以上时，应把它贮存在基本装满和气密的容器里，这个容器应不与水泥起反应。

(3)水：仲裁试验或其他重要试验用蒸馏水，其他试验可用饮用水。

3. 胶砂制备

(1)配合比。

水泥：标准砂：水按规定比例应为 1：3：0.5，一锅胶砂成三条试件，每锅需水泥 450 g±2 g，标准砂 1350 g±5 g，水 225 mL±1 mL。水泥、砂、水和试验用具的温度与试验室相同。

(2)搅拌。

每锅胶砂用搅拌机进行机械搅拌。先使搅拌机处于待工作状态，然后按以下程序进行操作：

①把水加入锅里，再加入水泥，把锅放在固定架上，上升至固定位置。

②立即开动机器，低速搅拌 30 s 后，在第二个 30 s 开始的同时均匀地将砂子加入，高速搅拌 30 s。

③停拌 90 s，在第一个 15 s 内用刮刀将叶片和锅壁上的胶砂，刮入锅中间。再高速搅拌 60 s。各个搅拌阶段，时间误差应在±1 s 以内。

4.试件制备

胶砂制备后应立即进行成型。按以下步骤操作：

(1)将涂好油的空试模和模套固定在振实台上，用一个适当勺子直接从搅拌锅里将胶砂分两层装入试模，装第一层时，每个槽里约放 300 g 胶砂，用大播料器垂直架在模套顶部，沿每个模槽来回一次将料层播平，接着振实 60 次。

(2)装入第二层胶砂，用小播料器播平，再振实 60 次。

(3)移走模套，从振实台上取下试模，用刮平直尺以近似 90°的角度架在试模模顶的一端，然后沿试模长度方向以横向锯割动作慢慢向另一端移动，一次将超过试模部分的胶砂刮去，并用同一直尺在近乎水平的情况下将试件表面抹平。

(4)在试模上作标记或加字条标明试件编号。

5.试件的养护

(1)脱模前的处理和养护。

将做好标记的试模放入养护室或湿箱的水平架子上养护，湿空气应能与试模各边接触。养护时不应将试模放在其他试模上，一直养护到规定的脱模时间时取出脱模。脱模前，用防水墨汁或颜料笔对试件进行编号和做其他标记。两个龄期以上的试件，在编号时应将同一试模中的三条试件分在两个以上龄期内。

(2)脱模。

脱模应非常小心，脱模时可用塑料或橡皮锤。对于 24 h 龄期的，应在破型试验前 20 min 内脱模。对于 24 h 以上龄期的，应在成型后 20～24 h 之间脱模。如经 24 h 养护，会因脱模对强度造成损害时，可以延迟至 24 h 以后脱模，但在试验报告中应予说明。已确定作为 24 h 龄期试验的已脱模试件，应用湿布覆盖至做试验时为止。

(3)水中养护。

①将做好标记的试件立即水平或竖直放在 20 ℃±1 ℃水中养护，水平放置时刮平面应朝上。试件彼此间保持一定间距，以让水与试件的六个面接触。养护期间试件之间间隔或试件上表面的水深不得小于 5 mm。

②每个养护池只养护同类型的水泥试件。最初用自来水装满养护池(或容器)，随后随时加水保持适当的恒定水位，不允许在养护期间完全换水。

③除 24 h 龄期或延迟至 48 h 脱模的试件外，任何到龄期的试件应在试验(破型)前15 min 从水中取出。擦去试件表面沉积物，并用湿布覆盖至试验为止。

6.强度试验

(1)强度试验试件的龄期。

试件龄期是从水泥加水搅拌开始试验时算起。不同龄期强度应符合表2-8的规定。

表2-8 各龄期强度测定时间规定

龄期	24 h	48 h	72 h	7 d	>28 d
时间	24 h±15 min	48 h±30 min	72 h±45 min	7 d±2 h	28 d±8 h

(2)抗折强度测定。

①每龄期取出三条试件。测试前,须擦去试件表面的水分和砂粒,清除夹具上圆柱表面黏着的杂物,调整抗折试验机的平衡托应使杠杆成平衡状态。

②将试件放入抗折夹具内,应使侧面与圆柱接触。调整夹具,使杠杆在试件折断时尽可能地接近平衡位置。

③开动机器,加荷为(50±10) N/s,直至试件折断,读取数据。

(3)抗压强度测定。

①抗折强度测定后的断块应立即进行抗压强度测定。抗压强度需用抗压夹具(如图2-20)所示,半截棱柱体的受压面积为40 mm×40 mm。

②清除试件受压面与压板间的砂粒或杂物。测试时,以试件的侧面作为受压面,试件的底面靠紧定位销,并使夹具对准抗压试验机的压板中心。

③开动机器,加荷速率为(2400±200) N/s,直至试件破坏,读取数据。

7.结果计算与处理

(1)抗折强度。

抗折强度 f 以牛顿每平方毫米(MPa)为单位,按式(2-10)进行计算(精确到0.1):

$$f=\frac{1.5FL}{b^3} \tag{2-10}$$

式中:F——折断时施加于棱柱体中部的荷载,N;

L——支撑圆柱之间的距离,mm,取100 mm;

b——棱柱体正方形截面的边长,mm,取40 mm。

以一组三个棱柱体抗折强度的平均值作为试验结果。当三个强度值中有一个超出平均值±10%时,应剔除后再取平均值作为抗折强度试验结果。当有两个都超出平均值的±10%时,试验结果作废。

(2)抗压强度。

抗压强度 f_c 以牛顿每平方毫米(MPa)为单位,按式(2-11)进行计算(精确到0.1):

$$f_c=\frac{F_c}{A} \tag{2-11}$$

式中:F_c——破坏时的最大荷载,N;

A——受压部分面积,40×40=1600(mm^2)。

以一组三个棱柱体上得到的六个抗压强度测定值的算术平均值为试验结果。如六个测定值中有一个超出六个平均值的±10%,就应剔除这个结果,而以剩下五个的平均数为结果。如果五个测定值中再有超过它们平均数±10%的值,则此组结果作废。

(3)试验结果填入表2-9和表2-10。

表 2-9　水泥胶砂抗折强度试验报告

制件日期	测试日期	龄期	荷载(kN)	抗折强度(MPa)	
				单块值	计算值
		3 d			
		28 d			

表 2-10　水泥胶砂抗压强度试验报告

制件日期	测试日期	龄期	荷载(kN)		抗压强度(MPa)		
					单块值		计算值
		3 d					
		28 d					

2.6　胶砂流动度

水泥的胶砂流动度是通过测量一定配比的水泥胶砂，在规定振动状态下的扩展范围来衡量其流动性。依据《水泥胶砂流动度测定方法》(GB/T 2419—2005)规定，水泥胶砂流动度测定方法如下：

(1)仪器设备。

①水泥胶砂搅拌机。

②试模：由截锥圆模和模套组成。金属材料制成，内表面加工光滑。圆模高度 60 mm±0.5 mm、上口内径 70 mm±0.5 mm、下口内径 100 mm±0.5 mm、下口外径 120 mm、模壁厚大于 5 mm。

③捣棒：金属材料制成，直径为 20 mm±0.5 mm，长度约 200 mm。捣棒底面与侧面成直角，其下部光滑，上部手柄滚花。

④卡尺：量程不小于 300 mm，分度值不大于 0.5 mm。

⑤小刀：刀口平直，长度大于 80 mm。

⑥天平：量程不小于 1000 g，分度值不大于 1 g。

(2)试验步骤。

①按相应标准要求或试验设计确定的胶砂材料用量，依据 GB/T 17671—1999 规定的方法制备水泥胶砂。

②在制备胶砂的同时，用潮湿棉布擦拭跳桌台面、试模内壁、捣棒以及与胶砂接触的用具，将试模放在跳桌台面中央并用潮湿棉布覆盖。若跳桌在 24 h 内未被使用，应在使用前先空跳一个周期 25 次。

③将拌好的胶砂分两层迅速装入试模，第一层装至截锥圆模高度约 2/3 处，用小刀在相互垂直两个方向各划 5 次，用捣棒由边缘至中心均匀捣压 15 次(如图 2-21 所示)；随后，装第二层胶砂，装至高出截锥圆模约 20 mm，用小刀在相互垂直两个方向各划 5 次，再用捣棒由边缘至中心均匀捣压 10 次(如图 2-22 所示)。捣压后胶砂应略高于试模。捣压深度，第一层捣至胶砂高度的 1/2，第二层捣实不超过已捣实底层表面。装胶砂和捣压时，用手扶稳试模，不要使其移动。

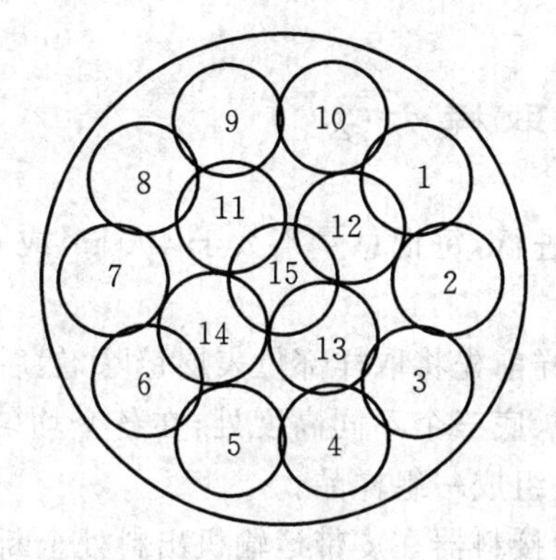

图 2-21　第一层插捣位置示意图

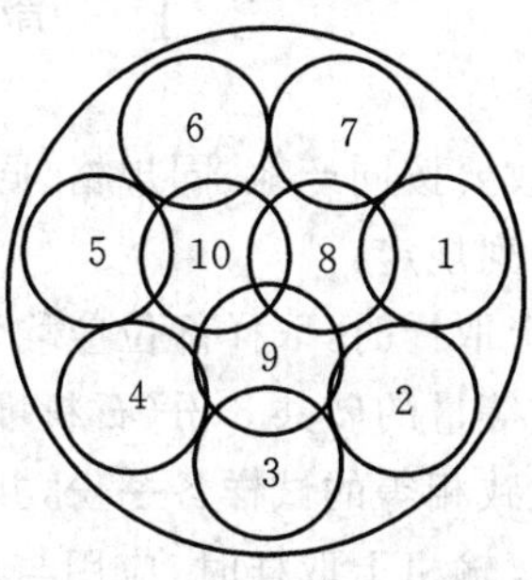

图 2-22　第二层插捣位置示意图

④捣压完毕，取下模套，将小刀倾斜，从中间向边缘分两次以近水平的角度抹去高出截锥圆模的胶砂，并擦去落在桌面上的胶砂。将截锥圆模垂直向上轻轻提起。立刻开动跳桌，以每秒钟一次的频率，在 25 s±1 s 内完成 25 次跳动。

⑤流动度试验，从胶砂加水开始到测量扩散直径结束，应在 6 min 内完成。

(3)结果计算与处理。

跳动完毕，用卡尺测量胶砂底面互相垂直的两个方向直径，计算平均值，取整数，单位为 mm。该平均值即为该水量的水泥胶砂流动度。

(4)试验结果填入表 2-11。

表 2-11　水泥胶流动度试验报告

试验日期	水泥质量(g)	标准砂质量(g)	用水量(mL)	胶砂底面直径(mm)	胶砂流动度(mm)

第3章 混凝土骨料试验

骨料在混凝土中起骨架作用，是主要的组成材料。骨料按其粒径大小分为粗骨料和细骨料，粒径在0.15～4.75 mm之间的岩石称为细骨料，粒径大于4.75 mm的岩石颗粒称为粗骨料。骨料约占混凝土中体积的70%～80%，作为混凝土的骨架，骨料的质量对于混凝土的强度和耐久性有很大的影响。骨料的试验依据《建设用砂》(GB/T 14684—2011)及《建设用卵石、碎石》(GB/T 14685—2011)。

3.1 骨料试验取样方法

砂、石的验收要按同产地、同规格、同类别分别进行，每批总量不大于400 m^3或600 t。取样方法应符合下列规定：

(1)从料堆上取样时，取样部位应均匀分布，取样前先将取样部位表层铲除，然后从不同部位随机抽取大致等量的砂共8份(石料堆上的顶、中、底三个不同高度处，在各个均匀分布的5个不同部位取大致相等的试样各一份，共取15份)，组成一组样品。

(2)从皮带运输机上取样时，应用与皮带等宽的接料器在皮带运输机出料处全断面定时随机抽取大致等量的砂4份(石子取8份)，组成一组样品。

(3)从火车、汽车、货船上取样时，从不同部位和深度随机抽取大致等量的砂8份(石子取16份)，组成一组样品。

(4)单项试验的最小取样量应符合表3-1和表3-2的规定。

表3-1 细骨料单项试验最小取样量

序号	试验项目		最少取样量/kg
1	筛分试验		4.4
2	含泥量		4.4
3	泥块含量		20.0
4	坚固性	天然砂	8.0
5		机制砂	20.0
6	表观密度		2.6
7	堆积密度与空隙率		5.0

表 3－2　粗骨料单项试验最小取样量

序号	试验项目	不同最大粒径的最少取样量/kg							
		9.5	16.0	19.0	26.5	31.5	37.5	63.0	75.0
1	颗粒级配	9.5	16.0	19.0	25.0	31.5	37.5	63.0	80.0
2	含泥量	8.0	8.0	24.0	24.0	40.0	40.0	80.0	80.0
3	泥块含量	8.0	8.0	24.0	24.0	40.0	40.0	80.0	80.0
4	针、片状颗粒含量	1.2	4.0	8.0	12.0	20.0	40.0	40.0	40.0
5	表观密度	8.0	8.0	8.0	8.0	12.0	16.0	24.0	24.0
6	堆积密度与空隙率	40.0	40.0	40.0	40.0	80.0	80.0	120.0	120.0
7	坚固性	按试验要求的粒级和数量取样							
8	压碎指标								

取好的骨料倒在平整、洁净的拌板上，拌和均匀。用四分法缩取各试验用试样数量。大致步骤是：将拌匀试样摊成 20 mm 厚的圆饼，在饼上划十字线，将其分成大致相等的四份，除去其对角线的两份，将其余两份再按上述四分法缩取，直到缩分后的质量略大于该项试验所需数量为止。如图 3－1 所示。

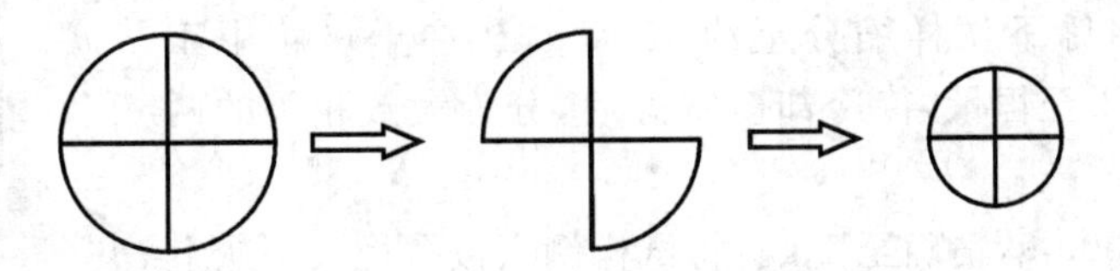

图 3－1　四分法示意图

3.2　细骨料——砂

混凝土的细骨料主要包括天然砂和机制砂。天然砂指自然生成的，经人工开采和筛分的粒径小于 4.75 mm 的岩石颗粒，主要有河砂、湖砂、山砂、淡化海砂，不包括软质、风化的岩石颗粒。除山砂外，天然砂表面光滑、洁净、颗粒多为球状，拌制的混凝土拌和物流动性好，但与水泥之间的黏结力较差；其中河砂的品质最好，应用最多。山砂表面粗糙，颗粒多棱角，与水泥间有很好的黏结，但拌制的混凝土拌和物流动性较差。

机制砂又称人工砂，是指经除土处理，由机械破碎、筛分制成的，粒径小于 4.75 mm 的岩石、矿山尾矿或工业废渣颗粒，不包括软质、风化的颗粒。人工砂与山砂性质相似，且由于其制作工艺，使得砂中含有较多的片状颗粒及石粉。机制砂的成本较高，一般仅在天然砂缺乏的时候才使用。混合砂是指由天然砂和机制砂混合制成的砂。

《建设用砂》规定，砂的技术要求主要包括细度模数和颗粒级配、含泥量和泥块含量、坚固性、轻物质含量、碱集料反应、表观密度和堆积密度等。根据技术要求从高到低，把砂分为Ⅰ类、Ⅱ类、Ⅲ类，其中Ⅰ类砂的性能最好。

3.2.1 砂的筛分

筛分试验用以评价砂的粗细程度和颗粒级配。粗细程度是指不同粒径的砂混合在一起总体的粗细程度。粗细程度可用细度模数 M_x 表示，细度模数越大，表示砂越粗。普通混凝土用砂的细度模数范围在 3.7～1.6，其中 3.7～3.1 为粗砂，3.0～2.3 为中砂，2.2～1.6 为细砂。

颗粒级配是指不同粒径的砂粒相互搭配的比例情况。砂的颗粒级配越好，相互堆积时就越密实，孔隙率就越小。配制的混凝土不但可以节约水泥，还能提高混凝土的密实度、强度和耐久性。砂的颗粒级配用级配区或级配曲线表示。

1. 仪器设备

(1)方孔筛：孔径为 0.15 mm、0.30 mm、0.60 mm、1.18 mm、2.36 mm、4.75 mm 及 9.50 mm的筛各一只，并附有筛底和筛盖。

(2)电动摇筛机(如图 3-2 所示，可用人工手动筛代替)。

(3)鼓风干燥箱：能使温度控制在 105 ℃±5 ℃。

(4)天平：称量 1000 g，感量 1 g。

(5)其他：搪瓷盘、毛刷等。

2. 试验步骤

(1)按标准规定方法取样，筛除大于 9.50 mm 的颗粒(并算出其筛余百分率)，将筛下试样缩分至约 1100 g，放在干燥箱中于 105 ℃±5 ℃下烘干至恒量，待冷却至室温后，分为大致相等的两份备用。

(2)称取试样 500 g，精确至 1 g。将试样倒入按孔径大小从上到下组合的套筛(附筛底和筛盖)上，然后进行筛分。

(3)将套筛置于摇筛机上，摇 10 min 后取下套筛，按筛孔大小顺序再逐个用手筛，筛至每分钟通过量小于试样总量 0.1%为止。通过的试样并入下一号筛中，并和下一号筛中的试样一起过筛，这样顺序进行，直至各号筛全部筛完为止。

图 3-2　电动摇筛机

(4)称出各号筛的筛余量，精确至 1 g，试样在各号筛上的筛余量不得超过按式(3-1)计算出的量。

$$G=\frac{A\times\sqrt{d}}{200} \tag{3-1}$$

式中：G——在某一个筛上的筛余量，g；

A——筛的面积，mm²；

d——筛孔尺寸，mm。

超过时应按下列方法之一处理：

①将该粒级试样分成少于按式(3-1)计算出的量，分别筛分，并以筛余量之和作为该号筛的筛余量。

②将该粒级及以下各粒级的筛余混合均匀，称出其质量，精确至 1 g。再用四分法缩分为大致相等的两份，取其中一份，称出其质量，精确至 1 g，继续筛分。计算该粒级及以下各粒级的分计筛余量时，应根据缩分比例进行修正。

(5)筛分后，如每号筛的筛余量与筛底的剩余量之和同原试样质量之差超过1%时，须重新试验。

3. 结果计算与评定

(1)计算分计筛余百分率：各号筛的筛余量与试样总量之比，计算精确至0.1%。由a_1，a_2，a_3，a_4，a_5，a_6表示。

(2)计算累计筛余百分率：该号筛的分计筛余百分率加上该号筛以上各筛的分计筛余百分率之和，精确至0.1%。由A_1，A_2，A_3，A_4，A_5，A_6表示。

分计筛余百分率和累计筛余百分率的关系见表3-3。

表3-3　分计筛余百分率和累计筛余百分率的关系

筛孔尺寸/mm	分计筛余百分率/%	累计筛余百分率/%
4.75	a_1	$A_1=a_1$
2.36	a_2	$A_2=a_1+a_2$
1.18	a_3	$A_3=a_1+a_2+a_3$
0.60	a_4	$A_4=a_1+a_2+a_3+a_4$
0.30	a_5	$A_5=a_1+a_2+a_3+a_4+a_5$
0.15	a_6	$A_6=a_1+a_2+a_3+a_4+a_5+a_6$

(3)砂的细度模数M_x按式(3-2)计算(精确至0.01)：

$$M_x=\frac{A_2+A_3+A_4+A_5+A_6-5A_1}{100-A_1} \tag{3-2}$$

式中：M_x——细度模数；

A_1，A_2，A_3，A_4，A_5，A_6——4.75 mm、2.36 mm、1.18 mm、0.60 mm、0.30 mm、0.15 mm筛的累计筛余百分率。

细度模数取两次试验结果的算术平均值，精确至0.1；如两次试验的细度模数之差超过0.20时，须重做试验。

(4)评定砂的颗粒级配。

砂的颗粒级配用级配区或级配曲线来判定。累计筛余取两次试验结果的算术平均值，精确至1%。根据0.60 mm筛的累计筛余百分率分为1区、2区、3区三个级配区，见表3-4。

表3-4　砂的颗粒级配区范围

筛孔尺寸(mm)	累计筛余百分率(%)					
	天然砂			机制砂		
	1区	2区	3区	1区	2区	3区
4.75	10～0	10～0	10～0	10～0	10～0	10～0
2.36	35～5	25～0	15～0	35～5	25～0	15～0
1.18	65～35	50～10	25～0	65～35	50～10	25～0
0.60	85～71	70～41	40～16	85～71	70～41	40～16
0.30	95～80	92～70	85～55	95～80	92～70	85～55
0.15	100～90	100～90	100～90	97～85	94～80	94～75

砂的每一级累计筛余百分率应处于任何一个级配区内，除 4.75 mm 和 0.60 mm 筛外，其他各筛的筛余量允许略有超出，但超出总量应小于 5%，则可判定砂的颗粒级配合格，否则颗粒级配为不合格。

为了更直观地反映砂的颗粒级配，还可以用级配曲线来判定。以天然砂为例，以累计筛余百分率为纵坐标，根据表 3-4 的数值，可以画出砂的三个级配区的筛分曲线，如图 3-3 所示。通过观察所画的砂的筛分曲线是否完全落在三个级配区的任一区内，即可判定砂颗粒级配是否合格。

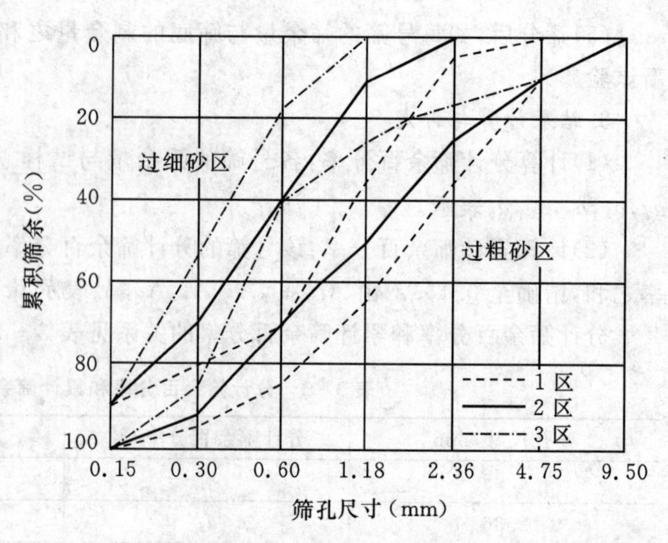

图 3-3　筛分曲线

同时，也可以根据筛分曲线的偏向情况，大致判定砂的粗细程度。当筛分曲线偏向右下时，表示砂较粗；筛分曲线偏向左上时，表示砂较细。根据《建设用砂》的规定，Ⅰ类砂应该满足 2 区级配范围的要求。

(5)筛分试验结果填入表 3-5。

表 3-5　砂的筛分试验报告

粒径>9.5 mm 的颗粒含量(%)							样品质量(g)				
样号	筛孔尺寸(mm)	4.75	2.36	1.18	0.6	0.3	0.15	<0.15	合计	细度模数 M_x	
										单值	计算值
1	筛余质量(g)										
	分计筛余百分率(%)										
	累计筛余百分率(%)										
2	筛余质量(g)										
	分计筛余百分率(%)										
	累计筛余百分率(%)										

颗粒级配评定用两次筛分试验的累计筛余的算术平均值，精确至1%。

累计筛余百分率(%)							级配评定
筛分曲线							

续表 3-5

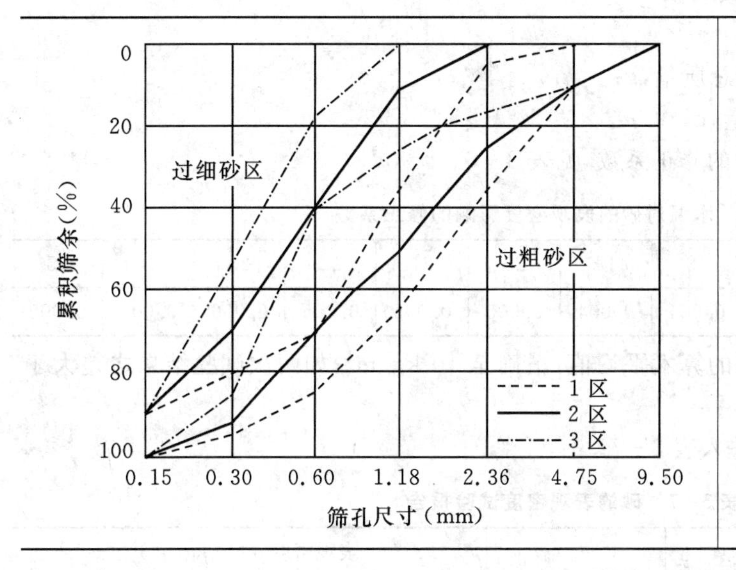

3.2.2 表观密度

砂的表观密度是砂颗粒单位体积(包括内封闭孔隙)的质量。通常情况下,砂的表观密度不小于 2500 kg/m³。

(1)仪器设备。

①鼓风烘箱:能使温度控制在 105 ℃±5 ℃。

②天平:称量 1000 g,感量 0.1 g。

③容量瓶:500 mL(如图 3-4 所示)。

④其他:干燥器、搪瓷盘、滴管、毛刷等。

(2)试验步骤。

①按 3.1 节规定方法取样,并将试样缩分至约 660 g,放在烘箱中于 105 ℃±5 ℃下烘干至恒量,待冷却至室温后,分为大致相等的两份备用。

图 3-4 500 mL 容量瓶

②称取试样 300 g,精确至 0.1 g。先加入少量水,再将试样装入容量瓶(防止砂粒冲击瓶底),注入冷开水至接近 500 mL 的刻度处,用手旋转摇动容量瓶,使砂样充分摇动,排除气泡,塞紧瓶盖,静置 24 h。然后用滴管小心加水至容量瓶 500 mL 刻度处,塞紧瓶塞,擦干瓶外水分,称出其质量,精确至 1 g。

③倒出瓶内水和试样,洗净容量瓶,再向容量瓶内注水(应与上述②的水温相差不超过 2 ℃,并在 15~25 ℃范围内)至 500 mL 刻度处,塞紧瓶塞,擦干瓶外水分,称出其质量,精确至 1 g。

(3)结果计算与评定。

①砂的表观密度按式(3-3)计算(精确至 10 kg/m³):

$$\rho_0=\left(\frac{m_0}{m_0+m_2-m_1}-\alpha_t\right)\times\rho_{水} \tag{3-3}$$

式中:ρ_0——表观密度,kg/m³;

$\rho_{水}$——水的密度，取 1000 kg/m³；

m_0——烘干试样的质量，g；

m_1——试样、水及容量瓶的总质量，g；

m_2——水及容量瓶的总质量，g；

α_t——水温对表观密度影响的修正系数，见表 3-6。

表 3-6 水温对砂的表观密度影响的修正系数

水温/℃	15	16	17	18	19	20	21	22	23	24	25
α_t	0.002	0.003	0.003	0.004	0.004	0.005	0.005	0.006	0.006	0.007	0.008

②表观密度取两次试验结果的算术平均值，精确至 10 kg/m³；如两次试验结果之差大于 20 kg/m³，需重做试验。

(4)砂的表观密度试验结果填入表 3-7。

表 3-7 砂的表观密度试验报告

试验次数	试样质量 m_0(g)	瓶+水+试样质量 m_1(g)	瓶+水质量 m_2(g)	水温(℃)	修正系数(α_t)	表观密度 ρ_0(10 kg/m³)	
						$\rho_0=\left(\dfrac{m_0}{m_0+m_2-m_1}-\alpha_t\right)\times 1000$	计算值
1							
2							

3.2.3 堆积密度和空隙率

砂粒在堆积状态下的质量除以其堆积体积(既含颗粒内部的孔隙，又含颗粒之间空隙在内的总体积)，称堆积密度。砂的堆积密度分为松散堆积密度和紧密堆积密度。

(1)仪器设备。

①鼓风干燥箱：能使温度控制在 105 ℃±5 ℃。

②天平：称量 10 kg，感量 1 g。

③容量筒：圆柱形金属筒，内径 108 mm，净高 109 mm，壁厚 2 mm，筒底厚约 5 mm，容积为 1 L。

④方孔筛：孔径为 4.75 mm 的筛一只。

⑤垫棒：直径 10 mm，长 500 mm 的圆钢。

⑥其他：直尺、漏斗或料勺、搪瓷盘、毛刷等。

(2)试验步骤。

①按 3.1 节规定方法取样，用搪瓷盘装取试样约 3 L，放在烘箱中于 105 ℃±5 ℃下烘干至恒量，待冷却至室温后，筛除大于 4.75 mm 的颗粒，分为大致相等的两份备用。

②松散堆积密度：取试样一份，用漏斗或料勺将试样从容量筒中心上方 50 mm 处徐徐倒入，让试样以自由落体落下，当容量筒上部试样呈锥体，且容量筒四周溢满时，即停止加料。然后用直尺沿筒口中心线向两边刮平(试验过程应防止振动容量筒)，称出试样和容量筒总质量，精确至 1 g。

③紧密堆积密度：取试样一份分两次装入容量筒。装完第一层后，在筒底垫放一根直径为

10 mm 的圆钢，将筒按住，左右交替击地面各 25 次。然后装入第二层，第二层装满后用同样方法颠实(但筒底所垫钢筋的方向与第一层时的方向垂直)后，再加试样直至超过筒口，然后用直尺沿筒口中心线向两边刮平，称出试样和容量筒总质量精确至 1 g。

④容量筒的校准。

将温度为 20 ℃±2 ℃的饮用水装满容量筒，用一玻璃板沿筒口推移，使其紧贴水面。擦干筒外壁水分，然后称出其质量，精确至 1 g，容量筒容积按式(3-4)计算(精确至 1 mL)：

$$V=G_1-G_2 \tag{3-4}$$

式中：V——容量筒的容积，mL；

G_1——容量筒、玻璃板和水的总质量，g；

G_2——容量筒和玻璃板质量，g。

(3)结果计算与评定。

①松散或紧密堆积密度按式(3-5)计算(精确至 10 kg/m³)：

$$\rho_1=\frac{m_1-m_2}{V} \tag{3-5}$$

式中：ρ_1——松散堆积密度或紧密堆积密度，kg/m³；

m_1——容量筒和试样总质量，g；

m_2——容量筒质量，g；

V——容量筒的容积，L。

②空隙率按式(3-6)计算(精确至 1%)：

$$P=\left(1-\frac{\rho_1}{\rho_0}\right)\times 100 \tag{3-6}$$

式中：P——空隙率，%；

ρ_1——试样的松散(或紧密)堆积密度，kg/m³；

ρ_0——试样的表观密度，kg/m³。

③堆积密度取两次试验结果的算术平均值，精确至 10 kg/m³。空隙率取两次试验结果的算术平均值，精确至 1%。

④堆积密度和空隙率试验结果填入表 3-8 和 3-9。

表 3-8　砂的松散堆积密度和空隙率

<table>
<tr><td rowspan="2">试验次数</td><td rowspan="2">筒+砂质量 m_1(g)</td><td rowspan="2">筒质量 m_2(g)</td><td rowspan="2">筒容积 V (L)</td><td colspan="2">松散堆积密度 ρ_1(10 kg/m³)</td><td colspan="2">松堆空隙率 P_1(%)</td></tr>
<tr><td>单值</td><td>计算值</td><td>单值</td><td>计算值</td></tr>
<tr><td>1</td><td></td><td></td><td></td><td></td><td rowspan="2"></td><td></td><td rowspan="2"></td></tr>
<tr><td>2</td><td></td><td></td><td></td><td></td><td></td></tr>
</table>

表 3-9　砂的紧密堆积密度和空隙率

<table>
<tr><td rowspan="2">试验次数</td><td rowspan="2">筒+砂质量 m_1(g)</td><td rowspan="2">筒质量 m_2(g)</td><td rowspan="2">筒容积 V (L)</td><td colspan="2">紧密堆积密度 ρ_2(10 kg/m³)</td><td colspan="2">紧堆空隙率 P_2(%)</td></tr>
<tr><td>单值</td><td>计算值</td><td>单值</td><td>计算值</td></tr>
<tr><td>1</td><td></td><td></td><td></td><td></td><td rowspan="2"></td><td></td><td rowspan="2"></td></tr>
<tr><td>2</td><td></td><td></td><td></td><td></td><td></td></tr>
</table>

3.2.4 含泥量和泥块含量

砂中的含泥量是指粒径小于 0.075 mm 的黏土、淤泥、石屑的总量；泥块含量是指砂中大于 1.18 mm，经水洗、手捏后变成小于 0.6 mm 的块状黏土。

泥和泥块是砂的有害杂质，它们会黏附在砂的表面，使水泥石与砂的黏结力下降，降低混凝土的强度和耐久性。同时，泥和泥块的吸水性极强，在保持坍落度不变的情况下会增大混凝土的用水量，加大混凝土的收缩。所以，混凝土用砂必须严格控制泥和泥块的含量，根据 GB/T 14684—2011 的规定，砂中泥和泥块的含量应符合表 3-10 的规定。

表 3-10 砂中泥和泥块含量限值

项目	指标		
	Ⅰ类	Ⅱ类	Ⅲ类
含泥量(按质量计)/%	≤1.0	≤3.0	≤5.0
泥块泥量(按质量计)/%	0	≤1.0	≤2.0

1.含泥量

(1)仪器设备。

①鼓风干燥箱：能使温度控制在 105 ℃±5 ℃。

②天平：称量 1000 g，感量 0.1 g。

③方孔筛：孔径为 0.075 mm 和 1.18 mm 的筛各一只。

④容器：可用脸盆，要求淘洗试样时，保持试样不溅出(深度大于 250 mm)。

⑤其他：搪瓷盘、毛刷等。

(2)试验步骤。

①按 3.1 节规定方法取样，并将试样缩分至约 1100 g，放在干燥箱中于 105 ℃±5 ℃下烘干至恒量，待冷却至室温后，分为大致相等的两份备用。

②称取试样 500 g，精确至 0.1 g。将试样倒入淘洗容器中，注入清水，使水面高于试样面约 150 mm，充分搅拌均匀后，浸泡 2 h，然后用手在水中淘洗试样，使尘屑、淤泥和黏土与砂粒分离，并使之悬浮或溶于水中。缓缓地将浑浊液倒入 1.18 mm 及 0.075 mm 的套筛(1.18 mm 筛放置上面)上，滤去小于 0.075 mm 的颗粒。试验前筛子的两面应先用水润湿，在整个试验过程中应注意避免砂粒丢失。

③再次加水于容器中，重复上述过程，直到容器内洗出的水目测清澈为止。

④用水淋剩留在筛上的细粒，并将 0.075 mm 筛放在水中(使水面略高出筛中砂粒的上表面)来回摇动，以充分洗除小于 0.075 mm 的颗粒。然后将两只筛上剩留的颗粒和容器中已经洗净的试样一并装入搪瓷盘，置于温度为 105 ℃±5 ℃的烘箱中烘干至恒重，取出来冷却至室温后，称试样的重量。

(3)结果计算与评定。

①含泥量按式(3-7)计算(精确至 0.1%)：

$$Q_a=\frac{G_0-G_1}{G_0}\times 100 \tag{3-7}$$

式中：Q_a——含泥量，%；

G_0——试验前烘干试样的质量,g;

G_1——试验后烘干试样的质量,g。

②含泥量取两个试样的试验结果算术平均值作为测定值,精确至0.1%。

(4)砂的含泥量试验结果填入表3-11。

表3-11 砂的含泥量试验报告

试验次数	试验前烘干试样质量 G_0(g)	试验后烘干试样质量 G_1(g)	含泥量 Q_a(%) $Q_a=[(G_0-G_1)/G_0]\times100$	
			单个值	计算值
1				
2				

2.泥块含量

(1)仪器设备。

①鼓风干燥箱:能使温度控制在105 ℃±5 ℃。

②天平:称量1000 g,感量0.1 g。

③方孔筛:孔径为0.60 mm和1.18 mm的筛各一只。

④容器:可用脸盆,要求淘洗试样时,保持试样不溅出(深度大于250 mm)。

⑤其他:搪瓷盘、毛刷等。

(2)试验步骤。

①按3.1节规定方法取样,并将试样缩分至约5000 g,放在烘箱中于105 ℃±5 ℃下烘干至恒量,待冷却至室温后,筛除小于1.18 mm颗粒,分为大致相等的两份备用。

②称取试样200 g,精确至0.1 g。将试样倒入淘洗容器中,注入清水,使水面高于试样面约150 mm,充分搅拌均匀后,浸泡24 h,然后用手在水中碾碎泥块,再把试验放在0.60 mm的筛上,用水淘洗,直至容器内洗出的水目测清澈为止。

③将筛上剩留的砂粒小心地从筛中取出,装入搪瓷盘,置于温度为105 ℃±5 ℃的干燥箱中烘干至恒重。取出来冷却至室温后,称试样的重量,精确至0.1 g。

(3)结果计算与评定。

①泥块含量按式(3-8)计算(精确至0.1%):

$$Q_b=\frac{G_1-G_2}{G_1}\times100 \tag{3-8}$$

式中:Q_b——含泥量,%;

G_1——1.18 mm筛筛余试样的质量,g;

G_2——试验后烘干试样的质量,g。

②泥块含量取两个试样的试验结果的算术平均值作为测定值,精确至0.1%。

(4)砂的泥块含量试验结果填入表3-12。

表 3-12 砂的泥块含量试验报告

试验次数	1.18 mm 筛筛余试样的质量 G_1(g)	试验后烘干试样质量 G_2(g)	泥块含量 Q_b(%) $Q_b=[(G_1-G_2)/G_1]\times100$	
			单个值	计算值
1				
2				

3.2.5 坚固性

砂在自然风化和其他外界物理、化学因素作用下抵抗破裂的能力称为砂的坚固性。天然砂的坚固性用硫酸钠溶液法检验,砂样经 5 次循环后其质量损失应符合表 3-13 的规定。

表 3-13 砂的坚固性指标

项目	指标		
	Ⅰ类	Ⅱ类	Ⅲ类
质量损失/%	≤8		≤10

机制砂除了满足坚固性指标要求外,压碎指标值还应满足表 3-14 的规定。

表 3-14 砂的压碎指标

项目	指标		
	Ⅰ类	Ⅱ类	Ⅲ类
单级最大压碎指标/%	≤20	≤25	≤30

1.硫酸钠溶液法

(1)仪器设备。

①鼓风烘箱:能使温度控制在 105 ℃±5 ℃。

②天平:称量 1000 g,感量 0.1 g。

③方孔筛:孔径为 0.15 mm、0.30 mm、0.60 mm、1.18 mm、2.36 mm、4.75 mm 及 9.50 mm的筛各一只。

④容器:瓷缸,容积不小于 10 L。

⑤三脚网篮:内径及高均为 70 mm,由铜丝或镀锌铁丝制成,网孔的孔径不应大于所盛试样粒级下限尺寸的一半。

⑥其他:密度计、玻璃棒、搪瓷盘、毛刷等。

(2)试验步骤。

①配制硫酸钠溶液。取一定数量的蒸馏水(多少取决于试样及容器大小,加温至 30~50℃),每 1000 mL 蒸馏水加入无水硫酸钠(Na_2SO_4)350 g 或结晶硫酸钠($Na_2SO_4\cdot H_2O$)750 g,用玻璃棒搅拌,使其溶解并饱和,然后冷却至 20~25 ℃,在此温度下静置 48 h,其相对密度应保持在 1.151~1.174 g/cm³ 范围内。

②按照规定的方法取样,并将试样缩分至约 2000 g。将试样倒入容器中,用水浸泡、淋洗干净后,放入干燥箱,在 105 ℃±5 ℃的温度下烘干,冷却至室温。

③筛除大于4.75 mm及小于0.30 mm颗粒,然后筛分成0.30～0.60 mm、0.60～1.18 mm、1.18～2.36 mm、2.36～4.75mm四个粒级备用。

④称取粒级0.30～0.60 mm、0.60～1.18 mm、1.18～2.36 mm、2.36～4.75 mm的试样各约100 g,精确至0.1 g。分别装入网篮并浸入盛有硫酸钠溶液的容器中,溶液体积应不小于试样总体积的5倍,其温度应保持在20～25 ℃范围内。三脚网篮浸入溶液时应先上下升降25次,以排除试样中的气泡,然后静置于该容器中,此时,网篮底面应距容器底面约30 mm(由网篮脚高控制),网篮之间的间距应不小于30 mm。

⑤浸泡20 h后,从溶液中提出网篮,放在温度为105 ℃±5 ℃的烘箱中烘烤4 h,至此,完成了第一次试验循环。待试样冷却至20～25 ℃后,即开始第二次循环,从第二次循环开始,浸泡及烘烤时间均为4 h,共循环5次。

⑥第五次循环完后,用洁净的温水淋洗试样,直至淋洗试样后的水加入少量氯化钡溶液后不出现白色浑浊为止。洗过的试样放在105 ℃±5 ℃的烘箱中烘干至恒重,取出并冷却至室温后,用孔径为试样粒级下限的筛过筛,称量各粒级试样试验后的筛余量,精确至0.1 g。

(3)结果计算与评定。

①各粒级试样质量损失百分率按式(3-9)计算(精确至0.1%):

$$P_i=\frac{G_i-G_i'}{G_i}\times 100 \tag{3-9}$$

式中:P_i——各粒级试样质量损失百分率,%;

G_i——各粒级试样试验前的质量,g;

G_i'——各粒级试样试验后的筛余量,g。

②试样的总质量损失百分率按式(3-10)计算(精确至1%):

$$P=\frac{\partial_1 P_1+\partial_2 P_2+\partial_3 P_3+\partial_4 P_4}{\partial_1+\partial_2+\partial_3+\partial_4} \tag{3-10}$$

式中:P——试样的总质量损失百分率,%;

$\partial_1,\partial_2,\partial_3,\partial_4$——各粒级质量占试样(原试样中筛除了大于4.75 mm及小于0.30 mm的颗粒)总质量的百分率,%;

P_1,P_2,P_3,P_4——各粒级试样质量损失百分率,%。

(4)坚固性(硫酸盐钠溶液法)采用各粒级试样中的最大质量损失率作为最终的判定结果,试验结果填入表3-15。

表3-15 砂的坚固性(硫酸盐钠溶液法)

试样粒级(mm)	试验前试样干质量G_i(g)	试验后试样干质量G_i'(g)	各粒级试样占试样总质量百分率∂_i(%)	各粒级质量损失百分率P_i(%)	总质量损失率P(%)
0.30～0.60					
0.60～1.18					
1.18～2.36					
2.36～4.75					

2.压碎指标法

(1)仪器设备。

①鼓风干烘箱:能使温度控制在105 ℃±5 ℃。

②天平:称量10 kg或1000 g,感量1 g。

③方孔筛:孔径为0.30 mm、0.60 mm、1.18 mm、2.36 mm、4.75 mm的筛各一只。

④压力机:50～1000 kN。

⑤受压钢模:由圆筒、底盘和加压压块组成,如图3-5所示。

⑥其他:搪瓷盘、小勺、毛刷等。

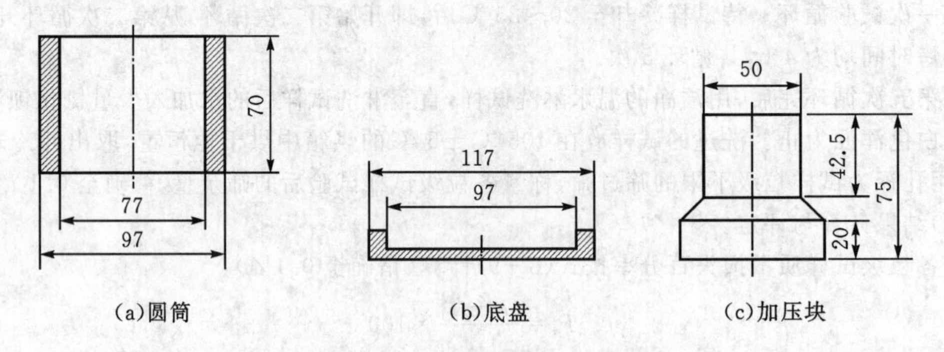

图3-5　受压钢模示意图(单位:mm)

(2)试验步骤。

①按照规定的方法取样,将试样倒入搪瓷盘中,在105 ℃±5 ℃的温度下烘干冷却至室温。筛除大于4.75 mm及小于0.30 mm的颗粒,然后筛分成0.30～0.60 mm、0.60～1.18 mm、1.18～2.36 mm、2.36～4.75 mm四个粒级,每级1000 g备用。

②称取单粒级的试样各约330 g,精确至1 g。将试样倒入已组装成的受压钢模内,使试样距底盘面的高度约为50 mm。整平钢模内试样的表面,将加压块放入圆筒内,并转动一周使之与试样均匀接触。

③将装好试样的受压钢模置于压力机的上下压板之间,对准轴心,开动机器,以每秒500 N的速度加荷,加荷至25 kN时稳压5 s后,以同样速度卸荷。

④取下受压模,移去加压块,倒出压过的试样,然后用该粒级的下限筛(如4.75～2.36 mm时,则其下限筛指孔径为2.36 mm的筛)进行筛分,称量各粒级试样的筛余量和通过量,精确至1 g。

(3)结果计算与评定。

①第i单级试样的压碎指标按式(3-11)计算(精确至1%):

$$Y_i=\frac{G_{i2}}{G_{i1}+G_{i2}}\times 100 \tag{3-11}$$

式中:Y_i——第i单粒级压碎指标值,%;

G_{i1}——试样的筛余量,g;

G_{i2}——通过量,g。

②第i单级试样的压碎指标值取三次试验结果的算术平均值,精确至1%。

(4)取单粒级压碎指标值中的最大值作为其压碎指标值,试验结果填入表3-16。

表3-16 砂的压碎指标

试样粒级(mm)	试样筛余质量 G_{i1} (g)	试样通过质量 G_{i2} (g)	第 i 单粒级压碎指标单值 Y_{ij} (%)	第 i 单粒级压碎指标值 Y_i (%)
0.30～0.60				
0.60～1.18				
1.18～2.36				
2.36～4.75				

3.3 粗骨料——石子

普通混凝土常用的粗骨料分卵石和碎石两类。卵石是由自然风化、水流搬运和分选、堆积形成的，粒径大于4.75 mm的岩石颗粒。按其产源不同可分为河卵石、海卵石、山卵石等。碎石是天然岩石、卵石或矿山废石经机械破碎、筛分制成的，粒径大于4.75 mm的岩石颗粒。

天然的卵石表面光滑，多为球形，与水泥的黏结力较差，用卵石拌制的混凝土拌和物和易性好，但混凝土硬化后强度较低；且卵石堆积的空隙率和表面积小，拌制混凝土时水泥浆用量较少。碎石表面粗糙，多棱角，与水泥有很好的黏结，用碎石拌制的混凝土拌和物流动性较差，但混凝土硬化后强度较高。

《建设用卵石、碎石》规定，石子的技术要求主要包括颗粒级配、含泥量和泥块含量、坚固性、碱集料反应、表观密度和堆积密度、针片状含量、强度等。根据技术要求从高到低，把石子分为Ⅰ类、Ⅱ类、Ⅲ类三种级别，其中Ⅰ类粗骨料的性能最好。

3.3.1 筛分试验

和细骨料一样，粗骨料也要求具有良好的颗粒级配，这样才能降低混凝土的孔隙率，增加密实度，从而提高混凝土的强度和耐久性。石子的级配好坏对混凝土强度等性能的影响比砂更明显。

石子的颗粒级配同样采用筛分法测定，粗骨料套筛的筛孔尺寸为2.36 mm、4.75 mm、9.50 mm、16.0 mm、19.0 mm、26.5 mm、31.5 mm、37.5 mm、53.0 mm、63.0 mm、75.0 mm及90.0 mm。根据石子的最大粒径选择方孔筛组成套筛进行筛分，筛分方法和砂的相似，从大到小取各级筛的筛余量，计算分计筛余百分率和累计筛余百分率。根据《建设用卵石、碎石》的规定，普通混凝土用碎石、卵石的颗粒级配应符合表 3-17 的要求。

表 3-17　普通混凝土用碎石、卵石的颗粒级配

公称粒径/mm		累计筛余/%											
		筛孔尺寸/mm											
		2.36	4.75	9.50	16.0	19.0	26.5	31.5	37.5	53.0	63.0	75.0	90.0
连续级配	5～16	95～100	85～100	30～60	0～10	0							
	5～20	95～100	90～100	40～80	—	0～10	0						
	5～25	95～100	90～100	—	30～70	—	0～5	0					
	5～31.5	95～100	90～100	70～90	—	15～45	—	0～5	0				
	5～40	—	95～100	70～90	—	30～65	—	—	0～5	0			
单粒粒级	5～10	95～100	80～100	0～15	0								
	10～16		95～100	80～100	0～15								
	10～20		95～100	85～100		0～15	0						
	16～25			95～100	55～70	25～40	0～10						
	16～31.5		95～100		85～100			0～10	0				
	20～40			95～100		80～100			0～10	0			
	40～80					95～100			70～100		30～60	0～10	0

粗骨料级配有连续级配和间断级配两种。连续级配是从最大粒径开始，从大到小每一粒级都占有适当的比例。连续级配颗粒级差小，配制的混凝土性能良好，在工程中被广泛采用。间断级配是人为剔除某些中间粒级颗粒，大颗粒的空隙由比其空隙小的颗粒填充。间断级配颗粒级差较大，空隙率降低明显，可减少水泥用量，但是新拌出来的混凝土容易出现离析。

单粒级是指大部分颗粒粒级集中在某一种或两种粒径上的颗粒，单粒级便于分级储运。通过不同的组合，可以配制不同要求的骨料级配。工程中不宜采用单粒级粗骨料配制混凝土。

(1)仪器设备。

①鼓风干燥箱：能使温度控制在 105 ℃±5 ℃。

②天平或案秤：称量 10 kg，感量 1 g。

③方孔筛：孔径为 2.36 mm、4.75 mm、9.50 mm、16.0 mm、19.0 mm、26.5 mm、31.5 mm、37.5 mm、53.0 mm、63.0 mm、75.0 mm 及 90.0 mm 的筛各一只，并附有筛底和筛盖(筛框内径为 300 mm)。

④电动摇筛机。

⑤其他：搪瓷盘、毛刷等。

(2)试验步骤。

①按表 3-2 规定数量取样，并将试样缩分至略大于表 3-18 规定的数量，烘干或风干后备用。

表 3-18 粗骨料颗粒级配试验所需试样数量

最大粒径(mm)	9.5	16.0	19.0	26.5	31.5	37.5	63.0	75.0
最少试样质量(kg)	1.9	3.2	3.8	5.0	6.3	7.5	12.6	16.0

②根据试样的最大粒径，称取按表 3-18 规定数量的试样一份，精确到 1 g。将试样倒入按孔径大小从上到下组合的套筛(附筛底和筛盖)上，然后进行筛分。

③将套筛置于摇筛机上，摇 10 min 左右；取下套筛，按筛孔大小顺序再逐个用手筛，筛至每分钟通过量小于试样总量 0.1%为止。通过的颗粒并入下一号筛中，并和下一号筛中的试样一起过筛，这样顺序进行，直至各号筛全部筛完为止。当筛余颗粒的粒径大于 19.0 mm 时，在筛分过程中，允许用手指拨动颗粒。

④称出各号筛的筛余量，精确至 1 g。

(3)结果计算与评定。

①计算分计筛余百分率：各号筛的筛余量与试样总质量之比，计算精确至 0.1%。

②计算累计筛余百分率：该号筛的分计筛余百分率加上该号筛以上各分计筛余百分率之和，精确至 1%。筛分后，如每号筛的筛余量与筛底的筛余量之和同原试样质量之差超过 1%时，须重做试验。

③根据各号筛的累计筛余百分率，对照颗粒级配表 3-17，评定该试样的颗粒级配。

(4)粗骨料筛分的试验结果填入表 3-19 所示。

表 3-19 粗骨料筛分试验报告

筛孔尺寸(mm)	2.36	4.75	9.50	16.0	19.0	26.5	31.5	37.5	53.0	63.0	75.0	90.0
筛余质量(g)												
分计筛余百分率(%)												
累计筛余百分率(%)												
筛分试样总质量(g)					最大粒径(mm)				散失质量(g)			
级配评定：												

3.3.2 表观密度

石子的表观密度是石子颗粒单位体积(包括内封闭孔隙)的质量。通常情况下，石子的表观密度应大于 2500 kg/m³。测定石子的表观密度有静水天平法和广口瓶法。

1. 静水天平法

(1)仪器设备。

①鼓风干燥箱：能使温度控制在 105 ℃±5 ℃。

②静水天平：称量 5 kg，感量 5 g，带有金属吊篮和盛水容器，能将吊篮放在水中称量，如图 3-6 所示。吊篮直径和高度均为 150 mm，由孔径为 1～2 mm 的筛网或钻有 2～3 mm 孔洞的耐锈蚀金属板制成。

图 3-6 静水天平

③方孔筛：孔径为 4.75 mm 的方孔筛一只。

④其他：温度计、搪瓷盘、毛巾等。

(2)试验步骤。

①按表 3－2 规定方法取样，并缩分至略大于表 3－20 规定的数量，风干后筛除小于4.75 mm的颗粒，然后洗刷干净，分为大致相等的两份备用。

表 3－20　表观密度试验所需试样数量

最大粒径(mm)	<26.5	31.5	37.5	63.0	75.0
最少试样质量(kg)	2.0	3.0	4.0	6.0	6.0

②取试样一份装入吊篮，并浸入盛水的容器中，液面至少高出试样表面 50 mm。浸水 24 h 后，移放到称量用的盛水容器中，并用上下升降吊篮的方法排除气泡（试样不得露出水面）。吊篮每升降一次约 1 s，升降高度为 30～50 mm。

③测定水温后，准确称出吊篮及试样在水中的质量，精确至 5 g。称量时盛水容器中水面的高度由容器的溢流孔控制。

④提起吊篮，将试样倒入浅盘，放在干燥箱中于 105 ℃±5 ℃下烘干至恒量，待冷却至室温时，称出其质量，精确至 5 g。

⑤称出吊篮在同样温度水中的质量，精确至 5 g。称量时盛水容器的水面高度仍由溢流孔控制。

(注：试验时各项称量可以在 15～25 ℃范围内进行，但从试样加水静止的 2 h 起至试验结束，其温度变化不应超过 2 ℃。)

(3)结果计算与评定。

①表观密度按式(3－12)计算（精确至 10 kg/m³）；

$$\rho_0=\left(\frac{m_0}{m_0+m_2-m_1}-\alpha_t\right)\times\rho_{水} \tag{3-12}$$

式中：ρ_0——石子的表观密度，kg/m³；

$\rho_{水}$——水的密度，可取 1000 kg/m³；

m_0——烘干试样的质量，g；

m_1——吊篮及试样在水中的质量，g；

m_2——吊篮在水中的质量，g；

α_t——水温对表观密度影响的修正系数，见表 3－6。

②表观密度取两次试验结果的算术平均值，两次试验结果之差大于 20 kg/m³ 须重做试验。对颗粒材质不均匀的试样，如两次试验结果之差超过 20 kg/m³，可取四次试验结果的算术平均值。

(4)石子表观密度（静水天平法）试验结果填入表 3－21。

表 3－21　粗骨料表观密度试验报告（静水天平法）

试验次数	试样的烘干质量 m_0(g)	吊篮及试样在水中的质量 m_1(g)	吊篮在水中的质量 m_2(g)	水温(℃)	修正系数(α_t)	表观密度 ρ_0(10 kg/m³)	
						$\rho_0=\left(\frac{m_0}{m_0+m_2-m_1}-\alpha_t\right)\times\rho_{水}$	计算值
1							
2							

2. 广口瓶法

本方法适用于测定最大粒径不大于 37.5 mm 的碎石或卵石的表观密度。

(1)仪器设备。

①电热鼓风干燥箱:能使温度控制在 105 ℃±5 ℃。

②天平:称量 2 kg,感量 1 g。

③广口瓶:1000 mL,磨口。

④方孔筛:孔径为 4.75 mm 的方孔筛一只。

⑤其他:玻璃片(尺寸约为 100 mm×100 mm)、温度计、搪瓷盘、毛巾等。

(2)试验步骤。

①按规定方法取样,并缩分至略大于表 3-20 规定的数量,风干后筛除小于 4.75 mm 的颗粒,然后洗刷干净,分为大致相等的两份备用。

②将试样浸水饱和,然后装入广口瓶中。装试样时,广口瓶应倾斜放置,防止石子对瓶底的撞击。注入饮用水,上下左右摇晃以排除气泡。

③气泡排尽后,向瓶中添加饮用水,直至水面凸出瓶口边缘。然后用玻璃片沿瓶口迅速滑行,使其紧贴瓶口水面,以玻璃板下无气泡为准。擦干瓶外水分后,称出试样、水、瓶和玻璃片总质量,精确至 1 g。

④将瓶中试样倒入浅盘,放在烘箱中于 105 ℃±5 ℃下烘干至恒量,待冷却至室温后,称出其质量,精确至 1 g。

⑤将瓶洗净并重新注入饮用水,用玻璃片紧贴瓶口水面,擦干瓶外水分后,称出水、瓶和玻璃片总质量,精确至 1 g。

(注:试验时各项称量可以在 15～25 ℃范围内进行,但从试样加水静止的 2 h 起至试验结束,其温度变化不应超过 2 ℃。)

(3)结果计算与评定。

①表观密度按式(3-13)计算(精确至 10 kg/m³):

$$\rho_0=\left(\frac{G_0}{G_0+G_2-G_1}-\alpha_t\right)\times\rho_{水} \tag{3-13}$$

式中:ρ_0——石子的表观密度,kg/m³;

$\rho_{水}$——水的密度,1000 kg/m³;

G_0——烘干试样的质量,g;

G_1——试样、水、瓶和玻璃片的总质量,g;

G_2——水、瓶和玻璃片的总质量,g;

α_t——水温对表观密度影响的修正系数,见表 3-6。

②表观密度取两次试验结果的算术平均值,两次试验结果之差大于 20 kg/m³,须重做试验。对颗粒材质不均匀的试样,如两次试验结果之差超过 20 kg/m³,可取四次试验结果的算术平均值。

(4)石子表观密度(广口瓶法)试验结果填入表 3-22。

表 3-22　粗骨料表观密度试验报告(广口瓶法)

试验次数	试样质量 G_0(g)	瓶+水+玻璃片+试样质量 G_1(g)	瓶+水+玻璃片质量 G_2(g)	水温(℃)	修正系数(α_t)	表观密度 ρ_0(10 kg/m³)	
						$\rho_0=\left(\frac{G_0}{G_0+G_2-G_1}-\alpha_t\right)\times\rho_水$	计算值
1							
2							

3.3.3　堆积密度和空隙率

石子在堆积状态下的质量除以其堆积体积(既含颗粒内部的孔隙,又含颗粒之间空隙在内的总体积),称堆积密度,分为松散堆积密度和紧密堆积密度。空隙率是指堆积体中空隙的体积占总体积的百分比。通常情况下,石子的松散堆积密度应大于1350 kg/m³,空隙率小于47%。

(1)仪器设备。

①天平:称量10 kg,感量10 g;称量50 kg或100 kg,感量50 g各一台。

②容量筒:规格见表3-23。

③垫棒:直径16 mm,长600 mm的圆钢。

④其他:直尺、小铲等。

表 3-23　容量筒的规格要求

最大粒径(mm)	容量筒容积(L)	容量筒规格		
		内径(mm)	净高(mm)	壁厚(mm)
9.5、16.0、19.0、26.5	10	208	294	2
31.5、37.5	20	294	294	3
53.0、63.0、75.0	30	360	294	4

(2)试验步骤。

①按规定方法取样,烘干或风干后,拌匀并把试样分为大致相等两份备用。

②松散堆积密度。取试样一份,用小铲将试样从容量筒口中心上方50 mm处徐徐倒入,让试样以自由落体落下,当容量筒上部试样呈锥体,且容量筒四周溢满时,即停止加料。除去凸出容量筒口表面的颗粒,并以合适的颗粒填入凹陷部分,使表面稍凸起部分和凹陷部分的体积大致相等(试验过程应防止触动容量筒),称出试样和容量筒总质量。

③紧密堆积密度。取试样一份分三次装入容量筒。装完第一层后,在筒底垫放一根直径为16 mm的圆钢,将筒按住,左右交替颠击地面各25次,再装入第二层,第二层装满后用同样方法颠实(但筒底所垫钢筋的方向与第一层时的方向垂直),然后装入第三层,第三层装满后用同样方法颠实(但筒底所垫钢筋的方向与第一层时的方向平行)。试样装填完毕,再加试样直至超过筒口,用钢尺沿筒口边缘刮去高出的试样,并用适合的颗粒填平凹处,使表面稍凸起部分与凹陷部分的体积大致相等。称取试样和容量筒的总质量,精确至10 g。

④容量筒的校准。将温度为(20±2) ℃的饮用水装满容量筒,用一玻璃板沿筒口推移,使其紧贴水面。擦干筒外壁水分,然后称出其质量,精确至10 g。容量筒容积按式(3-14)计算(精确至1 mL):

$$V = G_1 - G_2 \tag{3-14}$$

式中：V——容量筒容积，mL；

G_1——容量筒、玻璃板和水的总质量，g；

G_2——容量筒和玻璃板质量，g。

(3)结果计算与评定。

①松散或紧密堆积密度按式(3-15)计算(精确至 10 kg/m³)：

$$\rho_1 = \frac{m_1 - m_2}{V} \tag{3-15}$$

式中：ρ_1——松散堆积密度或紧密堆积密度，kg/m³；

m_1——容量筒和试样的总质量，g；

m_2——容量筒质量，g；

V——容量筒的容积，L 。

②空隙率按式(3-16)计算(精确至 1%)：

$$P = \left(1 - \frac{\rho_1}{\rho_0}\right) \times 100 \tag{3-16}$$

式中：P——空隙率，%；

ρ_1——试样的松散(或紧密)堆积密度，kg/m³；

ρ_0——试样的表观密度，kg/m³。

③堆积密度取两次试验结果的算术平均值，精确至 10 kg/m³。空隙率取两次试验结果的算术平均值，精确至 1%。

(4)堆积密度和空隙率试验结果填入表 3-24 和 3-25。

表 3-24　石子的松散堆积密度和空隙率

试验次数	筒+石子质量 m_1(g)	筒质量 m_2(g)	筒容积 V (L)	松散堆积密度 ρ_1(10 kg/m³)		松堆空隙率 P_1(%)	
				单值	计算值	单值	计算值
1							
2							

表 3-25　石子的紧密堆积密度和空隙率

试验次数	筒+石子质量 m_1(g)	筒质量 m_2(g)	筒容积 V (L)	紧密堆积密度 ρ_2(10 kg/m³)		紧堆空隙率 P_2(%)	
				单值	计算值	单值	计算值
1							
2							

3.3.4　含泥量和泥块含量

石子的含泥量是指粒径小于 0.075 mm 的颗粒含量；泥块含量是指粒径大于 4.75 mm 经水洗、手捏后小于 2.36 mm 的颗粒含量。石子当中的泥和泥块对混凝土的影响与其在砂当中的影响相似，危害更甚。根据《建设用卵石、碎石》的规定，石子中泥和泥块的含量应符合表 3-26的规定。

表 3-26　石子中泥和泥块含量限值

项目	指标		
	Ⅰ类	Ⅱ类	Ⅲ类
含泥量(按质量计)/%	≤0.5	≤1.0	≤1.5
泥块泥量(按质量计)/%	0	≤0.5	≤0.7

1. 含泥量

(1)仪器设备。

①鼓风干燥箱,能使温度控制在 105 ℃±5 ℃。

②天平:称量 10 kg,感量 1 g。

③方孔筛;孔径为 0.75 mm 和 1.18 mm 的筛各一只。

④容器:可用脸盆,要求淘洗试样时,保持试样不溅出。

⑤其他:搪瓷盘、毛刷等。

(2)试验步骤。

①按 3.1 节规定方法取样,并将试样缩分至表 3-27 规定的数量,放在烘箱中于 105 ℃±5 ℃下烘干至恒量,待冷却至室温后,分为大致相等的两份备用。

表 3-27　石子含泥量试验所需试样数量

最大粒径(mm)	9.5	16.0	19.0	26.5	31.5	37.5	63.0	75.0
最少试样质量(kg)	2.0	2.0	6.0	6.0	10.0	10.0	20.0	20.0

②根据试样的最大粒径,称取试样一份,精确至 1 g。将试样倒入淘洗容器中,注入清水,使水面高于试样面约 150 mm,充分搅拌均匀后,浸泡 2 h,然后用手在水中淘洗试样,使尘屑、淤泥和黏土与石子分离。缓缓地将浑浊液倒入 1.18 mm 及 0.075 mm 的套筛上(1.18 mm 筛放置上面),滤去小于 0.075 mm 的颗粒。试验前筛子的两面应先用水润湿,在整个试验过程中应注意避免大颗粒流失。

③再次加水于容器中,重复上述过程,直到容器内洗出的水清澈为止。

④用水冲洗剩留在筛上的细粒,并将 0.075 mm 筛放在水中(使水面略高出筛中砂粒的上表面)来回摇动,以充分洗除小于 0.075 mm 的颗粒。然后将两只筛上剩留的颗粒和容器中已经洗净的试样一并装入搪瓷盘,置于温度为 105 ℃±5 ℃的烘箱中烘干至恒重。取出来冷却至室温后,称试样的重量,精确至 1 g。

(3)结果计算与评定。

①含泥量按式(3-17)计算(精确至 0.1%):

$$Q_a=\frac{G_1-G_2}{G_1}\times 100 \tag{3-17}$$

式中:Q_a——含泥量,%;

G_1——试验前烘干试样的质量,g;

G_2——试验后烘干试样的质量,g。

②含泥量取两个试样的试验结果算术平均值作为测定值,精确至 0.1%。

(4)石子的含泥量试验结果填入表 3-28。

表 3-28　石子的含泥量试验报告

试验次数	试验前烘干试样质量 G_1(g)	试验后烘干试样质量 G_2(g)	含泥量 Q_a(%) $Q_a=[(G_1-G_2)/G_1]\times100$	
			单值	计 算 值
1				
2				

2. 泥块含量

(1)仪器设备。

①鼓风干燥箱:能使温度控制在 105 ℃±5 ℃。

②天平:称量 10 kg,感量 1 g。

③方孔筛:孔径为 2.36 mm 和 4.75 mm 的筛各一只。

④容器:可用脸盆,要求淘洗试样时,保持试样不溅出。

⑤其他:搪瓷盘、毛刷等。

(2)试验步骤。

①按 3.1 节规定方法取样,并将试样缩分至约略大于表 3-27 规定的数量,放在烘箱中于 105 ℃±5 ℃下烘干至恒量,待冷却至室温后,筛除小于 4.75 mm 颗粒,分为大致相等的两份备用。

②根据试样的最大粒径,称取试样一份,精确至 1 g。将试样倒入淘洗容器中,注入清水,使水面高于试样面约 150 mm,充分搅拌均匀后,浸泡 24 h,然后用手在水中碾碎泥块,再把试样放在 2.36 mm 的筛上,用水淘洗,直至容器内洗出的水清澈为止。

③将筛上剩留的石子小心地从筛中取出,装入搪瓷盘,置于温度为 105 ℃±5 ℃的烘箱中烘干至恒重。取出来冷却至室温后,称试样的质量,精确至 1 g。

(3)结果计算与评定。

①泥块含量按式(3-18)计算(精确至 0.1%):

$$Q_b=\frac{G_1-G_2}{G_1}\times100 \tag{3-18}$$

式中:Q_b——含泥量,%;

G_1——4.75 mm 筛筛余试样的质量,g;

G_2——试验后烘干试样的质量,g。

②泥块含量取两个试样的试验结果算术平均值作为测定值,精确至 0.1%。

(4)石子的泥块含量试验结果填入表 3-29。

表 3-29　石子的泥块含量试验报告

试验次数	4.75 mm 筛筛余试样的质量 G_1(g)	试验后烘干试样质量 G_2(g)	泥块含量 Q_b(%) $Q_b=[(G_1-G_2)/G_1]\times100$	
			单值	计 算 值
1				
2				

3.3.5 针、片状颗粒含量

粗骨料中的针状颗粒是指颗粒长度大于相应粒级平均粒径的 2.4 倍的颗粒，片状颗粒是指颗粒厚度小于平均粒径的 0.4 倍的颗粒。针、片状颗粒易折断，相互堆积的空隙率大，且颗粒之间的摩擦力大。其含量多时，会使得混凝土拌合物的流动性变差，强度降低。因此，针、片状颗粒属于粗骨料中的有害组分。

根据《建设用卵石、碎石》的规定，石子中针、片状颗粒含量应符合表 3－30 的规定。

表 3－30　石子中针、片状颗粒含量限值

项目	指标		
	Ⅰ类	Ⅱ类	Ⅲ类
针、片状颗粒含量(%)	≤5	≤10	≤15

(1)仪器设备。

①天平：称量 10 kg，感量 1 g。

②针、片状规准仪，如图 3－7 所示。

③方孔筛：孔径为 4.75 mm、9.50 mm、16.0 mm、19.0 mm、26.5 mm、31.5 mm、37.5 mm 的筛各一只。

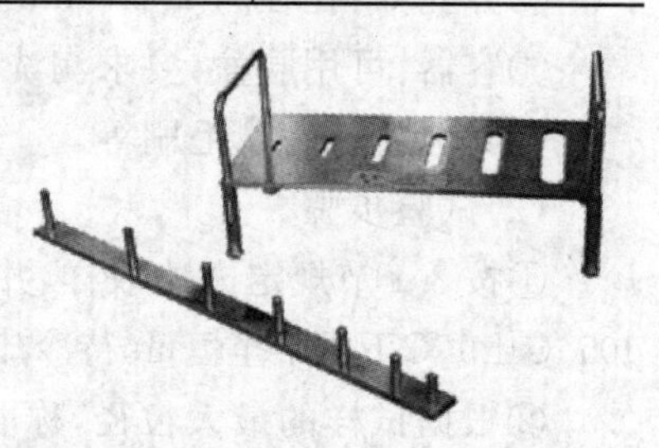

图 3－7　针、片状规准仪

(2)试验步骤。

①按 3.1 规定方法取样，并将试样缩分至约略大于表 3－31规定的数量，放在烘箱中于 105 ℃±5 ℃下烘干至恒量，待冷却至室温后分为大致相等的两份备用。

表 3－31　针、片状颗粒含量所需试样数量

最大粒径(mm)	9.5	16.0	19.0	26.5	31.5	37.5	63.0	75.0
最少试样质量(kg)	0.3	1.0	2.0	3.0	5.0	10.0	10.0	10.0

②根据试样的最大粒径，称取表 3－31 规定数量的试样一份，精确至 1 g。按表 3－32 规定的粒级进行筛分。

表 3－32　针、片状颗粒含量试验的颗粒粒级划分及其相应的规准仪孔宽或间宽

石子粒径(mm)	4.75～9.5	9.5～16.0	16.0～19.0	19.0～26.5	26.5～31.5	31.5～37.5
片状规准仪相对应孔宽(mm)	2.8	5.1	7.0	9.1	11.6	13.8
针状规准仪相对应间距(mm)	17.1	30.6	42.0	54.6	69.6	82.8

③按表 3－32 规定的粒级分别用规准仪逐粒检验，凡颗粒长度大于针状规准仪上相应间距者，为针状颗粒；颗粒厚度小于片状规准仪上相应孔宽者，为片状颗粒。称量试样的质量，精确至 1 g。

④石子粒径大于 37.5 mm 的颗粒可用卡尺检验针、片状颗粒，卡尺卡口的设定宽度应符合表 3－33 的规定。

表 3－33 大于 37.5 mm 的颗粒针、片状颗粒含量粒级划分及其相应的卡尺卡口设定宽度

石子粒径(mm)	37.5～53.0	53.0～63.0	63.0～75.0	75.0～90.0
片状颗粒卡尺卡口的设定宽度(mm)	18.1	23.2	27.6	33.0
针状颗粒卡尺卡口的设定宽度(mm)	108.6	139.2	165.6	198.0

(3)结果计算与评定。

针、片状颗粒含量按式(3－19)计算(精确至 0.1%)：

$$Q_c=\frac{m_2}{m_1}\times 100 \tag{3-19}$$

式中：Q_c——针、片状颗粒含量，%；

m_1——试样的质量，g；

m_2——试样中所含针片状颗粒的总质量，g。

(4)针、片状试验结果填入表 3－34。

表 3－34 粗骨料针、片状含量试验报告

试验次数	烘干试样质量 m_1(g)	针片状颗粒总质量 m_2(g)	针片状颗粒含量 Q_c(%) $Q_c=\frac{m_2}{m_1}\times 100$
1			

3.3.6 强度

石子作为混凝土的骨料，其强度的高低对混凝土的影响是至关重要的，卵石、碎石的强度可采用岩石立方体抗压强度和压碎值指标两种方法进行检验。当可以找到石子的母岩时，可直接测定其立方体抗压强度；当找不到石子的母岩时，可通过测定压碎指标来间接评定石子的强度。

1. 岩石立方体抗压强度法

将碎石的母岩制成直径与高均为 5 cm 的圆柱体试件或边长为 5 cm 的立方体试件，在吸水饱和状态下，测定其极限抗压强度值。根据《建设用卵石、碎石》标准规定：在水饱和状态下，岩石立方体抗压强度火成岩不小于 80 MPa，变质岩不小于 60 MPa，水成岩不小于 30 MPa。

(1)仪器设备。

①压力试验机：量程不低于 1000 kN，示值相对误差 2%。

②岩石切割机或钻心取样机(直径 50 mm)。

③岩石磨光机。

④游标卡尺和角尺。

(2)试验步骤。

①制作试件。用岩石切割机制作 50 mm×50 mm×50 mm 的立方体试件，或用钻心取样机和切割机制作 ϕ50 mm×50 mm 的圆柱体试件(仲裁时以 ϕ50 mm×50 mm 的圆柱体试件的抗压强度为准)。试件与压力机压头接触的两个面要用磨光机磨光并保持平行，六个试件为一组。对有明显层理的岩石，应制作两组，一组保持层理与受力方向平行，另一组保持层理与受力方向垂直，分别测试。

②用游标卡尺测定试件尺寸，精确至 0.1 mm，并计算顶面和底面的面积。取顶面和底面

的算术平均值作为计算抗压强度所用的截面积。将试件浸泡于水中 48 h。

③从水中取出试件，擦干表面，放在压力机上进行强度试验，加荷速度为 0.5～1 MPa/s。

(3)结果计算与评定。

①试件抗压强度按式(3-20)计算(精确至 0.1 MPa)：

$$R=\frac{F}{A} \tag{3-20}$$

式中：R——抗压强度，MPa；

F——破坏载荷，N；

A——试件的截面积，mm^2。

②岩石的抗压强度取六个试件试验结果的算术平均值，并给出最小值，精确至 1 MPa。对有明显层理的岩石，应分别给出受力方向平行于层理的抗压强度和受力方向垂直于层理的抗压强度。

(4)岩石的抗压强度试验结果填入表 3-35。

表 3-35　岩石的抗压强度

试验次数	试件的截面积(mm^2)	破坏载荷(N)	抗压强度(MPa)	
			单值	计算值
1				
2				
3				
4				
5				
6				

2. 压碎指标值法

压碎指标表示石子抵抗压碎的能力，以间接地推测其相应的强度，其值越小，说明强度越高。《建筑用卵石、碎石》规定：粗骨料的压碎指标应满足表 3-36 的规定。

表 3-36　粗骨料压碎指标的限值

项目	指标		
	Ⅰ类	Ⅱ类	Ⅲ类
碎石压碎指标(%)	≤10	≤20	≤30
卵石压碎指标(%)	≤12	≤14	≤16

(1)仪器设备。

①压力试验机：量程不低于 300 kN，示值相对误差 2%。

②天平：称量 10 kg，感量 1 g。

③压碎值测定仪：如图 3-8 所示。

④方孔筛：孔径为 2.36 mm、9.50 mm、19.0 mm 的筛各一只。

⑤垫棒：直径 10 mm，长 500 mm 的圆钢。

图 3-8　压碎值测定仪

(2)试验步骤。

①按规定方法取样，风干后筛除大于19.0 mm及小于9.50 mm的颗粒，并除去针、片状颗粒，分为大致相等的三等份备用。当试样中粒径在9.50～19.0 mm的颗粒不足时，允许将粒径大于19.0 mm的颗粒破碎成粒径在9.50～19.0 mm的颗粒用作压碎值指标试验。

②称取试样3000 g，精确至1 g。把圆模与底盘组合在一起，将试样分两层装入圆模内，每装完一层试样后，在底盘下面垫上圆钢，将筒按住，左右交替颠击地面各25次，两层颠实后，平整模内试样表面，盖上压头。当圆模装不下3000 g试样时，以装至距圆模上口10 mm为准。

③把装有试样的圆模置于压力机上，开动压力试验机，按1 kN/s速度均匀加荷至200 kN并稳荷5 s，然后卸荷。取下加压头，倒出试样，用孔径2.36 mm的筛筛除被压碎的细粒，称出留在筛上的试样质量，精确至1 g。

(3)结果计算与评定。

①压碎指标值按式(3-21)计算(精确至0.1%)：

$$Q_e=\frac{G_1-G_2}{G_1}\times 100 \tag{3-21}$$

式中：Q_e——压碎指标值，%；

G_1——试样的质量，g；

G_2——压碎试验后筛余的试样质量，g。

②压碎指标值取三次试验结果的算术平均值，精确至1%。

(4)压碎值试验结果填入表3-37。

表3-37 粗骨料压碎指标的限值

试验次数	试样质量 G_1(g)	压碎试验后筛余的试样质量 G_2(g)	针片状颗粒含量 Q_e(%)	
			单值	计算值
1				
2				
3				

3.3.7 坚固性

石子在自然风化和其他外界物理、化学因素作用下抵抗破裂的能力称为石子的坚固性。骨料由于干湿循环或冻融交替等作用引起体积变化导致混凝土破坏。骨料越密实、强度越高、吸水性越小，其坚固性越高；而结构越疏松、矿物成分越复杂，构造越不均匀，其坚固性越差。石子的坚固性用硫酸钠溶液法检验，试样经5次循环后其质量损失应符合表3-38的规定。

表3-38 石子的坚固性指标

项目	指标		
	Ⅰ类	Ⅱ类	Ⅲ类
质量损失(%)	≤5	≤8	≤12

(1)仪器设备。

①鼓风干烘箱：能使温度控制在105 ℃±5 ℃。

②天平：称量10 kg，感量1 g。

③方孔筛：孔径为 2.36 mm、4.75 mm、9.50 mm、16.0 mm、19.0 mm、26.5 mm、31.5 mm、37.5 mm、53.0 mm、63.0 mm、75.0 mm 及 90.0 mm 的筛各一只。

④容器：瓷缸，容积不小于 50 L。

⑤三脚网篮：直径为 100 mm，高为 150 mm，孔径为 2～3 mm，由铜丝或镀锌铁丝制成。

⑥其他：密度计、玻璃棒、搪瓷盘、毛刷等。

(2)试验步骤。

①配制硫酸钠溶液。取一定数量的蒸馏水（多少取决于试样及容器大小，加温至 30～50 ℃），每 1000 mL 蒸馏水加入无水硫酸钠（Na_2SO_4）350 g 或结晶硫酸钠（$Na_2SO_4 \cdot H_2O$）750 g，用玻璃棒搅拌，使其溶解并饱和，然后冷却至 20～25 ℃，在此温度下静置两昼夜，其相对密度应保持在 1.151～1.174 g/cm³ 范围内。

②按照规定的方法取样，并将试样缩分至表 3-39 规定的数量。将试样倒入容器中，用水冲洗干净，在 105 ℃±5 ℃的温度下烘干冷却至室温。筛除小于 4.75 mm 的颗粒，然后筛分后备用。

表 3-39　坚固性试验所需的试样数量

石子粒径(mm)	4.75～9.50	9.50～19.0	19.0～37.5	37.5～63.0	63.0～75.0
试样量(g)	500	1000	1500	3000	3000

③根据试样的最大粒径，按表 3-39 规定的数量称取试样，精确至 1 g。将不同粒径的试样分别装入网篮并浸入盛有硫酸钠溶液的容器中，溶液体积应不小于试样总体积的 5 倍，其温度应保持在 20～25 ℃范围内。三脚网篮浸入溶液时应先上下升降 25 次以排除试样中的气泡，然后静置于该容器中，此时，网篮底面应距容器底面约 30 mm（由网篮脚高控制），网篮之间的间距应不小于 30 mm。

④浸泡 20 h 后，从溶液中提出装试样的网篮，放在温度为 105 ℃±5 ℃的烘箱中烘烤4 h，至此，完成了第一次试验循环。待试样冷却至 20～25 ℃后，即开始第二次循环，从第二次循环开始，浸泡及烘烤时间均为 4 h，共循环 5 次。

⑤第五次循环完后，用 20～25 ℃的洁净温水淋洗试样，直至淋洗试样后的水加入少量氯化钡溶液后不出现白色浑浊为止。将洗过的试样在 105 ℃±5 ℃的烘箱中烘干至恒重，取出并冷却至室温后，用孔径为试样粒级下限的筛，过筛并称量各粒级试样试验后的筛余量，精确至 0.1 g。

(3)结果计算与评定。

①各粒级试样质量损失百分率按式(3-22)计算，精确至 0.1%：

$$P_i=\frac{G_i-G_i'}{G_i}\times 100 \tag{3-22}$$

式中：P_i——各粒级试样质量损失百分率，%；

G_i——各粒级试样试验前的质量，g；

G_i'——各粒级试样试验后的筛余量，g。

②试样的总质量损失百分率按式(3-23)计算，精确至 0.1%：

$$P=\frac{\partial_1 P_1+\partial_2 P_2+\partial_3 P_3+\partial_4 P_4+\partial_5 P_5}{\partial_1+\partial_2+\partial_3+\partial_4+\partial_5} \tag{3-23}$$

式中：P——试样的总质量损失百分率，%；

$\partial_1,\partial_2,\partial_3,\partial_4,\partial_5$——各粒级质量占试样（原试样中筛除了小于 4.75 mm 的颗粒）总质量的百分率；

P_1,P_2,P_3,P_4,P_5——各粒级试样质量损失百分率。

(4)坚固性试验结果填入表 3－40。

表 3－40　石子的坚固性试验报告

试样粒级（mm）	试验前试样干质量 G_i(g)	试验后试样干质量 G_i'(g)	各粒级试样占试样总质量百分率∂_i(%)	各粒级试样质量损失百分率 P_i(%)	试样的总质量损失率 P(%)
4.75～9.50					
9.50～19.0					
19.0～37.5					
37.5～63.0					
63.0～75.0					

第4章 粉煤灰试验

粉煤灰是指煤粉燃烧时，从烟道气体中收集到的细颗粒粉末。粉煤灰是一种具有火山灰活性的材料。火山灰活性是指单独与水并不硬化，但与石灰或$Ca(OH)_2$作用生成水化硅酸钙和水化铝酸钙。粉煤灰根据煤种的不同分为F类和C类：F类粉煤灰是指无烟煤或烟煤煅烧收集到的粉煤灰；C类粉煤灰是指由褐煤或次烟煤煅烧收集到的粉煤灰，其CaO含量一般大于10%。磨细粉煤灰是指干燥的粉煤灰经粉磨加工达到规定细度的粉末。

粉煤灰的颗粒呈球形，表面光滑(如图4-1所示)。主要成分是具有活性的SiO_2、Al_2O_3、Fe_2O_3、CaO等，与水泥相似的组分使得其具有火山灰活性或潜在水硬性，可以作为掺合料掺到混凝土中取代部分水泥。粉煤灰能够改善混凝土的综合性能，主要体现在：

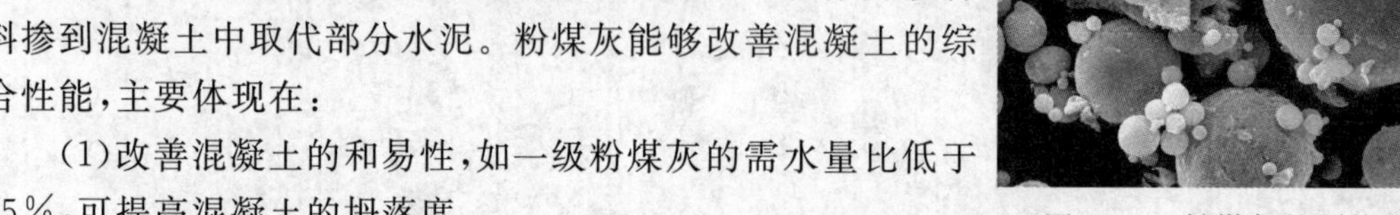

图4-1 粉煤灰的颗粒形态

(1)改善混凝土的和易性，如一级粉煤灰的需水量比低于95%，可提高混凝土的坍落度。

(2)水化速度缓慢，可以降低混凝土的水化温升。

(3)密实孔隙，减少易腐蚀的氢氧化钙含量，抑制碱骨料反应，提高抗腐蚀能力。

(4)减少混凝土的早期收缩，减少早期的温度裂缝，提高混凝土的抗裂性能。

(5)提高混凝土的耐久性，如抗渗性、抗冻性等。

正是因为有这些优点，使得粉煤灰在当代建筑工程中得到了广泛的应用，尤其是在夏季施工和大体积混凝土中，以及有耐久性要求的混凝土中。根据《用于水泥和混凝土中的粉煤灰》(GB/T 1596—2005)的规定，拌制混凝土或砂浆用粉煤灰分为三个等级，工程应用中主要检测的技术指标见表4-1。

表4-1 粉煤灰的技术指标

项目	指标		
	Ⅰ级	Ⅱ级	Ⅲ级
含水率(%)，不大于	1.0		
细度(45 μm方孔筛筛余)，不大于	12.0	25.0	45.0
需水量比，不大于	95	105	115
烧失量，不大于	5.0	8.0	15.0

4.1 含水率

将粉煤灰放入规定温度的烘干箱内烘至恒重，以烘干前和烘干后的质量之差与烘干前的质量之比确定粉煤灰的含水率。粉煤灰的含水率应符合表4-1的规定。

(1)仪器设备。

①烘干箱:可控温度不低于110℃。

②天平:称量不小于50 g,感量0.01 g。

③其他:蒸发皿、毛刷等。

(2)试验步骤。

①称取粉煤灰试样约50 g,精确至0.01 g,倒入蒸发皿中。

②将烘干箱温度调整并控制在105~110 ℃。

③将粉煤灰试样放入烘干箱内烘至恒重,取出放在干燥器中冷却至室温后称量,精确至0.01 g。

(3)结果计算与评定。

含水率按式(4-1)计算(精确至0.1%):

$$W=[(m_1-m_2)/m_1]\times 100 \quad (4-1)$$

式中:W——含水率,%;

m_1——试样烘干前的质量,g;

m_2——试样烘干后的质量,g。

(4)粉煤灰含水率试验结果填入表4-2。

表4-2 粉煤灰的含水率试验报告

试验次数	烘干前试样的质量 m_1(g)	烘干后试样的质量 m_2(g)	含水率 W(%) $W=[(m_1-m_2)/m_1]\times 100$
1			

4.2 细度

同水泥细度相似,粉煤灰的细度也是一项重要的技术指标。一般情况下,粉煤灰粉磨得越细,减水效果越好,活性越高。粉煤灰的细度试验用负压筛析仪法,不同等级粉煤灰的细度应符合表4-1的规定。

(1)仪器设备。

①烘箱:可控温度不低于110 ℃。

②天平:称量不小于50 g,感量0.01 g。

③负压筛析仪:见图4-2,采用45 μm方孔筛。

④其他:蒸发皿、毛刷等。

图4-2 负压筛析仪

(2)试验步骤。

①将粉煤灰样品置于蒸发皿中,放入烘干箱内烘干至恒重,温度调整并控制在105~110 ℃。

②称取粉煤灰试样约10 g,精确至0.01 g,倒入45 μm方孔筛网上,将筛子置于筛座上,盖上筛盖。

③接通电源,将定时开关固定在3 min,开始筛析。负压表的值应稳定在4000~6000 Pa。

若负压小于 4000 Pa,则应停机,清理收尘器中的积尘后再进行筛析。筛析过程中应轻轻敲打筛盖,防止吸附。

④3 min 后筛析自动停止,停机后观察筛余物,如出现颗粒成球、黏筛或有颗粒沉积在筛框边缘,用毛刷将细颗粒轻轻刷开,再筛析 1～3 min 直至筛分彻底为止。将筛网内的筛余物收集并称量,精确至 0.01 g。

(3)结果计算与评定。

45 μm 方孔筛筛余按式(4－2)计算(精确至 0.1%):

$$F=\frac{G_1}{G_0}\times 100 \quad (4-2)$$

式中:F——45 μm 方孔筛筛余,%;

G_1——筛余物的质量,g;

G_0——称取试样的质量,g。

(4)粉煤灰细度试验结果填入表 4－3。

表 4－3　粉煤灰细度试验报告

试验次数	称取试样的质量 G_0(g)	筛余物的质量 G_1(g)	细度 F(%) $F=G_1/G_0\times 100$
1			

4.3 需水量比

粉煤灰的需水量比是指达到相同胶砂流动度(130～140 mm)时,受检胶砂的需水量与基准胶砂需水量的比。需水量比越小,表明粉煤灰的减水效应越好。不同等级粉煤灰的需水量比应符合表 4－1 的规定。

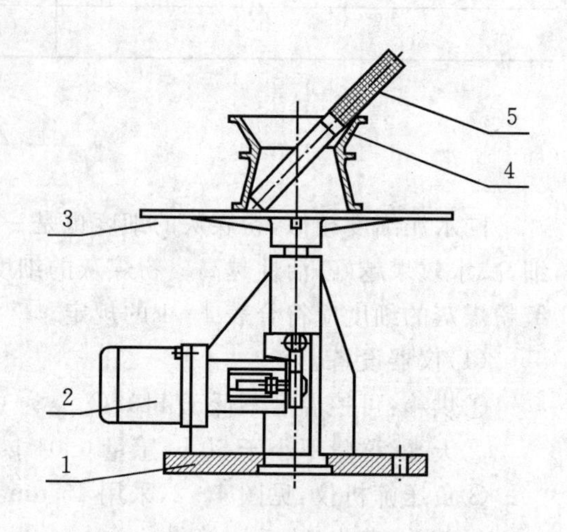

1—机座;2—电机;3—圆盘桌面;4—截锥圆模;5—捣棒

图 4－3　流动度跳桌

(1)仪器设备。

①天平(称量不小于 1000 g,感量 1 g)。

②行星式水泥胶砂搅拌机。

③流动度跳桌,如图 4－3 所示。

④截锥圆模与捣棒,如图 4－3 所示。

⑤卡尺(量程不小于 300 mm,分度值不大于 0.5 mm)。

⑥其他:小抹刀等。

(2)试验步骤。

①试验胶砂配比按表 4－4 确定,称取规定质量的材料。

②按 GB/T 17671—1999 规定的水泥胶砂拌制方法拌制胶砂。

表 4-4　粉煤灰需水量比胶砂配比

胶砂种类	水泥/g	粉煤灰/g	标准砂/g	加水量/mL
对比胶砂	250	—	750	按流动度达到 130～140 mm 调整
试验胶砂	175	75	750	按流动度达到 130～140 mm 调整

③首先调整对比胶砂的用水量。将拌制好的胶砂分两层迅速装入试模。第一层装至截锥圆模高度约 2/3 处，用小抹刀在相互垂直的两个方向各划 5 次，用捣棒由边缘至中心均匀捣压 15 次，如图 4-4 所示。随后，装第二层胶砂，装至高出截锥圆模约 20 mm，用小刀在相互垂直的两个方向各划 5 次，再用捣棒由边缘至中心均匀捣压 10 次，如图 4-5 所示。捣压后胶砂应略高于试模。捣压深度，第一层捣至胶砂高度的 1/2，第二层捣实不超过已捣实底层表面。装胶砂和捣压时，用手扶稳试模，不要使其移动。

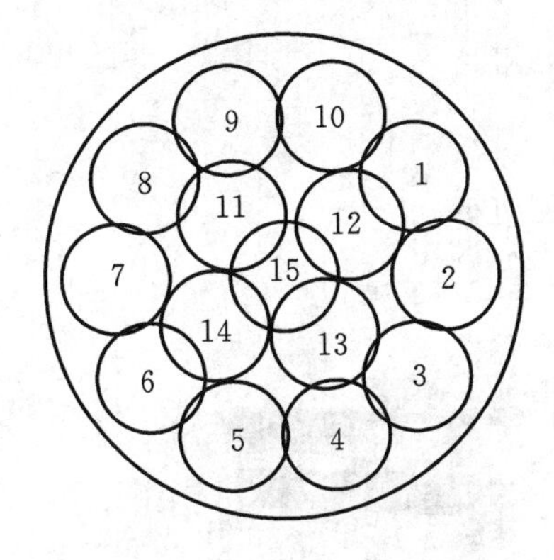

图 4-4　第一层捣实位置示意图

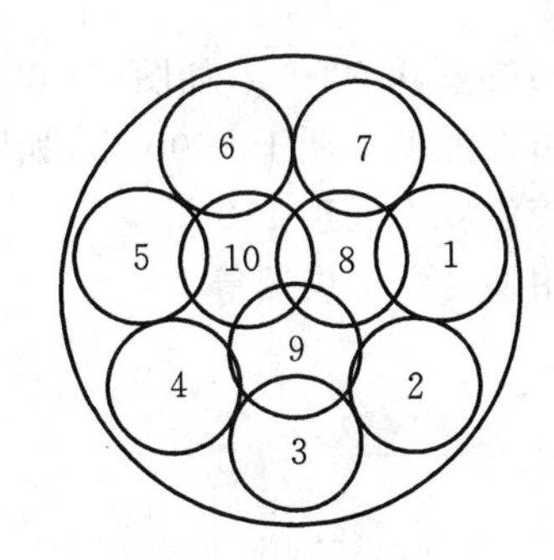

图 4-5　第二层捣实位置示意图

④捣压完毕，取下模套，将小刀倾斜，从中间向边缘分两次以接近水平的角度抹去高出截锥圆模的胶砂，并擦去落在桌面上的胶砂。将截锥圆模垂直向上轻轻提起，立刻开动跳桌，以每秒钟一次的频率，在 25 s±1 s 内完成 25 次跳动。

⑤跳动完毕，用卡尺测量胶砂底面互相垂直的两个方向直径，计算平均值，取整数，单位为 mm。该值即为该水量的胶砂流动度。调整水量，使流动度达到 130～140 mm 时，记录用水量 w_1。

⑥按照相同的方法，调整试验胶砂的用水量，使流动度同样达到 130～140 mm 时，记录用水量 w_2。

(3)结果计算与评定。

粉煤灰需水量比按式(4-3)计算(精确至 1%)：

$$X=\frac{w_2}{w_1}\times 100 \tag{4-3}$$

式中：X——需水量比，%；

w_1——对比胶砂流动度达到 130～140 mm 时的用水量，mL；

w_2——试验胶砂流动度达到 130～140 mm 时的用水量，mL。

(4)粉煤灰需水量比试验结果填入表 4-5。

表 4-5 粉煤灰需水量比试验报告

试验次数	对比胶砂的用水量 w_1(g)	试验胶砂的用水量 w_2(g)	需水量比(%) $X = w_2/w_1 \times 100$
1			

4.4 烧失量

烧失量指粉煤灰中未燃尽的碳颗粒所占的比例。粉煤灰中碳含量越大,越降低减水效应和活性效应。烧失量对流动性的影响较大,特别是掺入外加剂时。碳粒对外加剂的吸附作用较强,导致外加剂的作用下降,混凝土的流动性受到影响。不同等级粉煤灰的烧失量应符合表4-1的规定。

(1)仪器设备。

①分析天平:感量 0.0001 g,如图 4-6 所示。

②高温炉:可控温度不低于 1000 ℃,如图 4-7 所示。

③烘箱:可控温度不低于 110 ℃。

④其他:瓷坩埚、钳、干燥器等。

图 4-6 分析天平

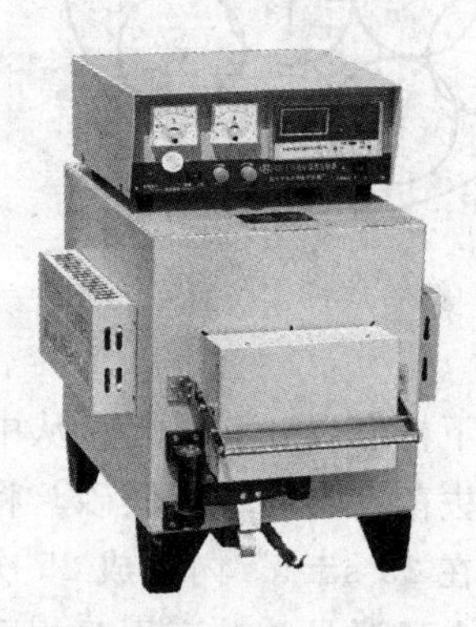

图 4-7 高温炉

(2)试验步骤。

①称取一定质量的粉煤灰,放入烘箱内烘干至恒重,温度调整并控制在 105～110 ℃。瓷坩埚在干燥器内干燥至恒重。

②称取瓷坩埚的质量,避免用手直接接触。

③取烘干后的粉煤灰约 1 g,放入干燥的瓷坩埚中,称取试样和瓷坩埚的总质量,精确至 0.0001 g。

④将盛有试样的瓷坩埚放入高温炉内,从低温开始逐渐升高温度,在(950±25) ℃下灼烧约 15～25 min。

⑤取出瓷坩埚置于干燥器中,冷却至室温,称取试样和瓷坩埚的总质量,精确至 0.0001 g。

(3)结果计算与评定。

粉煤灰烧失量按式(4-4)计算(精确至 0.1%):

$$w_L = \frac{m_1 - m_2}{m_1 - m} \tag{4-4}$$

式中：w_L——烧失量，%；

m——坩埚的质量，g；

m_1——灼烧前坩埚和试样总质量，g；

m_2——灼烧后坩埚和试样总质量，g。

(4)粉煤灰烧失量试验结果填入表 4-6。

表 4-6 粉煤灰烧失量试验报告

试验次数	干锅的质量 m(g)	灼烧前坩埚和试样总质量 m_1(g)	灼烧后坩埚和试样总质量 m_2(g)	烧失量(%)
1				

4.5 活性指数

粉煤灰作为混凝土的矿物掺合料取代水泥，是因为它具有一定的潜在胶凝性质，即具有一定的活性。不同品质的粉煤灰的活性差异很大，通过测定活性指数可以定量评价粉煤灰的活性。本试验是测定试验胶砂和对比胶砂的抗压强度，以二者抗压强度之比确定试验胶砂的活性指数。

(1)仪器设备。

①天平(称量不小于 1000 g，感量 1 g)。

②水泥胶砂搅拌机。

③胶砂振动台。

④水泥恒应力抗压强度试验机。

⑤其他：胶砂试模、小抹刀等。

(2)试验步骤。

①试验胶砂配比按表 4-7 确定，称取规定质量的材料。

表 4-7 粉煤灰活性指数胶砂配比

胶砂种类	水泥/g	粉煤灰/g	标准砂/g	加水量/mL
对比胶砂	450	—	1350	225
试验胶砂	315	135	1350	225

②将对比胶砂和试验胶砂分别按 GB/T 17671—1999 规定的水泥胶砂拌制方法拌制、试件成型和养护。

③将试件养护至 28 天，按 GB/T 17671—1999 规定的水泥胶砂试件强度测试方法测定对比胶砂和试验胶砂的抗压强度。

(3)结果计算与评定。

粉煤灰活性指数按式(4-5)计算(精确至 1%)：

$$H_{28}=\frac{R}{R_0}\times 100 \tag{4-5}$$

式中：H_{28}——活性指数，%；

R——试验胶砂 28 d 抗压强度，MPa；

R_0——对比胶砂 28 d 抗压强度，MPa。

注：若采用 GSB14－1510 强度检验用水泥标准样品，则对比胶砂 28 d 抗压强度可采用标准水泥给出的强度值。

(4)粉煤灰活性指数试验结果填入表 4－8。

表 4－8　粉煤灰活性指数试验报告

胶砂种类	28 d 破坏荷载(kN)			28 d 抗压强度(MPa)				活性指数(%)
	单个值			单个值			计算值	$H_{28}=R/R_0\times100$
对比胶砂 R_0								
试验胶砂 R								

第5章 混凝土减水剂试验

混凝土外加剂是一种在混凝土搅拌之前或拌制过程中加入的、用以改善新拌混凝土和(或)硬化混凝土性能的一种材料。在混凝土中掺入外加剂能够改善混凝土的和易性、提高耐久性、节约水泥、加快工程进度以及保证工程质量等,其技术经济效果十分显著。减水剂是目前混凝土外加剂中最重要的品种,约占外加剂总量的80%左右。

减水剂是指能保持混凝土的和易性不变,而显著减少其拌和用水量的外加剂。根据《混凝土外加剂》(GB 8076—2008),减水剂按其减水率大小可分为高性能减水剂(以聚羧酸系高性能减水剂为代表)、高效减水剂(以萘系、密胺系、氨基磺酸盐系、脂肪族系减水剂为代表)和普通减水剂(以木质素磺酸盐类为代表)。高性能减水剂具有一定的引气性、较高的减水率和良好的坍落度保持性能。与其他减水剂相比,高性能减水剂在配制高强度混凝土和高耐久性混凝土时,具有明显的技术优势和较高的性价比。此外,减水剂还可与其他外加剂复合,形成早强减水剂、缓凝减水剂、引气减水剂等。

在混凝土中使用减水剂的技术经济效果:

(1)在保持和易性和水泥用量不变时,可减少拌和水量。

(2)在保持原配合比不变的情况下,可使拌合物的坍落度大幅度提高。

(3)若保持强度及和易性不变,可节省水泥。

(4)提高混凝土的抗冻性、抗渗性,使混凝土的耐久性得到提高。

本章主要介绍混凝土减水剂的减水率、泌水率比,含气量、凝结时间差、抗压强度比以及减水剂与水泥的相容性试验。

5.1 减水率

减水剂的减水率可以通过测定基准混凝土与具有相同坍落度的掺外加剂的混凝土用水量的差来确定,也可以测定水泥胶砂掺加减水剂以后用水量的变化,从而评定胶砂的减水率。二者有争议时,以混凝土减水率为准。用于混凝土中的减水剂应满足表5-1的要求。

表5-1 减水剂的减水率指标

类型	普通减水剂	高效减水剂	高性能减水剂
减水率(%)	≥8	≥14	≥25

5.1.1 混凝土减水率

(1)仪器设备。

①混凝土搅拌机。

②磅秤或电子秤:称量不小于50 kg。

③天平：称量不小于 1000 g，感量 0.1 g。

④坍落度筒、捣棒。

⑤其他：小铲、钢板尺、抹刀等。

(2)试验材料与配合比。

①材料。

a. 水泥：采用检验混凝土减水剂性能的专用基准水泥。在因故得不到基准水泥时，可采用 42.5 的普通硅酸盐水泥代替，但仲裁仍需用基准水泥。

b. 砂：细度模数 2.6～2.9，含泥量小于 1%的Ⅱ区中砂。

c. 石子：公称粒径为 5～20 mm 的碎石或卵石，采用二级配，其中 5～10 mm 占 40%，10～20 mm 占 60%，满足连续级配要求，针片状物质含量小于 10%，空隙率小于 47%，含泥量小于 0.5%。有争议时以碎石结果为准。

d. 水：符合混凝土拌和用水的技术要求。

e. 减水剂：需要检测的减水剂。

②配合比。

基准混凝土配合比按《普通混凝土配合比设计规程》(JGJ 55—2011)进行设计。掺非引气型减水剂的受检混凝土和其对应的基准混凝土的水泥、砂、石的比例相同。配合比设计应符合以下规定：

a. 水泥用量：掺高性能减水剂或泵送剂的基准混凝土和受检混凝土的单位水泥用量为 360 kg/m^3；掺其他减水剂的基准混凝土和受检混凝土单位水泥用量为 330 kg/m^3。

b. 砂率：掺高性能减水剂或泵送剂的基准混凝土和受检混凝土的砂率均为 43%～47%；掺其他减水剂的基准混凝土和受检混凝土的砂率为 36%～40%；但掺引气减水剂或引气剂的受检混凝土的砂率应比基准混凝土的砂率低 1%～3%。

c. 减水剂掺量：按生产厂家指定掺量。

d. 用水量：掺高性能减水剂或泵送剂的基准混凝土和受检混凝土的坍落度控制在 210 mm±10 mm，用水量为坍落度在210 mm±10 mm时的用水量；掺其他减水剂的基准混凝土和受检混凝土的坍落度控制在 80 mm±10 mm。用水量包括液体减水剂、砂、石材料中所含的水量。

(3)试验步骤。

①拌制基准混凝土。采用公称容积为 60 L 的单卧轴式混凝土强制搅拌机(如图 5-1 所示)。每盘拌和量不小于 20 L，不宜大于 45 L。搅拌均匀后出料，再进行人工翻拌均匀，并及时测试坍落度。

图 5-1　单轴卧式混凝土强制搅拌机

②通过调整用水量的大小，使基准混凝土的坍落度达到规定值，记录此时的用水量。

③拌制掺加减水剂的受检混凝土。减水剂为粉状时，将水泥、砂、石、减水剂一次投入搅拌机，干拌均匀，再加入拌合水，一起搅拌 2 min。减水剂为液体时，将水泥、砂、石一次投入搅拌机，干拌均匀，再加入掺有减水剂的拌合水一起搅拌 2 min。出料后，人工翻拌均匀，进行坍落度的测试。

④通过调整用水量的大小，使受检混凝土的坍落度达到规定值，记录此时的用水量。

(4)结果计算与评定。

①减水率为坍落度基本相同时，基准混凝土和受检混凝土单位用水量之差与基准混凝土单位用水量之比。减水率按式(5-1)计算(精确至 0.1%)：

$$W_R = \frac{W_0 - W_1}{W_0} \times 100 \tag{5-1}$$

式中：W_R——减水率，%；

W_0——基准混凝土单位用水量，kg/m³；

W_1——受检混凝土单位用水量，kg/m³。

②W_R以三批试验的算术平均值计，精确到 1%。若三批试验的最大值或最小值中有一个与中间值之差超过中间值的 15%时，则把最大值与最小值一并舍去，取中间值作为该组试验的减水率。若有两个测值与中间值之差均超过 15%时，则该批试验结果无效，应该重做。

(5)混凝土减水率试验结果填入表 5-2。

表 5-2　减水剂的混凝土减水率试验报告

受检混凝土批次	基准混凝土单位用水量 W_0(kg/m³)	掺外加剂混凝土单位用水量 W_1(kg/m³)	减水率 W_R(%) $W_R=[(W_0-W_1)/W_0]\times 100$	
			单个值	计算值
1				
2				
3				

5.1.2　水泥胶砂减水率

先测定基准胶砂达到规定流动度的用水量，再测定掺减水剂胶砂达到规定流动度的用水量，从而计算减水剂的水泥胶砂减水率。本方法参照《混凝土外加剂匀质性试验方法》(GB/T 8077—2012)。

(1)仪器设备。

①天平：感量 1 g 和感量 0.01 g 的天平各一台。

②水泥胶砂搅拌机。

③流动度跳桌、截锥圆模与捣棒(如图 5-2 所示)。

④其他：小抹刀、游标卡尺或钢直尺等。

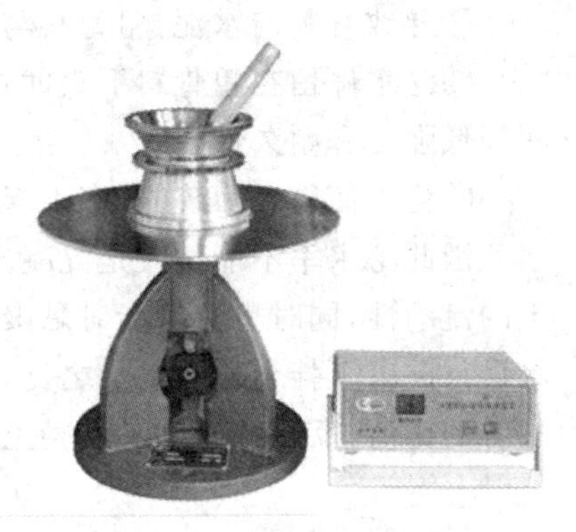

图 5-2　胶砂流动度跳桌

(2)水泥胶砂配合比。

①水泥用量：450 g。

②砂：1350 g。

③减水剂掺量：按生产厂家指定掺量。

④用水量：流动度在 180 mm±5 mm 时的用水量。

(3)试验步骤。

①拌制基准水泥胶砂。按照 GB/T 17671—1999 规定的水泥胶砂制备方法拌制基准水泥胶砂，

拌制完成后立即测试水泥胶砂的跳桌流动度，方法参见本书第 4 章的粉煤灰需水量比试验。

②根据测得的流动度值，调整用水量的大小，使基准水泥胶砂的跳桌流动度达到 180 mm±5 mm，记录此时的用水量。

③拌制掺加减水剂的受检水泥胶砂。减水剂和水一起加入搅拌锅内，拌制完成后按相同方法测试水泥胶砂的跳桌流动度。

④通过调整用水量的大小，使受检水泥胶砂的流动度达到 180 mm±5 mm，记录此时的用水量。

(4)结果计算与评定。

水泥胶砂减水率按式(5-2)计算(精确至 0.1%)：

$$W_s=\frac{M_0-M_1}{M_0}\times 100 \tag{5-2}$$

式中：W_s——减水率，%；

M_0——基准水泥胶砂流动度为 180 mm±5 mm 时的用水量，g；

M_1——受检水泥胶砂流动度为 180 mm±5 mm 时的用水量，g。

(5)水泥胶砂减水率试验结果填入表 5-3。

表 5-3 水泥胶砂减水率试验报告

试验次数	基准水泥胶砂用水量 M_0(g)	掺外加剂的水泥胶砂用水量 M_1(g)	减水率 W_s(%) $W_s=[(M_0-M_1)/M_0]\times 100$
1			

5.2 泌水率比

混凝土在浇注后，因固体颗粒下沉，水上升并在混凝土表面析出的现象称为泌水。施工过程中过量的泌水危害很大，表现在以下几个方面：

①泌水使混凝土的上层含水量增大，下层含水量减少，水灰比不同，使得混凝土的质量不均匀。上层强度低，耐磨性差。

②导致骨料与水泥、粗骨料与砂浆、钢筋与混凝土之间的黏结力下降。

③泌水停留在粗骨料下表面并绕过粗骨料上升，形成连通孔，降低了混凝土的密实度，从而降低强度和耐久性。

④泌水使得表面疏松，产生起皮或粉尘现象，影响混凝土的外观质量。

因此泌水率不能过大是混凝土施工质量控制的一个重要内容。外加剂的掺入会增大混凝土的流动性，同时也有可能对黏聚性和保水性有不利影响，常用泌水率比来反映。泌水率即泌水量与混凝土拌合物含水量之比，泌水率比是测定受检混凝土和基准混凝土泌水率，计算得出二者的比值，反映减水剂对混凝土保水性的影响。减水剂的泌水率比应满足表 5-4 规定。

表 5-4 减水剂的泌水率指标

类型	普通减水剂			高效减水剂		高性能减水剂		
泌水率比(%)	早强型	标准型	缓凝型	标准型	缓凝型	早强型	标准型	缓凝型
	≤95	≤100	≤100	≤90	≤100	≤50	≤60	≤70

(1)仪器设备。

①混凝土搅拌机。

②磅秤或电子秤:称量不小于 50 kg。

③天平:称量不小于 1000 g,感量 0.1 g。

④5 L 的容积筒:带盖,内径 185 mm,高 200 mm。

⑤吸液管、带塞量筒。

⑥其他:小铲、抹刀等。

(2)试验步骤。

①按照 5.1.1 的配合比和方法拌制基准混凝土。通过调整用水量的大小,使基准混凝土的坍落度达到规定值,记录此时的用水量。

②用湿布润湿容积筒,将混凝土拌合物一次装入,在振动台上振动 20 s,然后用抹刀轻轻抹平,试样表面应比筒口边低约 20 mm,加盖以防止水分蒸发。

③自抹面开始计算时间,在前 60 min,每隔 10 min 用吸液管吸出泌水一次,以后每隔 20 min吸水一次,直至连续三次无泌水为止。每次吸水前,应将筒底一侧垫高约 20 mm,使筒倾斜,以便于吸水。吸水后,将筒轻轻放平盖好。将每次吸出的水都注入带塞量筒,最后计算出总的泌水量,精确至 1 g。

④按照 5.1.1 的配合比和方法拌制掺加减水剂的受检混凝土。通过调整用水量的大小,受检混凝土的坍落度达到规定值,记录此时的用水量。

⑤按照与③相同的方法吸取泌水,注入带塞量筒,计算出总的泌水量,精确至 1 g。

(3)结果计算与评定。

①计算基准混凝土的泌水率,按式(5-3)计算(精确至 0.1%):

$$B_0=\frac{V_{W_0}}{(W_0/G_0)G_{W_0}}\times 100 \tag{5-3}$$

式中:B_0——基准混凝土的泌水率,%;

V_{W_0}——基准混凝土泌水总量,g;

W_0——基准混凝土拌合物的用水量,g;

G_0——基准混凝土拌合物的总质量,g;

G_{W_0}——基准混凝土试样的质量,g;

②计算受检混凝土的泌水率,按式(5-4)计算(精确至 0.1%):

$$B_1=\frac{V_{W_1}}{(W_1/G_1)G_{W_1}}\times 100 \tag{5-4}$$

式中:B_1——受检混凝土的泌水率,%;

V_{W_1}——受检混凝土泌水总量,g;

W_1——受检混凝土拌合物的用水量,g;

G_1——受检混凝土拌合物的总质量,g;

G_{W_1}——受检混凝土试样的质量,g;

③计算泌水率比,按式(5-5)计算(精确至 1%):

$$R_B=\frac{B_1}{B_0}\times 100 \tag{5-5}$$

式中：R_B——减水剂的泌水率比，%；

B_1——受检混凝土的泌水率，%；

B_0——基准混凝土的泌水率，%。

④试验时，从每批混凝土拌合物中取一个试样，泌水率取三个试样的算术平均值，精确到0.1%。若三个试样的最大值或最小值中有一个与中间值之差大于中间值的15%，则把最大值与最小值一并舍去，取中间值作为该组试验的泌水率，如果最大值和最小值与中间值之差均大于中间值的15%时，则应重做。

(4)减水剂的泌水率比试验结果填入表5-5。

表5-5　减水剂的泌水率比试验报告

受检混凝土批次		容积筒质量 m_0(g)	容积筒及试样质量 m_1(g)	受检试样质量 G_W(g)	拌合物用水量 W(g)	拌合物总质量 G(g)	泌水总质量 V_W(g)	泌水率 B(%)		泌水率比 R_B(%)
								单个值	计算值	
基准混凝土	1									
	2									
	3									
掺外加剂混凝土	1									
	2									
	3									

5.3　含气量

混凝土在搅拌过程中会引入一定量的气泡，含气量的表示方法为混凝土的气泡体积与全部混凝土体积之比的百分数。含气量试验方法参见本书第6章混凝土含气量试验，根据《混凝土外加剂》的规定，掺入减水剂的混凝土含气量应满足表5-6的规定。

表5-6　掺减水剂后混凝土的含气量指标

类型	普通减水剂			高效减水剂		高性能减水剂			引气型减水剂
	早强型	标准型	缓凝型	标准型	缓凝型	早强型	标准型	缓凝型	
含气量(%)	≤4.0	≤4.0	≤5.5	≤3.0	≤4.5	≤6.0			≥3.0

含气量试验结果填入表5-7。

表5-7　掺减水剂混凝土的含气量试验报告

骨料含气量 A_g(%)	混凝土拌合物含气量测定值 A_0(%)				混凝土拌合物含气量 A(%) $A=A_0-A_g$
	1	2	3	平均值	

5.4　凝结时间差

凝结时间主要用来帮助控制混合和运输的时间，对于混凝土或早强型减水剂来说，凝结时间是一个重要的参数。凝结时间的试验方法参见本书第 6 章混凝土凝结时间试验。

凝结时间差是指掺减水剂的混凝土的凝结时间与基准混凝土凝结时间的差值，根据《混凝土外加剂》，掺外加剂的混凝土凝结时间差应满足表 5－8 的规定。

表 5－8　减水剂的凝结时间差指标

类型		普通减水剂			高效减水剂		高性能减水剂		
		早强型	标准型	缓凝型	标准型	缓凝型	早强型	标准型	缓凝型
凝结时间差(min)	初凝	－90～＋90	－90～＋120	＞＋90	－90～＋120	＞＋90	－90～＋90	－90～＋120	＞＋90
	终凝			—		—			—

凝结时间差试验结果填入表 5－9 至 5－11。

表 5－9　基准混凝土的凝结时间

混凝土加水时刻(h:min)：__________

批次	项目	测试结果												初凝时间 T_{cc} (min)		终凝时间 T_{cz} (min)	
		1	2	3	4	5	6	7	8	9	10	11	12	单值	平均值	单值	平均值
1	测试时刻(h:min)																
	试针面积 A(mm²)																
	压力读数 P(kN)																
	贯入阻力 R(MPa)																
2	测试时刻(h:min)																
	试针面积 A(mm²)																
	压力读数 P(kN)																
	贯入阻力 R(MPa)																
3	测试时刻(h:min)																
	试针面积 A(mm²)																
	压力读数 P(kN)																
	贯入阻力 R(MPa)																

表 5-10　掺减水剂混凝土的凝结时间

混凝土加水时刻(h:min)：________

批次	项目	测试结果												初凝时间 T_{tc} (min)		终凝时间 T_{tz} (min)	
		1	2	3	4	5	6	7	8	9	10	11	12	单值	平均值	单值	平均值
1	测试时刻(h:min)																
	试针面积 A (mm²)																
	压力读数 P(kN)																
	贯入阻力 R(MPa)																
2	测试时刻(h:min)																
	试针面积 A(mm²)																
	压力读数 P(kN)																
	贯入阻力 R(MPa)																
3	测试时刻(h:min)																
	试针面积 A(mm²)																
	压力读数 P(kN)																
	贯入阻力 R(MPa)																

表 5-11　掺减水剂混凝土的凝结时间差

初凝时间差 $T_{\Delta c}$(min) $T_{\Delta c}=T_{tc}-T_{cc}$	终凝时间差 $T_{\Delta z}$(min) $T_{\Delta z}=T_{tz}-T_{cz}$

5.5　抗压强度比

外加剂的掺入可能会对混凝土的强度产生一定的影响，不同类型的减水剂影响的效果也不尽相同。为了保证混凝土的强度能够满足结构构件安全的需要，《混凝土外加剂》规定减水剂的抗压强度比应满足表 5-12 规定。抗压强度的试验方法参见本书第 6 章混凝土抗压强度试验。

表 5-12　减水剂的抗压强度比指标

类型		普通减水剂			高效减水剂		高性能减水剂		
		早强型	标准型	缓凝型	标准型	缓凝型	早强型	标准型	缓凝型
抗压强度比(%),不小于	1 d	135	—	—	140	—	180	170	—
	3 d	130	115	—	130	—	170	160	—
	7 d	110	115	110	125	125	145	150	140
	28 d	100	110	110	120	120	130	140	130

抗压强度比试验结果填入表 5-13。

表 5-13　掺减水剂混凝土的抗压强度比

项目	配合比编号	试件尺寸(mm)	龄期(d)	破坏荷载(kN)			抗压强度(MPa)				抗压强度比(%) $R_s=S_t/S_c\times100$			
				1	2	3	1	2	3	计算值	1 d	3 d	7 d	28 d
掺外加剂混凝土强度 S_t (MPa)			1											
			3											
			7											
			28											
基准混凝土强度 S_c (MPa)			1											
			3											
			7											
			28											

5.6　水泥与减水剂的相容性试验

水泥与减水剂的相容性是指由于混凝土中水泥或减水剂的质量而引起水泥浆体流动性、经时损失的变化程度,以及获得相同的流动性减水剂用量的变化程度。参考《水泥与减水剂相容性试验方法》(JC/T 1083—2008),相容性的测试方法有马歇尔法(标准法)和净浆流动度法(代用法),有争议时以标准法为准。

制备水泥浆体的材料要求包括:

(1)水泥。试验前,应将水泥过 0.90 mm 方孔筛并混合均匀。当试验水泥从取样至试验要保持 24 h 以上时,应将水泥贮存在气密的容器中,该容器材料不应与水泥起反应。

(2)减水剂。应保证减水剂的质量稳定、均匀。

(3)水(纯净的饮用水)。

注:试验室的温度应保持在 20 ℃±2 ℃,相对湿度应不低于 50%。水泥、水、减水剂和试验用具的温度与试验室温度一致。

5.6.1 马歇尔法(Marsh 筒法)

Marsh 筒为下带圆管的锥形漏斗，最早用于测定钻井泥浆液的流动度，后由加拿大舍布鲁克大学提出用于测定添加减水剂水泥浆体的流动性，以评价水泥与减水剂适应性。具体方法为让注入漏斗中的水泥浆体自由流下，记录注满 200 mL 容量筒的时间，即 Marsh 时间，此时间的长短反映了水泥浆体的流动性。

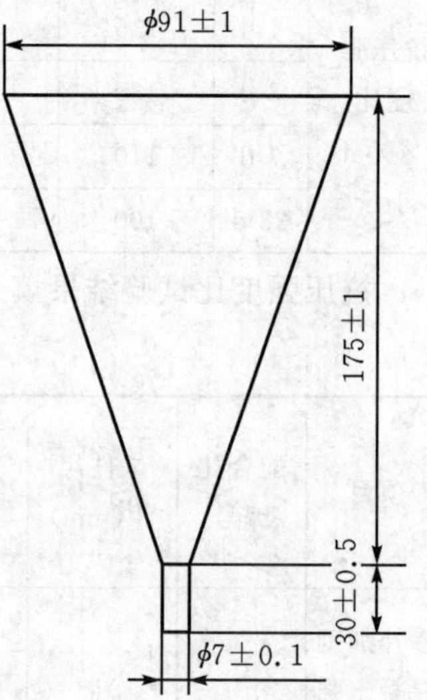

图 5-3　Marsh 筒(单位:mm)

1. 仪器设备

(1)天平:称量不小于 1000 g、感量 1 g 和量程 100 g、感量 0.01 g 各一台。

(2)水泥净浆搅拌机，配备 6 只搅拌锅。

(3)Marsh 筒:直管部分由不锈钢材料制成，锥形漏斗部分由不锈钢或由表面光滑的耐锈蚀材料制成，如图 5-3 所示。

(4)秒表。

(5)其他:烧杯(400 mL)、量筒(250 mL)、刮刀等。

2. 试验步骤

(1)水泥浆体配比按表 5-14 确定，称取规定质量的材料。

表 5-14　水泥浆体的配合比

方法	水泥/g	水/mL	水灰比	减水剂的掺量(按水泥的质量百分比)/%
Marsh 筒法	500±2	175±1	0.35	0.4、0.6、0.8、1.0、1.2、1.4
流动度法	500±2	145±1	0.29	

注:a. 根据水泥和减水剂的实际情况，可以增加或减少减水剂的掺量点。

b. 减水剂掺量按固态粉剂计算。当使用液态减水剂时，应按减水剂含固量折算为固态粉剂含量，同时在加水量中减去液态减水剂的水量。

(2)用湿布将 Marsh 筒、烧杯、搅拌锅、搅拌叶片全部润湿。将烧杯置于 Marsh 筒下料口的下面中间位置，并用湿布覆盖。

(3)将减水剂和约 1/2 的水同时加入锅中，然后用剩余的水反复冲洗盛装减水剂的容器直至干净并全部加入锅中，加入水泥，把锅固定在搅拌机上，按净浆搅拌程序搅拌。

(4)将锅取下，用搅拌勺边搅拌边将浆体立即全部倒入 Marsh 筒内。打开阀门，让浆体自由流下并计时，当浆体注入烧杯达到 200 mL 时停止计时，此时间即为初始 Marsh 时间。

(5)让 Marsh 筒内的浆体全部流下，无遗留地回收到搅拌锅内，并采取适当的方法密封静置以防水分蒸发。

(6)清洁 Marsh 筒和烧杯。

(7)调整减水剂掺量，重复上述步骤，依次测定减水剂各掺量下的初始 Marsh 时间。

(8)自加水泥起到 60 min 时，将静置的水泥浆体按同样的搅拌程序重新搅拌，重复步骤(4)依次测定减水剂各掺量下的 60 min Marsh 时间。

3. 结果计算与评定

(1)经时损失率的计算。

①经时损失率用初始 Marsh 时间与 60 min Marsh 时间的相对差值表示(精确至 0.1%)，见式(5-6)：

$$FL=\frac{T_{60}-T_0}{T_0}\times 100 \quad (5-6)$$

式中：FL——经时损失率，%；

T_0——初始 Marsh 时间，s；

T_{60}——60 min Marsh 时间，s。

②减水剂与水泥相容性试验(马歇尔法)结果填入表 5-15。

表 5-15　减水剂与水泥相容性试验报告(马歇尔法)

项目	减水剂掺量(按水泥的质量百分比)/%							
	0.4	0.6	0.8	1.0	1.2	1.4		
初始 Marsh 时间(s)								
60 min Marsh 时间(s)								
经时损失率(%)								

(2)饱和掺量点的确定。

以减水剂掺量为横坐标、Marsh 时间为纵坐标作曲线图，然后作两直线端曲线的趋势线，两趋势线的交点的横坐标即为饱和掺量点，如图 5-4 所示。

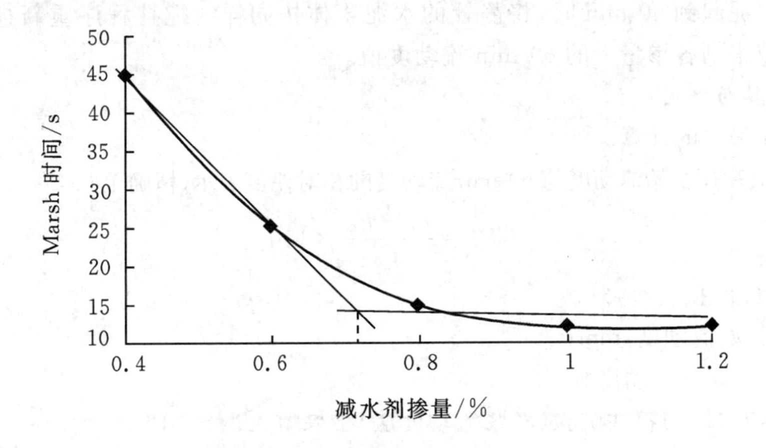

图 5-4　饱和掺量点确定示意图

5.6.2　净浆流动度法

将制备好的水泥浆体装入一定容量的圆模后，稳定提起圆模，使浆体在重力作用下在玻璃板上自由扩散，稳定后的直径即流动度，流动度的大小反映了水泥浆体的流动性。

1. 仪器设备

(1)天平：称量不小于 1000 g，感量 1 g；量程 100 g，感量 0.01 g。

(2)水泥净浆搅拌机配备6只搅拌锅。

(3)圆模：上口直径36 mm、下口直径60 mm、高度60 mm，内壁光滑无暗缝的金属制品。

(4)玻璃板：ϕ400 mm×5 mm。

(5)卡尺：量程不小于300 mm，分度值不大于0.5 mm。

(6)其他：烧杯、量筒、刮刀等。

2. 试验步骤

(1)水泥浆体配比按表5-14确定，称取规定质量的材料。

(2)用湿布将玻璃板、圆模内壁、搅拌锅、搅拌叶片全部润湿。将圆模置于玻璃板的中间位置，并用湿布覆盖。

(3)将减水剂和约1/2的水同时加入锅中，然后用剩余的水反复冲洗盛装减水剂的容器直至干净并全部加入锅中，加入水泥，把锅固定在搅拌机上，按净浆搅拌程序搅拌。

(4)将锅取下，用搅拌勺边搅拌边将浆体立即倒入置于玻璃板的中间位置的圆模内。对于流动性差的浆体要用刮刀进行插捣，以使浆体充满圆模。用刮刀将高出圆模的浆体刮除并抹平，立即稳定提起圆模。圆模提起后，应用刮刀将黏附于圆模内壁上的浆体尽量刮下，以保证每次试验的浆体量基本相同。提起圆模1 min后，用卡尺测量最长直径及垂直方向的直径，二者的平均值即为初始流动度值。

(5)快速将玻璃板上的浆体用刮刀无遗留地回收到搅拌锅内，并采取适当的方法密封静置以防止水分蒸发。

(6)清洁玻璃板、圆模。

(7)调整减水剂掺量，重复上述步骤，依次测定减水剂各掺量下的初始流动度值。

(8)自加水泥起到60 min时，将静置的水泥浆体按同样的搅拌程序重新搅拌，重复步骤(4)依次测定减水剂各掺量下的60 min流动度值。

3. 结果计算与评定

(1)经时损失率的计算。

①经时损失率用初始流动度与60 min流动度的相对差值表示(精确至0.1%)，见式(5-7)：

$$FL=\frac{F_0-F_{60}}{F_0}\times 100 \tag{5-7}$$

式中：FL——经时损失率，%；

F_0——初始流动度，mm；

F_{60}——60 min流动度，mm。

②减水剂与水泥相容性试验(净浆流动度法)结果填入表5-16。

表5-16 减水剂与水泥相容性试验报告(净浆流动度法)

项目	减水剂掺量(按水泥的质量百分比)/%								
	0.4	0.6	0.8	1.0	1.2	1.4			
初始流动度(mm)									
60 min流动度(mm)									
经时损失率(%)									

(2)饱和掺量点的确定。

以减水剂掺量为横坐标、净浆流动度为纵坐标作曲线图，然后作两直线端曲线的趋势线，两趋势线的交点的横坐标即为饱和掺量点，如图5-5所示。

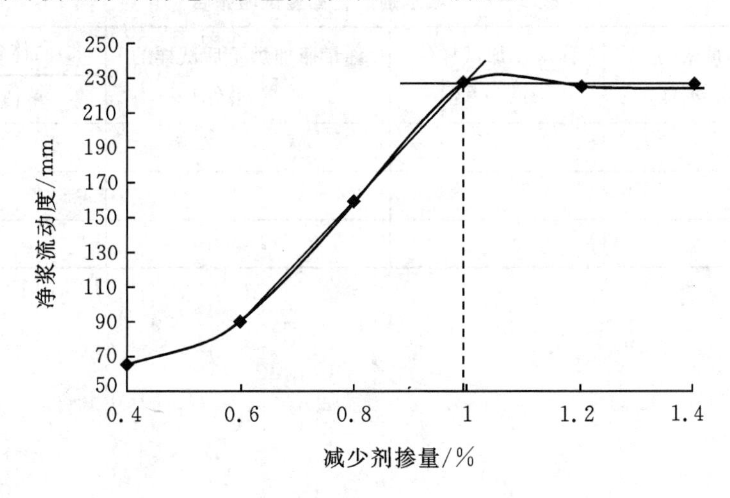

图5-5 饱和掺量点确定示意图

5.7 含固量

含固量是指液态减水剂中固体物质的含量，试验依据《混凝土外加剂匀质性试验方法》。

(1)仪器设备。

①天平：感量0.0001 g。

②电热鼓风恒温干燥箱：温度范围0～200 ℃。

③带盖称量瓶：65 mm×20 mm。

④干燥器：内盛变色硅胶。

(2)试验步骤。

①将洁净带盖称量瓶放入烘箱内，于100～200 ℃烘30 min，取出置于干燥器内，冷却30 min后称量，重复上述步骤直至恒重，其质量为m_0。

②将被测液体试样装入已经恒量的称量瓶内，盖上盖称出液体试样及称量瓶的总质量为m_1，液体试样称量：3.0000～5.0000 g。

③将盛有液体试样的称量瓶放入烘箱内，开启瓶盖，升温至100～200 ℃(特殊品种除外)烘干，盖上盖置于干燥器内冷却30 min后称量，重复上述步骤直至恒重，其质量为m_2。

(3)结果计算与评定。

减水剂的含固量$X_{固}$按式(5-8)计算(精确至0.01%)：

$$X_{固}=\frac{m_2-m_0}{m_1-m_0}\times 100 \tag{5-8}$$

式中：$X_{固}$——含固量，%；

m_0——称量瓶的质量，g；

m_1——称量瓶加液体试样的质量，g；

m_2——称量瓶加液体试样烘干后的质量，g。

(4)减水剂的含固量采用三组试验的平均值作为最终结果,试验结果填入表 5－17。

表 5－17　减水剂的含固量试验报告

试样编号	称量瓶的质量 m_0(g)	称量瓶加试样的质量 m_1(g)	称量瓶加烘干后试样的质量 m_2(g)	固体含量 $X_{固}$(%)	
				单值	平均值
1					
2					
3					

第6章 混凝土试验

混凝土是指由胶凝材料(包括无机的、有机的、无机有机复合的)、颗粒状骨料(包括粗骨料和细骨料)和水,以及必要时加入化学外加剂和矿物掺合料,组成按一定的比例拌和,并在一定条件下经硬化后形成的复合材料。

生产混凝土的造价低,工艺简单,可调配性好。混凝土材料具有较高的抗压强度,与钢筋共同作用,组成了结构力学性能优良,又具有很好的耐久性能的材料,是当代最主要的土木工程材料之一,广泛用于工业与民用建筑、道路、桥梁、机场、码头等土木工程当中。

作为一种多相组合而成的材料,混凝土在应用的时候受到各种因素的影响,工作性、强度等会有比较大的波动,通过试验检测结果,结合混凝土的性能变化规律,作出相应的调整,才能得到满足工程需求的混凝土。前面章节已经介绍了混凝土的组成材料,如水泥、集料、外加剂(减水剂)和掺合料(粉煤灰)的基本性能及试验方法,本章主要介绍普通混凝土拌合物的制备、新拌混凝土的性能、硬化以后混凝土的力学性能以及混凝土的长期耐久性能等的试验方法。

6.1 混凝土拌合物制备

6.1.1 试验室拌制

混凝土拌合物在试验室制备的方法依据《普通混凝土拌合物性能试验方法标准》(GB/T 50080—2002)。

1. 一般规定

(1)在试验室制备混凝土拌合物时,拌和时试验室的温度应保持在(20±5) ℃,所用材料的温度应与试验室温度保持一致。需要模拟施工条件下所用的混凝土时,所用原材料的温度宜与施工现场保持一致。

(2)试验室拌制混凝土时,材料用量应以质量计。称量精度:骨料为±1%;水、水泥、掺合料、外加剂均为±0.5%。

(3)掺外加剂时,掺入方法应按照相关规定。

(4)拌制混凝土所用的各种工具应预先用水润湿,使用完毕必须及时清洗。

(5)使用机械拌制时,拌和前应预拌适量的砂浆或混凝土进行涮膛(用与正式拌和的混凝土配合比相似),使搅拌机内壁黏附一层砂浆,以避免正式拌和时水泥砂浆的损失。

(6)从试样制备完毕到开始做各项性能试验不宜超过 5 min。

2. 仪器设备

(1)混凝土搅拌机。

(2)磅秤:称量 50 kg,感量 50 g。

(3)天平:称量 2000 g,感量 0.1 g。

(4)盛器:料盘或筒、塑料盆或桶。

(5)拌板:1.5 m×2 m 左右。

(6)其他:铁锹、料铲、抹刀等。

3.拌和方法

(1)人工拌和。

①按所定配合比称取原材料,若骨料含水则应在用水量中扣除,并相应增加其各种材料的用量。

②将拌板和拌铲用湿布润湿后,将砂倒在拌板上,然后加入水泥,翻拌直至颜色混合均匀,加入石子,再翻拌至混合均匀为止。

③将混合料堆成堆,在中间作一凹槽,将已称量好的水,倒入一半左右在凹槽中(勿使水流出),然后仔细翻拌,并徐徐加入剩余的水,继续翻拌,每翻拌一次,用铲在混合料上铲切一次,直到拌和均匀为止。拌和时力求动作敏捷,尽快拌和均匀。

④拌好后,根据试验要求,立即做坍落度测定或试件成型。从开始加水时算起,全部操作须在 30 min 内完成。

⑤将用过的工具清洗干净,打扫卫生。

(2)机械搅拌。

①按所定配合比称取原材料,若骨料含水则应在用水量中扣除,并相应增加其各种材料的用量。

②用按配合比的水泥、砂和水组成的砂浆及少量石子,在搅拌机中进行涮膛,以免正式拌和时影响拌合物的配合比。

③开动搅拌机,向搅拌机内依次加入石子、砂和水泥,干拌均匀,再将水徐徐加入,全部加料时间不超过 2 min,水全部加入后,继续拌和 2 min。

④将拌合物自搅拌机卸出,倾倒在拌板上再经人工拌和 1～2 min,即可做坍落度测定或试件成型。从开始加水时算起,全部操作必须在 30 min 内完成全部操作。

⑤清洗工具和搅拌机,打扫卫生。

6.1.2 施工现场取样

依据《普通混凝土拌合物性能试验方法标准》规定,施工现场混凝土的取样应符合下述规定:

(1)同一组混凝土拌合物的取样应从同一盘混凝土或同一车混凝土中取样。取样量应多于试验所需量的 1.5 倍,且不宜小于 20 L。

(2)混凝土拌合物的取样应具有代表性,宜采用多次采样的方法。一般在同一盘混凝土或同一车混凝土中的约 1/4 处、1/2 处和 3/4 处之间分别取样,从第一次取样到最后一次取样不宜超过 15 min,然后人工搅拌均匀。

(3)从取样完毕到开始做各项性能试验不宜超过 5 min。

6.2 新拌混凝土的性能

混凝土中的各种组成材料按比例配合经搅拌形成的混合物称为新拌混凝土,又称混凝土拌合物。新拌混凝土的性能主要是指能够满足施工要求的性能,包括拌合物的和易性、表观密度、含气量和凝结时间等。

6.2.1 和易性

拌合物的和易性是指混凝土拌合物易于各工序操作(如搅拌、运输、浇筑、振捣),并能获得质量稳定、整体均匀、成型密实的混凝土的性能。和易性的好坏是保证施工质量的技术基础,也是混凝土适合泵送施工等现代化施工工艺的技术保证。

混凝土拌合物的和易性是一项综合性质,包括流动性、黏聚性和保水性三个方面。

①流动性。流动性是指拌合物在自重或施工机械振捣作用下,能产生流动并均匀密实地填充整个模型的性能。流动性的大小反映了混凝土拌合物的稀稠程度,流动性好的混凝土拌合物操作方便,易于浇筑、振捣和成型。

②黏聚性。黏聚性是指拌合物在施工过程中,各组成材料互相之间有一定的黏聚力,不出现分层离析,保持整体均匀的性能。黏聚性反映了混凝土拌合物的均匀性,黏聚性良好的拌合物易于施工操作,不会产生分层和离析的现象。黏聚性差时,会造成混凝土质地不均,振捣后易出现蜂窝、空洞等现象,影响混凝土的强度和耐久性。

③保水性。保水性是指混凝土拌合物在施工过程中具有一定的保持内部水分而抵抗泌水的能力。保水性反映了混凝土拌合物的稳定性。保水性差的混凝土拌合物会在混凝土的内部形成透水通道,影响混凝土的密实性,并降低混凝土的强度及耐久性。

混凝土拌合物的这些性能既互相联系,又互相矛盾。例如,增加拌合物的用水量,可以提高其流动性,但可能降低黏聚性和保水性。因此,施工时应兼顾这些性能。

混凝土拌合物的和易性是一项满足施工工艺要求的综合性质,现在还没有一个指标能对和易性进行完整反映。从和易性的几个方面分析,流动性对新拌混凝土的性质影响最大。因此通常测定和易性是以流动性为主,兼顾其他性能。流动性常用坍落度法和维勃稠度法进行测定,前者适用于流动性大,靠自重就能产生流动的混凝土拌合物;后者适用于流动性较小,靠自重不能产生流动的混凝土拌合物。

1.坍落度试验

坍落度法是迄今为止历史最悠久也是使用最广泛的测试方法。它最早在1922年作为ASTM标准出现。根据坍落度的大小可将混凝土拌合物分成四级,见表6-1。

表6-1 混凝土根据坍落度大小的分级

类别	坍落度值/mm
大流动性混凝土	＞160
流动性混凝土	100～150
塑性混凝土	50～90
低塑性混凝土	10～40

本方法适用于坍落度值不小于 10 mm，骨料最大粒径不大于 40 mm 的混凝土拌合物。测定时需拌制拌合物不宜小于 20 L。

(1)仪器设备。

①标准坍落度筒：满足《混凝土坍落度仪》(JG/T 248—2009)的要求，如图 6-1 所示。坍落度筒为金属制截头圆锥形，上下截面必须平行并与锥体轴心垂直，筒外两侧焊把手两只，近下端两侧焊脚踏板，圆锥筒内表面必须十分光滑。

图 6-1　标准坍落度筒

圆锥筒尺寸为：底部内径 200 mm±1 mm、顶部内径 100 mm±1 mm、高度 300 mm±1 mm。脚踏板长度和宽度均不宜小于 75 mm，厚度不宜小于 3 mm。

②捣棒：直径 16 mm±0.2 mm、长 600 mm±5 mm 的钢棒，端部磨成圆球形。

③其他：小铁铲、装料漏斗、直尺、钢尺、拌板和抹刀等。

(2)试验步骤。

①每次测定前，用湿布将拌板及坍落度筒内外擦净、润湿，并将筒顶部加上漏斗，放在拌板上，用双脚踩紧踏板，使其位置固定。

②用小铲将拌好的拌合物分三层均匀装入筒内，每层装入高度在插捣后大致应为筒高的1/3。顶层装料时，应使拌合物高出筒顶。插捣过程中，如试样沉落到低于筒口，则应随时添加，以便自始至终保持高于筒顶。每装一层分别用捣棒插捣 25 次，插捣应在全部面积上进行，沿螺旋线由边缘渐向中心。插捣筒边混凝土时，捣棒应稍有倾斜，然后垂直插捣中心部分。底层插捣应穿透整个深度。插捣其他两层时，应垂直插捣至下层表面为止。

③插捣完毕即卸下漏斗，将多余的拌合物刮去，使与筒顶面齐平，筒周围拌板上的拌合物必须刮净、清除。

④将坍落度筒小心平稳地垂直向上提起，不得歪斜，提离过程约 5～10 s 内完成，将筒轻轻放在拌合物试体一旁，量出坍落后拌合物试体最高点与筒高的距离(以 mm 为单位计，读数精确至 5 mm)，即为拌合物的坍落度(如图 6-2 所示)。

⑤从开始装料到提起坍落度筒的整个过程应连续进行，并在 150 s 内完成。

⑥坍落度筒提离后，如试件发生崩塌或一边剪坏现象，则应重新取样进行测定。如第二次仍出现这种现象，则表示该拌合物和易性不好，应予记录备查。

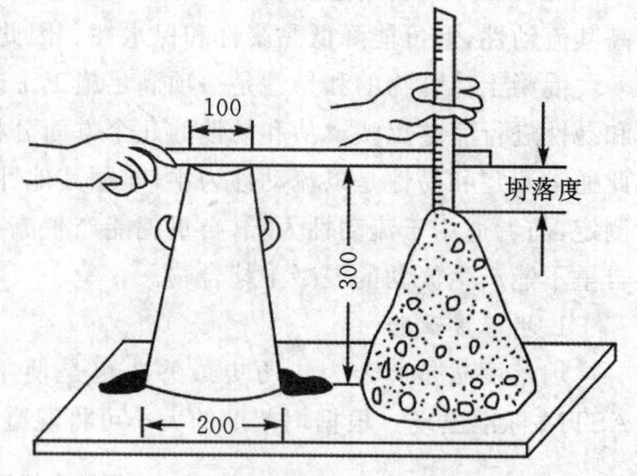

图 6-2　坍落度试验(单位：mm)

⑦测定坍落度后，观察拌合物的下述性质，并记录。

a. 黏聚性。用捣棒在已坍落的拌合物锥体侧面轻轻敲打，如果锥体逐渐下沉，表示黏聚性良好；如果突然倒塌、部分崩裂或石子离析，即为黏聚性不好的表现。

b. 保水性。提起坍落度筒后如有较多的稀浆从底部析出，锥体部分的拌合物也因失浆而骨料外露,则表明保水性不好。如无稀浆或仅有少量稀浆自底部析出,则表明混凝土拌合物保水性良好。

⑧当混凝土拌合物的坍落度大于220 mm时,用钢尺测量混凝土扩展后最终的最大直径和最小直径,在这两个直径之差小于50 mm的条件下,用其算术平均值作为坍落扩展度值;否则,此次试验无效。如果发现粗骨料在中央集堆或边缘有水泥浆析出,表示此混凝土拌合物抗离析性不好,应予记录。

(3)混凝土坍落度试验结果填入表6-2。

表6-2 混凝土坍落度试验报告

混凝土强度标号:＿＿＿＿ 设计坍落度:＿＿＿＿

试验编号	每方混凝土用料(kg/m³)					坍落度	坍落扩展度
	水泥	细骨料	粗骨料	外加剂	水		
1							
2							

2.维勃稠度试验

对于干硬性的混凝土(如水泥混凝土路面),坍落度法不再适用,和易性测定常采用维勃稠度试验。基本原理是靠机械振动使混凝土锥体产生流动,测试达到一定指标时所需要的时间。可根据维勃稠度的大小将混凝土拌合物分成四级,见表6-3。

表6-3 混凝土根据维勃稠度大小的分级

类别	维勃稠度/s
超干硬性混凝土	＞31
特干硬性混凝土	30～21
干硬性混凝土	20～11
半干硬性混凝土	10～5

此法适用于骨料最大粒径不超过40 mm,维勃稠度在5～30 s之间的混凝土拌合物稠度测定。测定时需配制拌合物不少于15 L。

(1)仪器设备。

①维勃稠度仪(见图6-3)。

a.振动台台面长380 mm、宽260 mm,支承在四个减震器上。振动频率50 Hz±3 Hz。空容器时台面的振幅为0.5 mm±0.1 mm。

b.容器用钢板制成,内径为240 mm±3 mm,高为200 mm±2 mm,筒壁厚3 mm,筒底厚7.5 mm。

c.坍落度筒尺寸同标准圆锥坍落度筒,但应去掉两侧的脚踏板。

d.旋转架连接测杆及喂料漏斗。测杆下端安装透明而水平的圆盘,并有螺丝把测杆固定。就位后,测杆或漏

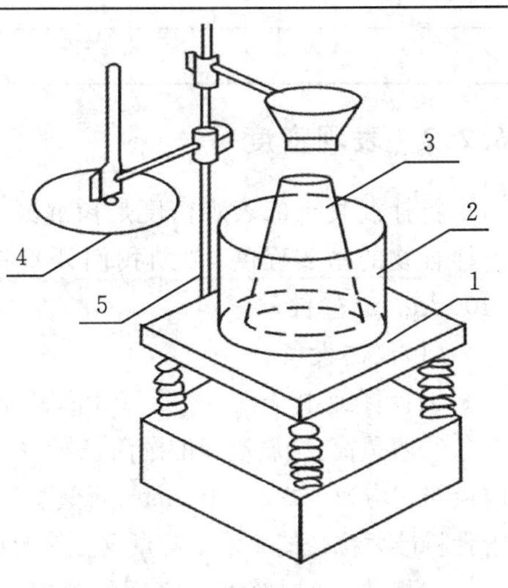

1—振动台;2—容器;3—坍落度筒;4—透明圆盘;5—旋转架

图6-3 维勃稠度仪

斗的轴线应和容器的轴线重合。透明圆盘直径为230 mm±2 mm,厚度为10 mm±2 mm。

②其他:捣棒、小铲、秒表(精度0.5 s)。

(2)试验步骤。

①把维勃稠度仪放置在坚实水平的基面上,用湿布把容器、坍落度筒、喂料斗内壁及其他用具擦湿。

②将喂料漏斗提到坍落度筒的上方扣紧,校正容器位置,使其中心与喂料漏斗中心重合,然后拧紧螺丝。

③把混凝土拌合物经喂料漏斗分层装入坍落度筒。装料及插捣的方法同坍落度测定中的规定。

④把圆盘、喂料漏斗都转离坍落度筒,小心并垂直地提起坍落度筒,此时应注意不使混凝土试体产生横向的扭动。

⑤把透明圆盘转到混凝土锥体顶面,放松螺丝,使圆盘轻轻落到混凝土顶面,此时应防止坍落的混凝土倒下与容器内壁相碰。如有需要可记录坍落度值。

⑥拧紧旋转架的螺丝,并检查测杆上的螺丝是否已经放松。同时开启振动台和秒表,在透明盘的底面被水泥浆所布满的瞬间停下秒表,并关闭振动台。

⑦记录秒表上的时间,读数精确到1 s。由秒表读出的时间秒数表示试验的混凝土拌合物的维勃稠度值。如维勃稠度值小于5 s或大于30 s,则此种混凝土所具有的稠度已超出本仪器的适用范围。

(3)混凝土维勃稠度试验结果填入表6-4。

表6-4 混凝土维勃稠度试验报告

混凝土强度标号:________　　　　设计维勃稠度:________

试验编号	每方混凝土用料(kg/m³)					维勃稠度
	水泥	细骨料	粗骨料	外加剂	水	
1						
2						

6.2.2 表观密度

新拌混凝土的表观密度是指混凝土拌合物捣实后的单位体积的质量,可直观地反映混凝土拌合物的密实程度,帮助我们评价混凝土的质量。普通混凝土拌合物的表观密度应该在2400 kg/m³左右。

(1)仪器设备。

①台秤或电子秤:称量50 kg,感量50 g。

②容量筒:金属制成的圆筒,对骨料粒径不大于40 mm的混合料,采用容积为5 L的容量筒,其内径与高均为186 mm±2 mm,筒壁厚为3 mm;骨料粒径大于40 mm时,容量筒的内径及高均应大于骨料最大粒径的4倍。容量筒上缘及内壁应光滑平整,顶面与底面应平行并与圆柱体的轴垂直。

③捣棒:同坍落度测定用的捣棒。

④混凝土振动台。

⑤其他:小铲、抹刀等。

(2)试验步骤。

①标定容量筒容积。采用一块能覆盖住容量筒顶面的玻璃板,先称出玻璃板和空桶的质量,然后向容量筒中灌入清水,当水接近上口时,一边不断加水,一边把玻璃板沿筒口徐徐推入盖严,应注意使玻璃板下不带入任何气泡;然后擦净玻璃板面及筒壁外的水分,将容量筒连同玻璃板放在台秤上称其质量;两次质量之差除以水的密度即为容量筒的容积。

②试验前用湿布将容量筒内外擦干净,称出容量筒质量,精确至50 g。

③拌合物的装料及捣实方法应视混凝土的稠度和施工方法而定。一般来说,坍落度不大于70 mm的混凝土,用振动台振实为宜;大于70 mm的,采用捣棒人工捣实。又如施工时用机械振捣,则采用振动法捣实混凝土拌合物;如施工时用人工插捣,则同样采用人工插捣。

采用振动法时,混凝土拌合物应一次装入容量筒,装料时可稍加插捣,并应装满至高出筒口,然后把筒移至振动台上振实,如在振捣过程中混凝土高度沉落到低于筒口,则应随时添加混凝土并振动,直到拌合物表面出现水泥浆为止。

采用捣棒捣实时,应根据容量筒的大小决定分层与插捣次数,对5 L的容量筒,混凝土拌合物分两层装入,每层的插捣次数为25次。大于5 L的容量筒,每层混凝土的高度不大于100 mm,每层插捣次数按100 cm^{2}不少于12次计算。各次插捣应均匀地分布在每层截面上,插捣底层时捣棒应贯穿整个深度,插捣顶层时,捣棒应插透本层,并使之刚刚插入下面一层。每一层捣完后用橡皮锤轻轻沿容器外壁敲打5~10次,进行振实,直至拌合物表面插捣孔消失并不见大气泡为止。

④用抹刀沿筒口将捣实后多余的混凝土拌合物刮去,表面如有凹陷应填平,仔细擦净容量筒外壁,然后称出试样与容量筒的总质量,精确至50 g。

(3)结果计算。

用式(6-1)计算混凝土拌合物的表观密度(精确至10 kg/m^3):

$$\rho_b=\frac{m_2-m_1}{V}\times 1000 \tag{6-1}$$

式中:ρ_b ——混凝土拌合物的表观密度,kg/m^3;

m_2 ——容量筒和混凝土拌合物总质量,kg;

m_1 ——空容量筒的质量,kg;

V——空容量筒的容积,L 。

(4)混凝土表观密度试验结果填入表6-5。

表6-5 混凝土表观密度试验报告

试验编号	容量筒质量 m_1(g)	容量筒+试样质量 m_2(g)	容量筒+玻璃板的质量 G_1(g)	容量筒+玻璃板+水的质量 G_2(g)	容量筒容积 $V=(G_1-G_2)/1000$(L)	表观密度 ρ_b (10 kg/m^3)
1						
2						

6.2.3 凝结时间

和水泥一样,混凝土的凝结时间在施工过程中有着十分重要的意义。尽管混凝土的凝结硬化主要是水泥水化造成的,但由于混凝土中往往掺入各种外加剂和掺合料,使得两者的凝结时间又有不同。混凝土的凝结时间是用拌合物筛出的砂浆用贯入阻力仪来测定的。

(1)仪器设备。

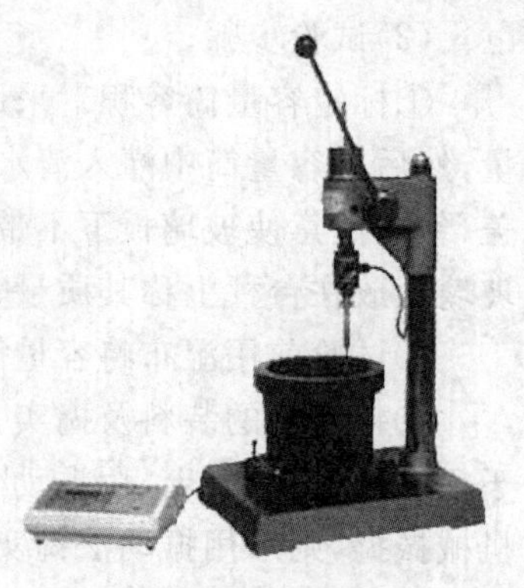

图 6-4 贯入阻力仪

①贯入阻力仪,如图 6-4 所示。其主要由以下几部分组成:

a. 加荷装置:最大测量值应不小于 1000 N,精度为±10 N。

b. 测针:长为 100 mm,承压面积为 100 mm^2、50 mm^2 和 20 mm^2 三种测针;在距贯入端 25 mm 处刻有一圈标记。

c. 砂浆试样筒:上口径为 160 mm,下口径为 150 mm,净高为 150 mm,刚性不透水的金属圆筒,并配有盖子。

d. 标准筛:筛孔为 5 mm 的金属圆孔筛或 4.75 mm 的方孔筛。

②捣棒或混凝土振动台。

③其他:橡皮锤、小铲、抹刀等。

(2)试验步骤。

①从混凝土拌合物试样中,用 5 mm 的金属圆孔筛或 4.75 mm 的方孔筛筛出砂浆,每次应筛净,然后将其拌和均匀。将砂浆一次分别装入三个试样筒中,做三个试样。取样混凝土坍落度不大于 70 mm 的混凝土宜用振动台振实砂浆;取样混凝土坍落度大于 70 mm 的宜用捣棒人工捣实。用振动台振实砂浆时,振动应持续到表面出浆为止,不得过振;用捣棒人工捣实时,应沿螺旋方向由外向中心均匀插捣 25 次,然后用橡皮锤轻轻敲打筒壁,直至插捣孔消失为止。振实或插捣后,砂浆表面应低于砂浆试样筒口约 10 mm;砂浆试样筒应立即加盖。

②砂浆试样制备完毕,编号后应置于温度为(20±2) ℃的环境中或现场同条件下待试,并在以后的整个测试过程中,环境温度应始终保持(20±2) ℃。现场同条件测试时,应与现场条件保持一致。在整个测试过程中,除在吸取泌水或进行贯入试验外,试样筒应始终加盖。

③凝结时间测定从水泥与水接触瞬间开始计时。根据混凝土拌合物的性能,确定首次测试试验时间,以后每隔 0.5 h 测试一次,在临近初、终凝时可增加测定次数。

④在每次测试前 2 min,将一片 20 mm 厚的垫块垫入筒底一侧使其倾斜,用吸管吸去表面的泌水,吸水后平稳地复原。

⑤测试时将砂浆试样筒置于贯入阻力仪上,测针端部与砂浆表面接触,然后在(10±2) s 内均匀地使测针贯入砂浆(25±2) mm 深度,记录贯入压力,精确至 10 N;记录测试时间,精确至 1 min;记录环境温度,精确至 0.5 ℃。

⑥各测点的间距应大于测针直径的两倍且不小于 15 mm,测点与试样筒壁的距离应不小于 25 mm。

⑦贯入阻力测试在 0.2～28 MPa 之间应至少进行 6 次,直至贯入阻力大于 28 MPa 为止。

⑧在测试过程中应根据砂浆凝结状况,适时更换测针,更换测针宜按表 6-6 选用。

表 6-6 混凝土凝结时间测针选用规定表

贯入阻力(MPa)	0.2～3.5	3.5～20	20～28
测针面积(mm^2)	100	50	20

(3)结果计算。

贯入阻力的结果计算以及初凝时间和终凝时间的确定应按下述方法进行:

①贯入阻力用式(6-2)计算(精确至 0.1 MPa):

$$f_{PR}=\frac{P}{A} \tag{6-2}$$

式中：f_{PR} ——贯入阻力，MPa；

　　P——贯入压力，N；

　　A——测针面积，mm^2。

②凝结时间可用绘图拟合方法确定，是以贯入阻力为纵坐标，经过的时间为横坐标(精确至 1 min)，绘制出贯入阻力与时间之间的关系曲线，以 3.5 MPa 和 28 MPa 划两条平行于横坐标的直线，分别与曲线相交的两个交点的横坐标即为混凝土拌合物的初凝和终凝时间。

③用三个试验结果的初凝和终凝时间的算术平均值作为此次试验的初凝和终凝时间。如果三个测值的最大值或最小值中有一个与中间值之差超过中间值的 10%，则以中间值为试验结果；如果最大值和最小值与中间值之差均超过中间值的 10%时，则此次试验无效。凝结时间用 h：min 表示，并精确到 5 min。

(4)凝结时间试验结果填入表 6－7。

表 6－7　混凝土的凝结时间试验报告

混凝土加水时刻(h：min)：________

批次	项目	测试结果												初凝时间 T_c(min)		终凝时间 T_z(min)	
		1	2	3	4	5	6	7	8	9	10	11	12	单值	平均值	单值	平均值
1	测试时刻(h：min)																
	试针面积 A(mm^2)																
	压力读数 P(kN)																
	贯入阻力 f_{PR}(MPa)																
2	测试时刻(h：min)																
	试针面积 A(mm^2)																
	压力读数 P(kN)																
	贯入阻力 f_{PR}(MPa)																
3	测试时刻(h：min)																
	试针面积 A(mm^2)																
	压力读数 P(kN)																
	贯入阻力 f_{RP}(MPa)																

6.2.4　泌水和压力泌水

混凝土的泌水试验在第 5 章减水剂试验中已经讲到，不再重复。压力泌水试验是反映混凝土在一定压力作用下的保水性能，尤其适用于泵送施工的混凝土，是表征其稳定性的一个重要参数。

(1)仪器设备。

①压力泌水仪(如图 6-5 和图 6-6 所示)，主要由以下几部分组成：

a. 压力表：最大量程 6 MPa，最小分度值不大于 0.1 MPa。

b. 缸体：内径(125±0.02) mm，内高(200±0.02) mm。

c. 工作活塞：压强为 3.2 MPa，公称直径为 125 mm。

d. 筛网：筛孔为 0.315 mm。

②捣棒。

③量筒：容积 200 mL。

④其他：橡皮锤、小铲、抹刀等。

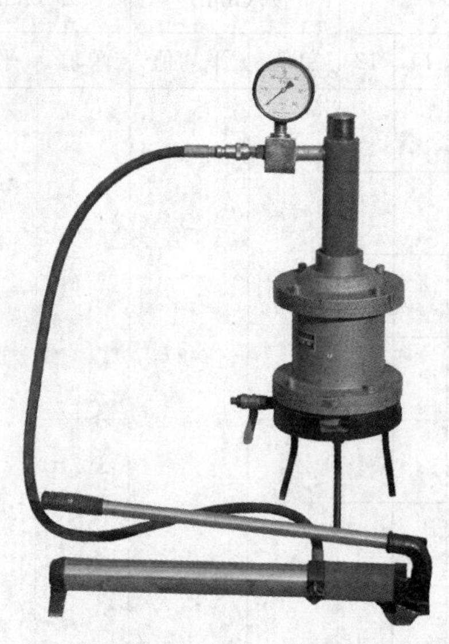

图 6-5　混凝土压力泌水仪

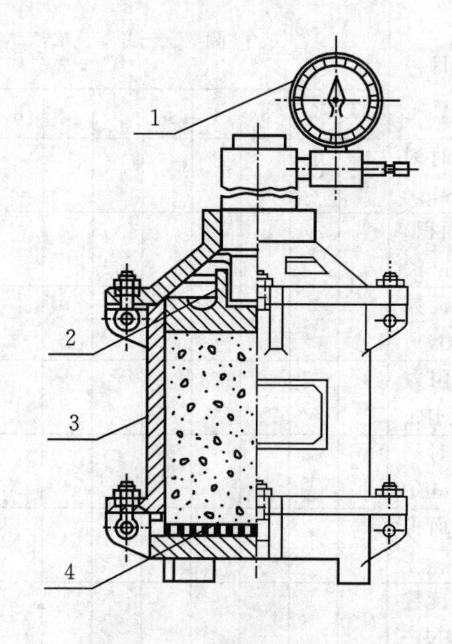

1—压力表；2—工作活塞；3—缸体；4—筛网

图 6-6　压力泌水仪构造图

(2)试验步骤。

①混凝土拌合物应分两层装入压力泌水仪的缸体容器内，每层的插捣次数应为 20 次。捣棒由边缘向中心均匀地插捣，插捣底层时捣棒应贯穿整个深度，插捣第二层时，捣棒应插透本层至下一层的表面；每一层捣完后用橡皮锤轻轻沿容器外壁敲打 5～10 次，进行振实，直至拌合物表面插捣孔消失并不见大气泡为止；并使拌合物表面低于容器口以下约 30 mm 处，用抹刀将表面抹平。

②将容器外表擦干净，压力泌水仪按规定安装完毕后应立即给混凝土试样施加压力至 3.2 MPa，并打开泌水阀门同时开始计时，保持恒压，泌出的水接入 200 mL 量筒里；加压至

10 s时读取泌水量 V_{10}，加压至 140 s 时读取泌水量 V_{140}。

(3)结果计算。

压力泌水率用式(6-3)计算(精确至 1%)：

$$B_V=\frac{V_{10}}{V_{140}}\times 100 \tag{6-3}$$

式中：B_V——压力泌水率，%；

V_{10}——加压至 10 s 时的泌水量，mL；

V_{140}——加压至 140 s 时的泌水量，mL。

(4) 压力泌水试验结果填入表 6-8。

表 6-8 混凝土的压力泌水率

试验编号	加压至 10 s 时的泌水量 V_{10}(mL)	加压至 140 s 时的泌水量 V_{140}(mL)	压力泌水率 B_V(%) $B_V=V_{10}/V_{140}\times 100$
1			
2			
3			

6.2.5 含气量

混凝土在搅拌过程中会引入一定量的气泡，含气量的表示方法为混凝土的气泡体积与全部混凝土体积之比的百分数。

(1)仪器设备。

①含气量测定仪(如图 6-7 和如 6-8 所示)，由以下几部分组成：

图 6-7 含气量测定仪

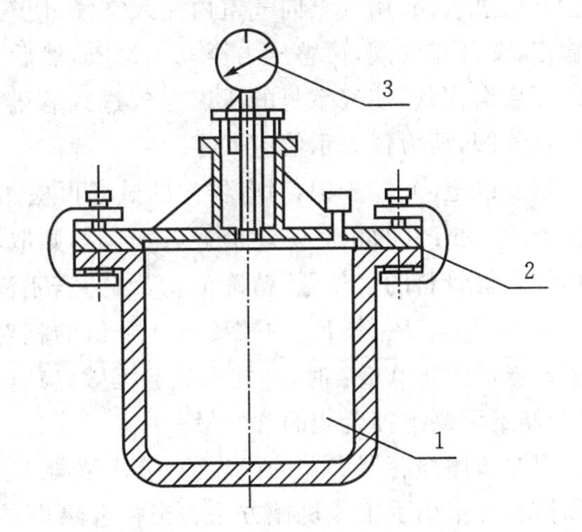

1—容量；2—盖体；3—压力表

图 6-8 含气量测定仪构造图

a. 容器：由硬质、不易被水泥浆腐蚀的金属制成，内径与深度相等，容积为 7 L。

b. 盖体：与容器的材质相同，包括有气室、水找平室、加水阀、排水阀、操作阀、进气阀、排气阀及压力表；压力表量程为0～0.25 MPa，精度为0.01 MPa。容器及盖体之间应设置密封垫圈，用螺栓连接，连接处不得有空气存留，并保证密封。

②捣棒。

③混凝土振动台。

④台秤或电子秤：称量50 kg，感量50 g。

⑤其他：橡皮锤、小铲、抹刀等。

(2)测定骨料的含气量。

①按式(6-4)和式(6-5)计算测试含气量所需混凝土试样中粗、细骨料的质量：

$$m_g=\frac{V}{1000}\times m'_g \tag{6-4}$$

$$m_s=\frac{V}{1000}\times m'_s \tag{6-5}$$

式中：m_g，m_s——混凝土试样中粗、细骨料的质量，kg；

m'_g，m'_s——每立方米混凝土中粗、细骨料的质量，kg；

V——含气量测定仪容器容积，L。

②在容器中先注入1/3高度的水，然后把通过40 mm网筛的质量为m_g、m_s的粗、细骨料称好、拌匀，慢慢倒入容器。水面每升高25 mm左右，轻轻插捣10次，并略予搅动，以排除夹杂进去的空气，加料过程中应始终保持水面高出骨料的顶面；骨料全部加入后，应浸泡约5 min，再用橡皮锤轻敲容器外壁，排净气泡，除去水面泡沫，加水至满，擦净容器上口边缘；装好密封圈，加盖拧紧螺栓。

③关闭操作阀和排气阀，打开排水阀和加水阀，通过加水阀，向容器内注入水；当排水阀流出的水流不含气泡时，在注水的状态下，同时关闭加水阀和排水阀。

④开启进气阀，用气泵向气室内注入空气，使气室内的压力略大于0.1 MPa，待压力表显示值稳定，微开排气阀，调整压力至0.1 MPa，然后关紧排气阀。

⑤开启操作阀，使气室里的压缩空气进入容器，待压力表显示值稳定后记录示值P_{g1}，然后开启排气阀，压力仪表示值应回零。

⑥重复以上④、⑤步骤，对容器内的试样再检测一次记录值P_{g2}。

⑦若P_{g1}和P_{g2}的相对误差小于0.2%时，则取P_{g1}和P_{g2}的算术平均值，按压力与含气量关系曲线查得骨料的含气量(精确至0.1%)；若不满足，则应进行第三次试验，测得压力值P_{g3}(MPa)。当P_{g3}与P_{g1}和P_{g2}中较接近一个值的相对误差不大于0.2%时，则取此二值的算术平均值。当仍大于0.2%时，则此次试验无效，应重做。

(3)测定混凝土拌合物的含气量。

①用湿布擦净容器和盖的内表面，装入混凝土拌合物试样。

②捣实可采用手工或机械方法。当拌合物坍落度大于70 mm时，宜采用手工插捣，当拌合物坍落度不大于70 mm时宜采用机械振捣，如振动台或插入式振捣器等。

a. 用捣棒捣实时，应将混凝土拌合物分三层装入，每层捣实后高度约为1/3容器高度；每层装料后由边缘向中心均匀地插捣25次，捣棒应插透本层高度，再用木锤沿容器外壁重击10～15次，使插捣留下的插孔填满。最后一层装料应避免过满。

b. 采用机械捣实时，一次装入捣实后体积为容器容量的混凝土拌合物，装料时可用捣棒稍加插捣，振实过程中如拌合物低于容器口，应随时添加。振动至混凝土表面平整、表面出浆即止，不得过度振捣。

c.若使用插入式振动器捣实，应避免振动器触及容器内壁和底面。在施工现场测定混凝土拌合物含气量时，应采用与施工振动频率相同的机械方法捣实。

③捣实完毕后立即用刮尺刮平，表面如有凹陷应予填平抹光。如需同时测定拌合物表观密度时，可在此时称量和计算；然后在正对操作阀孔的混凝土拌合物表面贴一小片塑料薄膜，擦净容器上口边缘，装好密封垫圈，加盖并拧紧螺栓。

④关闭操作阀和排气阀，通过加水阀，向容器内注入水。当排气阀流出的水流不含气泡时，在注水的状态下，同时关闭加水阀和排水阀。

⑤然后开启进气阀，用气泵注入空气至气室内压力略大于0.1 MPa，待压力仪表示值稳定后，微微开启排气阀，调整压力至0.1 MPa，关闭排气阀。

⑥开启操作阀，待压力仪表示值稳定后，测得压力值 P_{01}；开启排气阀，压力仪表示值回零；重复上述④至⑤的步骤，对容器内试样再测一次压力值 P_{02}。

⑦若 P_{01} 和 P_{02} 的相对误差小于0.2%时，则取 P_{01}、P_{02} 的算术平均值，按压力与含气量关系曲线查得含气量 A_0（精确至0.1%）；若不满足，则应进行第三次试验，测得压力值 P_{03}。当 P_{03} 与 P_{01}、P_{02} 中较接近一个值的相对误差不大于0.2%时，则取此二值的算术平均值查得 A_0；当仍大于0.2%，此次试验无效。

(4)结果计算。

混凝土拌合物含气量用式(6-6)计算（精确至0.1%）：

$$A=A_0-A_g \tag{6-6}$$

式中：A——混凝土拌合物含气量，%；

A_0——两次含气量测定的平均值；

A_g—骨料含气量。

(5)混凝土含气量试验结果填入表6-9。

表6-9　混凝土拌合物的含气量试验报告

配比序号	拌合物含气量 A_0(%)			骨料含气量 A_g(%)			拌合物含气量代表值(%) $A=A_0-A_g$
	单值		平均值	单值		平均值	
	Ⅰ	Ⅱ		Ⅰ	Ⅱ		

6.3　混凝土力学性能试验

通常描述混凝土力学性能的主要指标包括：抗压强度、轴心抗压强度、劈裂抗拉强度、抗折强度和弹性模量等。其中抗压强度是混凝土结构设计的主要技术参数，也是混凝土质量评定的重要技术指标（路面用水泥混凝土是以抗折强度为依据）。工程中提到的混凝土强度，一般指的是混凝土的立方体抗压强度。

6.3.1 抗压强度

按照标准方法制作的混凝土试件，在标准条件下养护 28 d，采用标准试验方法测得的抗压强度称为混凝土的立方体抗压强度，用 f_{cu} 表示。工程中混凝土抗压强度试验多是采用立方体试件，也可以采用圆柱体试件（本书不作介绍）。立方体抗压强度标准试件的尺寸为 150 mm×150 mm×150 mm，也可采用非标准试件，然后将测定的结果乘以一定的换算系数，如表6-10所示。

表 6-10 试件尺寸及强度值换算系数

试件边长(mm×mm×mm)	允许骨料最大粒径(mm)	换算系数
100×100×100	31.5	0.95
150×150×150	40	1.00
200×200×200	63	1.05

(1)仪器设备。

①压力试验机：其精度应不低于±1%，量程应能使试件在预期破坏荷载值不小于全量程的 20%，也不大于全量程的 80%。混凝土强度等级≥C60 时，试件周围应设防崩裂网罩。

②混凝土振动台。

③混凝土立方体抗压试模。

④其他：捣棒、小铁铲、抹刀等。

(2)试件的成型。

①抗压强度试验所需混凝土拌合物的制备方法同 6.1 节。取样或试验室拌制的混凝土应在拌制后尽量短的时间内成型，一般不宜超过 15 min。

②试件制作前，应将试模擦拭干净，并在试模内表面涂一薄层矿物油或其他不与混凝土发生反应的脱模剂。

③试件成型方法应视混凝土的稠度而定。一般坍落度小于 70 mm 的混凝土，用振动台振实，大于 70 mm 的用捣棒人工捣实。检验现浇混凝土或预制构件的混凝土，试件成型方法宜与实际采用的方法相同。

a.振动台成型。将拌合物一次装入试模，装料时应用抹刀沿各试模壁插捣，并使混凝土拌合物高出试模口，然后将试模放在振动台上并加以固定。开动振动台，振至拌合物表面呈现水泥浆时为止。不得过振。

b.人工捣实成型拌合物分两层装入试模，每层厚度大致相等，按螺旋方向从边缘向中心均匀进行。插捣底层时，捣棒应达到试模底面；插捣上层时，应穿入下层深度约 20～30 mm。插捣时，捣棒应保持垂直。每层插捣次数一般每 100 cm^2 面积应不少于 12 次。并用抹刀沿试模内壁插入数次。插捣后用橡皮锤轻敲试模四周，直至插捣棒留下的空洞消失为止。

c.用插入式振捣棒振实。将混凝土拌合物一次装入试模，装料时应用抹刀沿各试模壁插捣，并使混凝土拌合物高出试模口。宜用直径为 ϕ25 mm 的插入式振捣棒，插入试模振捣时，振捣棒距试模底板 10～20 mm 且不得触及试模底板，振动应持续到表面出浆为止，且应避免过振，以防止混凝土离析；一般振捣时间为 20 s。振捣棒拔出时要缓慢，拔出后不得留有孔洞。

④用抹刀沿试模边缘将多余的拌合物刮去，待混凝土临近初凝时，用抹刀将表面抹平。

(3)试件的养护。

①试件成型后应覆盖，以防止水分蒸发，并在室温为 20 ℃±5 ℃情况下至少静置 1 d(但不得超过 2 d)，然后编号拆模。

②拆模后的试件应立即放在温度为 20 ℃±2 ℃、相对湿度为 95%以上的标准养护室中养护。在标准养护室内试件应放在支架上，彼此间隔为 10～20 mm，并应避免用水直接冲淋试件。无标准养护室时，混凝土试件可放在温度为 20 ℃±2 ℃的不流动 $Ca(OH)_2$ 饱和溶液中养护。标准养护龄期为 28 d(从搅拌加水开始计时)。

③试件成型后需与构件同条件养护时，应覆盖其表面。试件拆模时间可与实际构件的拆模时间相同。拆模后的试件仍应保持与构件相同的养护条件。

(4)抗压试验。

①试件从养护地点取出后应及时进行试验，将试件表面与上下承压板面擦干净。

②把试件安放在试验机下压板中心，试件的承压面与成型时的顶面垂直。试件的中心应与试验机下压板中心对准，开动试验机。

③加压时，应持续而均匀地加荷。加荷速度为见表 6 - 11。

表 6 - 11　抗压试件加载速率

混凝土强度(MPa)	<C30	≥C30，且<C60	≥C60
加载速率(MPa/s)	0.3～0.5	0.5～0.8	0.8～1.0

④当试件接近破坏开始急剧变形时，应停止调整试验机油门，直至破坏。然后记录破坏荷载，关闭压力机。

⑤试验完毕，清理仪器设备。

(5)结果计算。

①混凝土立方体试件抗压强度按式(6 - 7)计算(精确至 0.1 MPa)：

$$f_{cu}=\frac{F}{A} \tag{6-7}$$

式中：f_{cu}——混凝土立方体试件抗压强度，MPa；

F——破坏荷载，N；

A——试件承压面积，mm^2。

②一组混凝土应检测三个试件，以三个试件算术平均值作为该组试件的抗压强度值。三个试件中的最大值或最小值中，如有一个与中间值的差异超过中间值的 15%，则把最大及最小值一并舍去，取中间值作为该组试件的抗压强度值。如最大值、最小值与中间值的差均超过中间值的 15%，则该组试件的试验结果无效。

③取 150 mm×150 mm×150 mm 试件抗压强度为标准值，用其他尺寸试件测得的强度值均应乘以尺寸换算系数(见表 6 - 10)。当混凝土强度等级≥C60 时，宜采用标准试件；使用非标准试件时，尺寸换算系数应由试验确定。

(6)混凝土抗压强度试验结果填入表 6 - 12。

表 6-12 混凝土抗压强度试验报告

试件编号	制件日期	试验日期	龄期(d)	试件尺寸(mm)	破坏荷载(KN)	抗压强度(MPa)	换算系数	计算值

6.3.2 轴心抗压强度

混凝土的强度等级是采用立方体试件确定的,但在实际工程中,混凝土结构构件极少是立方体,大部分是棱柱体或圆柱体。为了能更好地反映混凝土的实际抗压性能,提出了轴心抗压强度的概念。轴心抗压强度是用 150 mm×150 mm×300 mm 的棱柱体作为标准试件,在标准条件下养护 28 d,然后采用标准试验方法测得的抗压强度值,用 f_{cp} 表示。立方体抗压强度为 10~55 MPa 范围内 $f_{cp}\approx(0.7\sim0.8)f_{cu}$。

(1)仪器设备。

①压力试验机:符合抗压强度试验标准的规定。

②混凝土振动台。

③混凝土轴心抗压试模:标准试模尺寸为 150 mm×150 mm×300 mm。

④其他:捣捧、小铁铲、抹刀等。

(2)试验步骤。

①试件的成型和养护方法同抗压强度试件的成型和养护。

②试件从养护地点取出后应及时进行试验,用干毛巾将试件表面与上下承压板面擦干净。

③把试件直立安放在试验机下压板中心,使试件的轴心应与试验机下压板中心对准,开动试验机。

④加压时,应持续而均匀地加荷,加荷速度同抗压强度试件要求。当试件接近破坏而急剧变形时,应停止调整试验机油门,直至破坏。记录破坏荷载,关闭压力机。

⑤试验完毕,清理仪器设备。

(3)结果计算。

①混凝土试件轴心抗压强度按式(6-8)计算(精确至 0.1 MPa):

$$f_{cp}=\frac{F}{A} \tag{6-8}$$

式中:f_{cp}——混凝土轴心抗压强度,MPa;

F——破坏荷载,N;

A——试件承压面积,mm^2。

②一组混凝土应检测三个试件,混凝土轴心抗压强度值的确定方法同立方体抗压强度。

③混凝土强度等级<C60 时,用非标准试件测得的强度值均应乘以尺寸换算系数,其值对

200 mm×200 mm×400 mm 试件为 1.05；对 100 mm×100 mm×300 mm 试件为 0.95。当混凝土强度等级≥C60 时，宜采用标准试件；使用非标准试件时，尺寸换算系数应由试验确定。

(4)混凝土轴心抗压强度试验结果填入表 6－13。

表 6－13　混凝土轴心抗压强度试验报告

试件编号	制件日期	试验日期	龄期(d)	试件尺寸(mm)	破坏荷载(KN)	轴心抗压强度(MPa)	换算系数	计算值

6.3.3　劈裂抗拉强度

混凝土的抗拉强度比较低，只有抗压强度的 1/20～1/10，并且混凝土强度等级越高，这个比值越小。所以混凝土在工作时，一般不依靠其承受拉力。

抗拉强度主要用来评价混凝土的抗裂性，并且与混凝土和钢筋的黏结强度有密切关系。抗拉强度越大，抗裂性越好，混凝土与钢筋的黏结强度也越大。试验室测试混凝土的抗拉强度，可采用轴心受拉试验和劈裂试验。直接受拉试验操作比较复杂，且结果不准确。一般采用的是劈裂抗拉试验方法（简称劈拉试验），如图 6－9 所示。试件尺寸为 150 mm×150 mm×150 mm立方体标准试件。

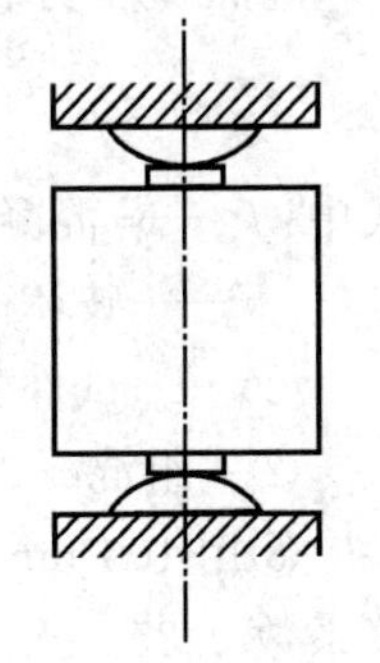

图6－9　劈裂抗拉试验

(1)仪器设备。

①压力试验机：符合抗压强度试验标准的规定。

②混凝土振动台。

③混凝土立方体抗压试模。

④劈拉试验垫块、垫条与支架，如图 6－10 所示。

⑤其他：捣棒、小铁铲、抹刀等。

(2)试验步骤。

①试件的成型和养护方法同抗压强度试件的成型和养护。

②试件从养护地点取出后应及时进行试验，用干毛巾将试件表面擦干净。

③将试件放在试验机下压板的中心位置，劈裂承压面和劈裂面应与试件成型时的顶面垂直；在上、下压板与试件之间垫以圆弧形垫块及垫条各一条，垫块与垫条应与试件上、下面的中心线对准并与成型时的顶面垂直。宜把垫条及试件安装在定位架上使用如图 6－10 所示。

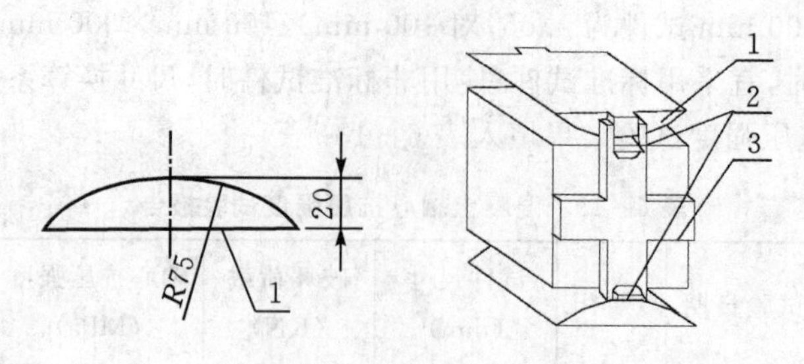

1—垫块；2—垫条；3—支架

图 6-10 劈拉试验夹具(单位：mm)

④开动试验机，加压时，应持续而均匀地加荷，加荷速度要求见表 6-14。

表 6-14 劈拉试验加载速率

混凝土强度(MPa)	＜C30	≥C30，且＜C60	≥C60
加载速率(MPa/s)	0.02～0.05	0.05～0.08	0.08～0.10

⑤当试件接近破坏而急剧变形时，应停止调整试验机油门，直至破坏。记录破坏荷载，关闭压力机。

⑥试验完毕，清理仪器设备。

(3)结果计算。

①混凝土劈裂抗拉强度按式(6-9)计算(精确至 0.01MPa)：

$$f_{ts}=\frac{2F}{\pi A}=0.637\frac{F}{A} \tag{6-9}$$

式中：f_{ts}——混凝土劈裂抗拉强度，MPa；

F——破坏荷载，N；

A——试件劈裂面面积，mm^2。

②一组混凝土应检测三个试件，劈裂抗拉强度值的确定方法同立方体抗压强度。

③用 100 mm×100 mm×100 mm 非标准试件，测得的劈裂抗拉强度值均应乘以尺寸换算系数 0.85。当混凝土强度等级≥C60 时，宜采用标准试件；使用非标准试件时，尺寸换算系数应由试验确定。

(4)混凝土劈拉强度试验结果填入表 6-15。

表 6-15 混凝土劈拉强度试验报告

试件编号	试验日期	龄期(d)	试件劈裂面面积 $A(mm^2)$	试件破坏荷载 F(N)	劈裂抗拉强度 f_{ts}(MPa) $f_{ts}=(2F)/(\pi A)$		换算系数 K	劈裂抗拉强度确定值 f_{ts}(MPa)
					单块值	计算值		

6.3.4 抗折强度

抗折强度是指材料或构件在承受弯曲时到破坏前单位面积上的最大应力。工程中混凝土也有很多情况下是承受弯应力，它是道路、机场跑道等混凝土设计中的重要参数。抗折强度的试件标准尺寸为 150 mm×150 mm×600 mm(或 550 mm)。

(1)仪器设备。

①抗折试验机或万能材料试验机：带有试件支座和加荷头，能使两个相等荷载同时作用在试件跨度 3 分点处，并能施加均匀、连续、速度可控的荷载。

②混凝土振动台。

③混凝土抗折试模。

④其他：捣棒、小铁铲、抹刀等。

(2)试验步骤。

①试件的成型和养护方法同抗压强度试件的成型和养护。

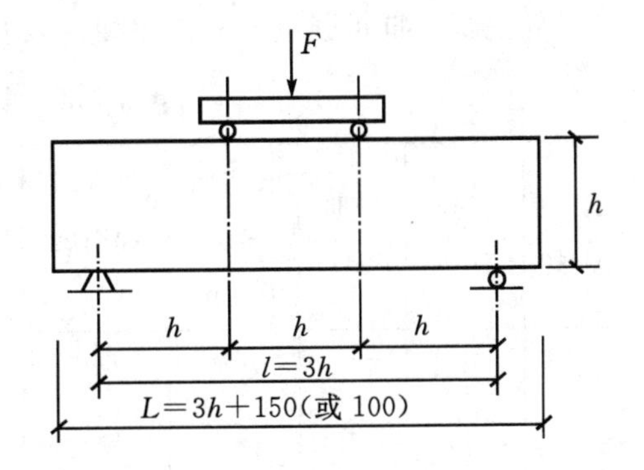

图 6-11　抗折试验示意图

②试件从养护地点取出后应及时进行试验，用干毛巾将试件表面擦干净。

③按图 6-11 装置试件，安装尺寸偏差不得大于 1 mm。试件的承压面应为试件成型时的侧面。支座及承压面与圆柱的接触面应平稳、均匀，否则应垫平。

④开动试验机，加压时，应持续而均匀地加荷，加荷速度要求同劈拉试验(见表 6-14)。当试件接近破坏而急剧变形时，应停止调整试验机油门，直至破坏。

⑤记录破坏荷载和试件下边缘断裂位置，关闭压力机。

⑥试验完毕，清理仪器设备。

(3)结果计算。

①若试件下边缘断裂位置处于两个集中荷载作用线之间，则混凝土抗折强度按式(6-10)计算(精确至 0.1 MPa)：

$$f_f=\frac{Fl}{bh^2} \tag{6-10}$$

式中：f_f——混凝土抗折强度，MPa；

F——破坏荷载，N；

l——支座间跨度，mm；

h——试件截面高度，mm；

b——试件截面宽度，mm。

②一组混凝土应检测三个试件，抗折强度值的确定方法同立方体抗压强度。

③三个试件中若有一个折断面位于两个集中荷载之外，则混凝土抗折强度值按另两个试件的试验结果计算。若这两个测值的差值不大于这两个测值的较小值的 15%时，则该组试件的抗折强度值按这两个测值的平均值计算，否则该组试件的试验无效。若有两个试件的下边缘断裂位置位于两个集中荷载作用线之外，则该组试件试验无效。

④用 100 mm×100 mm×400 mm 非标准试件，测得的抗折强度值均应乘以尺寸换算系数 0.85。当混凝土强度等级≥C60 时，宜采用标准试件；使用非标准试件时，尺寸换算系数应由试验确定。

(4)混凝土抗折强度试验结果填入表 6-16。

表 6-16　混凝土抗折强度试验报告

试件编号	试验日期	龄期(d)	支座间跨度 l(mm)	试件截面高度 h(mm)	试件截面宽度 b(mm)	试件破坏荷载 f(N)	抗折强度 f_f(MPa) $f_f=(Fl)/(bh^2)$		换算系数 K	抗折强度确定值 f_f(MPa)
							单块值	计算值		

6.3.5　抗压弹性模量

材料在弹性极限内，应力与应变的比值称为弹性模量，它是实际工程中有关混凝土和钢筋之间应力分布和预应力损失等计算的重要参数。这里介绍混凝土棱柱体试件的静力受压弹性模量，试件标准尺寸为 150 mm×150 mm×300 mm，每组试验应制备 6 个试件。

(1)仪器设备。

①压力试验机：符合抗压强度试验标准的规定。

②混凝土振动台。

③混凝土抗压弹性模量试模。

④弹性模量测定仪(测量精度不得低于 0.001 mm，固定架的标距为 150 mm)，如图 6-12 所示。

⑤其他：捣捧、小铁铲、抹刀等。

(2)试验步骤。

①试件的成型和养护方法同抗压强度试件的成型和养护，一组试验成型 6 个试件。

②试件从养护地点取出后应及时进行试验，用干毛巾将试件表面与压力机的上下承压板擦干净。

③取 3 个试件测定混凝土的轴心抗压强度 f_{cp}，另 3 个试件用于测定混凝土的弹性模量。

④在测定混凝土弹性模量时弹性模量测定仪应安装在试件两侧的中线上并对称于试件的两端。仔细调整试件在压力试验机上的位置，使其轴心与下压板的中心线对准。

图 6-12　弹性模量测定仪

⑤加荷至基准应力为 0.5 MPa 的初始荷载值 F_0，保持恒

载 60 s 并在以后的 30 s 内记录每测点的变形读数 ε_0。应立即连续均匀地加荷至应力为轴心抗压强度 f_{cp} 的 1/3 的荷载值 F_a，保持恒载 60 s 并在以后的 30 s 内记录每一测点的变形读数 ε_a。所用加荷速度与立方体抗压强试验加载速率一致。

⑥当以上这些变形值之差与它们平均值之比大于 20%时，应重新对中试件后重复上一步操作。如果无法使其减少到低于 20%时，则此次试验无效。

⑦在确认试件对中符合⑥规定后，以与加荷速度相同的速度卸荷至基准应力 0.5 MPa（F_0），恒载 60 s；然后用同样的加荷和卸荷速度以及 60 s 的保持恒载（F_0 及 F_a）至少进行两次反复预压。在最后一次预压完成后，在基准应力 0.5 MPa（F_0）持荷 60 s 并在以后的 30 s 内记录每一测点的变形读数 ε_0；再用同样的加荷速度加荷至 F_a，持荷 60 s 并在以后的 30 s 内记录每一测点的变形读数 ε_a。

⑧卸除变形测量仪，以同样的速度加荷至破坏，记录破坏荷载；如果试件的抗压强度与 f_{cp} 之差超过 f_{cp} 的 20%时，则应在报告中注明。

⑨试验完毕，关闭压力机，清理仪器设备。

(3)结果计算。

①混凝土弹性模量按式(6-11)计算(精确至 100 MPa)：

$$E_c=\frac{F_a-F_0}{A}\times\frac{L}{\varepsilon_a-\varepsilon_0} \tag{6-11}$$

式中：E_c——混凝土弹性模量，MPa；

F_a——应力为 1/3 轴心抗压强度时的荷载，N；

F_0——应力为 0.5 MPa 时的初始荷载，N；

A——试件承压面积，mm^2；

L——测量标距，mm；

ε_a——F_a 时试件两侧变形的平均值，mm；

ε_0——F_0 时试件两侧变形的平均值，mm。

②弹性模量按 3 个试件测值的算术平均值计算。如果其中有一个试件的轴心抗压强度值与用以确定检验控制荷载的轴心抗压强度值相差超过后者的 20%时，则弹性模量值按另两个试件测值的算术平均值计算；如有两个试件超过上述规定时，则此次试验无效。

(4)混凝土抗压弹性模量试验结果填入表 6-17。

表 6-17　混凝土抗压弹性模量试验报告

试件序号	加荷顺序	F_0时变形读数 ε_0(mm)		F_a时变形读数 ε_a(mm)		破坏荷载 F(N)	弹性模量试验后轴心抗压强度 f'_{cp}(MPa)		弹性模量 E_c(MPa)	
		两侧	平均	两侧	平均		单值	组值	单值	组值

6.3.6　混凝土回弹试验

回弹试验属于混凝土无损检验，它可用同一试件进行多次重复测试而不损坏试件，可以直接而迅速地测定混凝土的强度，无损检验在现场检测构件强度时得到普遍应用。

回弹法检验混凝土的强度用回弹仪。回弹仪是用于检测混凝土、砂浆、砖等材料抗压强度的仪器。采用附有拉簧和一定尺寸的金属弹击杆的中型回弹仪，以一定的能量弹击混凝土表面，以弹击后回弹的距离值，表示被测混凝土表面的硬度。根据混凝土表面硬度与强度的关系，估算混凝土的抗压强度。试验方法依据《回弹法检测混凝土抗压强度技术规程》(JGJ/T 23—2011)。

(1)仪器设备。

①回弹仪：主要由弹击系统、示值系统和仪壳部件等组成，如图 6-13 所示。

②钢砧：洛氏硬度 RHC 为 60±2。

(2)试验步骤。

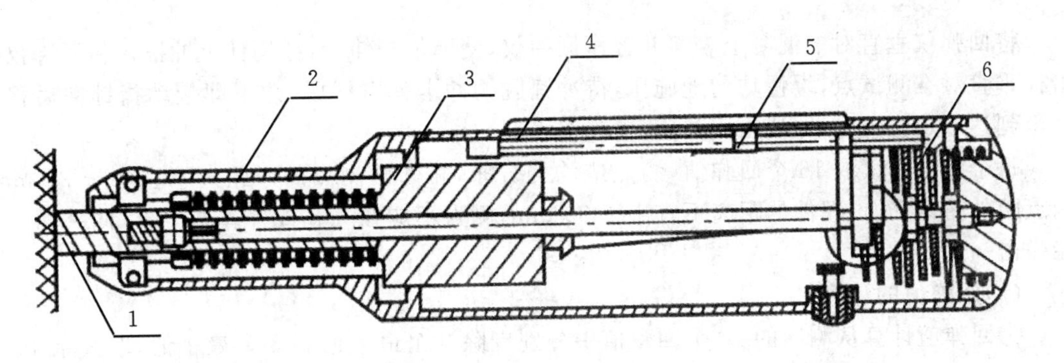

1—弹击杆；2—拉力弹簧；3—冲锤；4—刻度尺；5—指针 6—压力弹簧

图 6－13　回弹仪构造图

①回弹仪率定和保养。

率定试验应在室温为 5～35 ℃的条件下进行。将表面干燥、清洁的钢砧稳固地平放在刚度大的物体上。将回弹仪垂直向下在钢砧上弹击，取三次的稳定回弹结果的平均值。弹击杆应分四次旋转，每次旋转约 90°，弹击杆每旋转一次的率定平均值均应符合 80±2 的要求。否则应进行回弹仪的保养。

回弹仪率定试验所用的钢砧应每 2 年送授权计量检定机构检定或校准。一般情况下，回弹仪弹击超过 2000 次或对检测结果有疑问时，也应进行保养。回弹仪的保养应按下列步骤进行：

a. 先将弹击锤脱钩，取出机芯，然后卸下弹击杆，取出里面的缓冲压簧，并取出弹击锤、弹击拉簧和拉簧座。

b. 清洁机芯各零部件，并应重点清理中心导杆、弹击锤和弹击杆的内孔及冲击面。清理后，应在中心导杆上薄薄涂抹一层钟表油，其他零部件不得抹油。

c. 清理机壳内部，卸下刻度尺，检查指针，其摩擦力应为 0.5～0.8 N。

d. 对于数字式回弹仪，还应按产品要求的维护程序进行维护。

e. 保养时，不得旋转尾盖上已定位紧固的调零螺丝，不得自制或更换零部件。

②混凝土构件测区与测面布置。

混凝土强度可按单个构件或按批量进行检测。对于混凝土生产工艺、强度等级相同，原材料、配合比、养护条件基本一致且龄期相近的一批同类构件的检测应采用批量检测。按批量进行检测时，应随机抽取构件，抽检数量不宜少于同批构件总数的 30%且不宜少于 10 件。当检验批构件数量大于 30 个时，抽样构件数量可适当调整。

对于一般构件，至少应选取 10 个测区，当受检构件数量大于 30 个或构件尺寸不足以设置 10 个测区时，可适当减少，但不宜少于 5 个。相邻两测区间距不应超过 2 m，测区离构件端部或施工缘边缘的距离不宜大于 0.5 m，且不宜小于 0.2 m。测区宜选在能使回弹仪处于水平方向的混凝土浇筑侧面。测区应均匀分布，并且具有代表性(宜选在两个对称的可测面上，在构件的重要部位及薄弱部位应布置测区，应避开预埋件)。每个测区面积不宜大于 0.04 m^2。

③检测面的处理。

测面应平整光滑，必要时可用砂轮做表面加工，测面应自然干燥。不应有疏松层、浮浆、油垢、涂层及蜂窝麻面。

④回弹值测定。

将回弹仪垂直对准混凝土表面并轻压回弹仪，使弹击杆伸出，挂钩挂上冲锤。将回弹仪弹击杆垂直对准测试点，缓慢均匀地施压，待冲锤脱钩冲击弹击杆后，冲锤即带动指针向后移动直至到达一定位置时，即读出回弹值(精确至1)。

每个测区应读取16个回弹值，测点应均匀分布，相邻两测点的净距离不宜小于20 mm，测点距外露钢筋、预埋件的距离不宜小于30 mm，测点不应在气孔或外露石子上，同一测点只能弹击一次。

(3)回弹值的计算。

①回弹值计算从测区的16个回弹值中分别剔除3个最大值和3个最小值，取其余10个回弹值的算术平均值，作为该测区水平方向测试的混凝土平均回弹值 R_m，按式(6-12)计算。

$$R_m = \frac{\sum_{i=1}^{10} R_i}{10} \tag{6-12}$$

式中：R_m——测区的平均回弹值，精确至0.1；

R_i——第 i 个测点的回弹值。

②非水平方向检测混凝土浇筑顶面或底面，测区的平均回弹值应按式(6-13)修正：

$$R_m = R_{ma} + R_{na} \tag{6-13}$$

式中：R_{ma}——非水平方向检测时测区的平均回弹值，精确至0.1；

R_{na}——非水平方向检测时回弹值的修正值，见表6-18。

表6-18 非水平状态检测时的回弹值修正值(R_{aa})

R_{ma}	检测角度							
	向上				向下			
	90°	60°	45°	30°	−30°	−45°	−60°	−90°
20	−6.0	−5.0	−4.0	−3.0	+2.5	+3.0	+3.5	+4.0
21	−5.9	−4.9	−4.0	−3.0	+2.5	+3.0	+3.5	+4.0
22	−5.8	−4.8	−3.9	−2.9	+2.4	+2.9	+3.4	+3.9
23	−5.7	−4.7	−3.9	−2.9	+2.4	+2.9	+3.4	+3.9
24	−5.6	−4.6	−3.8	−2.8	+2.3	+2.8	+3.3	+3.8
25	−5.5	−4.5	−3.8	−2.8	+2.3	+2.8	+3.3	+3.8
26	−5.4	−4.4	−3.7	−2.7	+2.2	+2.7	+3.2	+3.7
27	−5.3	−4.3	−3.7	−2.7	+2.2	+2.7	+3.2	+3.7
28	−5.2	−4.2	−3.6	−2.6	+2.1	+2.6	+3.1	+3.6
29	−5.1	−4.1	−3.6	−2.6	+2.1	+2.6	+3.1	+3.6
30	−5.0	−4.0	−3.5	−2.5	+2.0	+2.5	+3.0	+3.5
31	−4.9	−4.0	−3.5	−2.5	+2.0	+2.5	+3.0	+3.5
32	−4.8	−3.9	−3.4	−2.4	+1.9	+2.4	+2.9	+3.4
33	−4.7	−3.9	−3.4	−2.4	+1.9	+2.4	+2.9	+3.4
34	−4.6	−3.8	−3.3	−2.3	+1.8	+2.3	+2.8	+3.3

续表 6-18

R_{ma}	检测角度							
	向上				向下			
	90°	60°	45°	30°	-30°	-45°	-60°	-90°
35	-4.5	-3.8	-3.3	-2.3	+1.8	+2.3	+2.8	+3.3
36	-4.4	-3.7	-3.2	-2.2	+1.7	+2.2	+2.7	+3.2
37	-4.3	-3.7	-3.2	-2.2	+1.7	+2.2	+2.7	+3.2
38	-4.2	-3.6	-3.1	-2.1	+1.6	+2.1	+2.6	+3.1
39	-4.1	-3.6	-3.1	-2.1	+1.6	+2.1	+2.6	+3.1
40	-4.0	-3.5	-3.0	-2.0	+1.5	+2.0	+2.5	+3.0
41	-4.0	-3.5	-3.0	-2.0	+1.5	+2.0	+2.5	+3.0
42	-3.9	-3.4	-2.9	-1.9	+1.4	+1.9	+2.4	+2.9
43	-3.9	-3.4	-2.9	-1.9	+1.4	+1.9	+2.4	+2.9
44	-3.8	-3.3	-2.8	-1.8	+1.3	+1.8	+2.3	+2.8
45	-3.8	-3.3	-2.8	-1.8	+1.3	+1.8	+2.3	+2.8
46	-3.7	-3.2	-2.7	-1.7	+1.2	+1.7	+2.2	+2.7
47	-3.7	-3.2	-2.7	-1.7	+1.2	+1.7	+2.2	+2.7
48	-3.6	-3.1	-2.6	-1.6	+1.1	+1.6	+2.1	+2.6
49	-3.6	-3.1	-2.6	-1.6	+1.1	+1.6	+2.1	+2.6
50	-3.5	-3.0	-2.5	-1.5	+1.0	+1.5	+2.0	+2.5

注:①R_{ma}小于20或大于50时,均分别按20或50查表。

②表中未列入的相应于R_{ma}的R_{aa}修正值,可用内插法求得,精确至0.1。

③水平方向检测混凝土浇筑表面或浇筑底面时,测区的平均回弹值应按式(6-14)和(6-15)修正:

$$R_m = R_m^t + R_a^t \tag{6-14}$$

$$R_m = R_m^b + R_a^b \tag{6-15}$$

式中:R_m^t,R_m^b——水平方向检测混凝土浇筑表面、底面时,测区的平均回弹值,精确至0.1;

R_a^t,R_a^b——混凝土浇筑表面、底面回弹值的修正值,见表6-19。

表6-19 不同浇筑面的回弹值修正值

R_m^t 或 R_m^b	20	21	22	23	24	25	26	27	28	29	30
表面修正值(R_a^t)	+2.5	+2.4	+2.3	+2.2	+2.1	+2.0	+1.9	+1.8	+1.7	+1.6	+1.5
底面修正值(R_a^b)	-3.0	-2.9	-2.8	-2.7	-2.6	-2.5	-2.4	-2.3	-2.2	-2.1	-2.0
R_m^t 或 R_m^b	31	32	33	34	35	36	37	38	39	40	
表面修正值(R_a^t)	+1.4	+1.3	+1.2	+1.1	+1.0	+0.9	+0.8	+0.7	+0.6	+0.5	
底面修正值(R_a^b)	-1.9	-1.8	-1.7	-1.6	-1.5	-1.4	-1.3	-1.2	-1.1	-1.0	
R_m^t 或 R_m^b	41	42	43	44	45	46	47	48	49	50	
表面修正值(R_a^t)	+0.4	+0.3	+0.2	+0.1	0	0	0	0	0	0	
底面修正值(R_a^b)	-0.9	-0.8	-0.7	-0.6	-0.5	-0.4	-0.3	-0.2	-0.1	0	

注:① R_m^t 或 R_m^b 小于20或大于50时,均分别按20或50查表。

②表中有关混凝土浇筑表面的修正系数，是指一般原浆抹面的修正值。

③表中有关混凝土浇筑底面的修正系数，是指构件底面与侧面采用同一类模板在正常浇筑情况下的修正值。

④表中未列入的相应于 R_m^t 或 R_m^b 的 R_a^t 和 R_a^b 值，可用内插法求得，精确至 0.1。

④当检测时回弹仪为非水平方向且测试面为非混凝土的浇筑侧面时，应先对回弹值进行角度修正，再对修正后的值进行浇筑面修正。

(4)混凝土强度的计算。

①结构或构件第 i 个测区混凝土强度换算值，可根据求得的平均回弹值 R_m 及测得的平均碳化深度值 d_m 查表得出。当有地区测强曲线或专用测强曲线时，混凝土强度换算值应按地区测强曲线或专用测强曲线换算得出。

②结构或构件的测区混凝土强度平均值可根据各测区的混凝土强度换算值计算。当测区数为 10 个及以上时，应计算强度标准差。平均值及标准差应按式(6-16)和(6-17)计算：

$$m_{f_{cu}^c} = \frac{\sum_{i=1}^{n} f_{cu,i}^c}{n} \tag{6-16}$$

$$S_{f_{cu}^c} = \sqrt{\frac{\sum_{i=1}^{n} (f_{cu,i}^c)^2 - n\,(m_{f_{cu}^c})^2}{n-1}} \tag{6-17}$$

式中：$m_{f_{cu}^c}$ ——结构或构件测区混凝土强度换算值的平均值，MPa，精确至 0.1 MPa。

$S_{f_{cu}^c}$ ——结构或构件测区混凝土强度换算值的标准差，MPa，精确至 0.01 MPa。

n——对于单个检测的构件，取一个构件的测区数；对批量检测的构件，取被抽检构件测区数之和。

③结构或构件的混凝土强度推定值($f_{cu,e}$)应按下面的方法确定：

a. 当该结构或构件测区数少于 10 个时，按式(6-18)计算：

$$f_{cu,e} = f_{cu,min}^c \tag{6-18}$$

式中：$f_{cu,min}^c$ ——构件中最小的测区混凝土强度换算值。

b. 当该结构或构件的测区强度值中出现小于 10.0 MPa 时，应按式(6-19)确定：

$$f_{cu,e} < 10.0\ \text{MPa} \tag{6-19}$$

c. 当该结构或构件测区数不少于 10 个时，应按式(6-20)计算：

$$f_{cu,e} = m_{f_{cu}^c} - 1.645 S_{f_{cu}^c} \tag{6-20}$$

d. 当批量检测时，应按式(6-21)计算：

$$f_{cu,e} = m_{f_{cu}^c} - k S_{f_{cu}^c} \tag{6-21}$$

式中：k——推定系数，宜取 1.645。当需要进行推定强度区间时，可按国家现行有关标准的规定取值。

注：结构或构件的混凝土强度推定值是指相应于强度换算值总体分布中保证率不低于 95% 的结构或构件中的混凝土抗压强度值。

④对按批量检测的构件，当该批构件混凝土强度标准差出现下列情况之一时，则该批构件应全部按单个构件检测：

a. 当该批构件混凝土强度平均值小于 25 MPa，$S_{f_{cu}^c} > 4.5$ MPa。

b. 当该批构件混凝土强度平均值不小于 25 MPa 时，且不大于 60 MPa，$S_{f_{cu}^c} > 5.5$ MPa 时。

(5)回弹试验结果填入表 6-20。

表 6-20　混凝土回弹试验报告

<table>
<tr><td rowspan="2" colspan="2">项目</td><td colspan="10">测区</td></tr>
<tr><td>1</td><td>2</td><td>3</td><td>4</td><td>5</td><td>6</td><td>7</td><td>8</td><td>9</td><td>10</td></tr>
<tr><td rowspan="16">测试回弹值 R_i</td><td>1</td><td></td><td></td><td></td><td></td><td></td><td></td><td></td><td></td><td></td><td></td></tr>
<tr><td>2</td><td></td><td></td><td></td><td></td><td></td><td></td><td></td><td></td><td></td><td></td></tr>
<tr><td>3</td><td></td><td></td><td></td><td></td><td></td><td></td><td></td><td></td><td></td><td></td></tr>
<tr><td>4</td><td></td><td></td><td></td><td></td><td></td><td></td><td></td><td></td><td></td><td></td></tr>
<tr><td>5</td><td></td><td></td><td></td><td></td><td></td><td></td><td></td><td></td><td></td><td></td></tr>
<tr><td>6</td><td></td><td></td><td></td><td></td><td></td><td></td><td></td><td></td><td></td><td></td></tr>
<tr><td>7</td><td></td><td></td><td></td><td></td><td></td><td></td><td></td><td></td><td></td><td></td></tr>
<tr><td>8</td><td></td><td></td><td></td><td></td><td></td><td></td><td></td><td></td><td></td><td></td></tr>
<tr><td>9</td><td></td><td></td><td></td><td></td><td></td><td></td><td></td><td></td><td></td><td></td></tr>
<tr><td>10</td><td></td><td></td><td></td><td></td><td></td><td></td><td></td><td></td><td></td><td></td></tr>
<tr><td>11</td><td></td><td></td><td></td><td></td><td></td><td></td><td></td><td></td><td></td><td></td></tr>
<tr><td>12</td><td></td><td></td><td></td><td></td><td></td><td></td><td></td><td></td><td></td><td></td></tr>
<tr><td>13</td><td></td><td></td><td></td><td></td><td></td><td></td><td></td><td></td><td></td><td></td></tr>
<tr><td>14</td><td></td><td></td><td></td><td></td><td></td><td></td><td></td><td></td><td></td><td></td></tr>
<tr><td>15</td><td></td><td></td><td></td><td></td><td></td><td></td><td></td><td></td><td></td><td></td></tr>
<tr><td>16</td><td></td><td></td><td></td><td></td><td></td><td></td><td></td><td></td><td></td><td></td></tr>
<tr><td colspan="2">碳化深度(mm)</td><td></td><td></td><td></td><td></td><td></td><td></td><td></td><td></td><td></td><td></td></tr>
<tr><td colspan="2">测试角度(度)</td><td></td><td></td><td></td><td></td><td></td><td></td><td></td><td></td><td></td><td></td></tr>
<tr><td colspan="2">测试浇筑面状况</td><td></td><td></td><td></td><td></td><td></td><td></td><td></td><td></td><td></td><td></td></tr>
<tr><td colspan="2">回弹平均值 R_m</td><td></td><td></td><td></td><td></td><td></td><td></td><td></td><td></td><td></td><td></td></tr>
<tr><td rowspan="4">修正后回弹值</td><td>角度修正值</td><td></td><td></td><td></td><td></td><td></td><td></td><td></td><td></td><td></td><td></td></tr>
<tr><td>角度修正后</td><td></td><td></td><td></td><td></td><td></td><td></td><td></td><td></td><td></td><td></td></tr>
<tr><td>测面修正值</td><td></td><td></td><td></td><td></td><td></td><td></td><td></td><td></td><td></td><td></td></tr>
<tr><td>测面修正后</td><td></td><td></td><td></td><td></td><td></td><td></td><td></td><td></td><td></td><td></td></tr>
<tr><td colspan="2">测区强度值(MPa)</td><td></td><td></td><td></td><td></td><td></td><td></td><td></td><td></td><td></td><td></td></tr>
<tr><td colspan="2">修正后强度(MPa)</td><td></td><td></td><td></td><td></td><td></td><td></td><td></td><td></td><td></td><td></td></tr>
<tr><td rowspan="2" colspan="2">强度换算</td><td colspan="2">n</td><td colspan="2">$m_{f^c_{cu}}$ (MPa)</td><td colspan="2">$S_{f^c_{cu}}$ (MPa)</td><td colspan="2">$f^c_{cu,min}$ (MPa)</td><td colspan="2">强度推定值 $f_{cu,e}$(MPa)</td></tr>
<tr><td colspan="2"></td><td colspan="2"></td><td colspan="2"></td><td colspan="2"></td><td colspan="2"></td></tr>
</table>

6.4 混凝土的体积稳定性

硬化混凝土除了受荷载作用产生变形外,各种物理或化学的因素也会引起局部或整体的体积变化。如果混凝土处于自由的非约束状态,体积的变化一般不会产生不利影响。而实际使用中的混凝土结构总会受到基础、钢筋或相邻部件的牵制,处于不同程度的约束状态。因此,混凝土的体积变化会由于约束的作用在混凝土内部产生拉应力。混凝土的优点是能承受较高的压应力,而其抗拉强度只有抗压强度的10%。所以,混凝土由于体积变化过大产生的拉应力一旦超过自身的抗拉强度时,就会引起混凝土开裂,影响强度和耐久性。

本节主要介绍由于混凝土体积变化引起的收缩、徐变以及抗裂性的相关试验。

6.4.1 抗裂性

混凝土由于受到外界气温变化、水泥水化热、混凝土收缩等引起体积变形。尤其是在水化早期,混凝土强度比较低,极容易在这些作用下产生开裂。裂缝不仅有损外观,而且会引起钢筋腐蚀,破坏整体结构,降低刚度,影响强度和耐久性。

这里主要介绍评价混凝土抗裂性能的两种方法:平板法和圆环法。

1.平板法

本试验依据《普通混凝土长期性能和耐久性能试验方法标准》(GB/T 50082—2009),适用于测试混凝土试件在约束条件下的早期抗裂性能。

(1)试验设备。

①平板法模具。尺寸为800 mm×600 mm×100 mm的钢制模具(见图6-14),每组至少两个试件。模具的四边宜采用槽钢或者角钢焊接而成,侧板厚度不小于5 mm,模具四边与地板宜通过钢螺栓固定在一起。磨具内设有七根裂缝诱导器,裂缝诱导器可分别用50 mm×50 mm、40 mm×40 mm角钢与5 mm×50 mm钢板焊接组成,并平行于模具短边。底板应用不小于5 mm厚的钢板,并在底板表面铺设低摩阻的聚乙烯薄膜或聚四氟乙烯片做隔离层。模具作为试验装置的一个部分,试验时与试件连在一起。

图6-14 平板法试件模具

②风扇:风速可调,保证试件表面中心处的风速不小于5 m/s。

③温湿度计和风速计。

④裂缝观测仪或刻度放大镜:放大倍数不小于40倍,分度值不应大于0.01 mm。

⑤手电筒或其他简易照明装置。

⑥钢直尺:最小刻度为1 mm。

⑦其他:小铲、抹刀、振动台等。

(2)试验步骤。

①试验室应保持环境温度为(20±2) ℃,相对湿度为60%±5%。

②按照要求的配备比拌制混凝土,装填到平板法模具中,摊平略高于模具边框。然后振

实，应控制好振捣时间，并应防止过振和欠振。振捣完毕用抹刀整平表面，应使骨料不外露，且应使表面平实。

③应在试件成型 30 min 后，用风扇吹混凝土表面。注意调节风扇位置和风速，使试件表面中心正上方 100 mm 处风速约为(5±0.5) m/s，且风向平行于试件表面和裂缝诱导器。

④试验时间应从混凝土加水搅拌开始计算，在 24 h±0.5 h 时观察平板表面的裂缝。裂缝长度应用钢直尺测量，并应取裂缝两端直线距离为裂缝长度。当一个刀口上有两条裂缝时，可将两条裂缝的长度相加，折算成一条裂缝。

⑤裂缝宽度应用裂缝观测仪或刻度放大镜进行测定，并应测量每条裂缝的最大宽度。平板法试验过程如图 6-15 所示。

a. 浇筑、抹平

b. 风吹

c. 裂缝观测

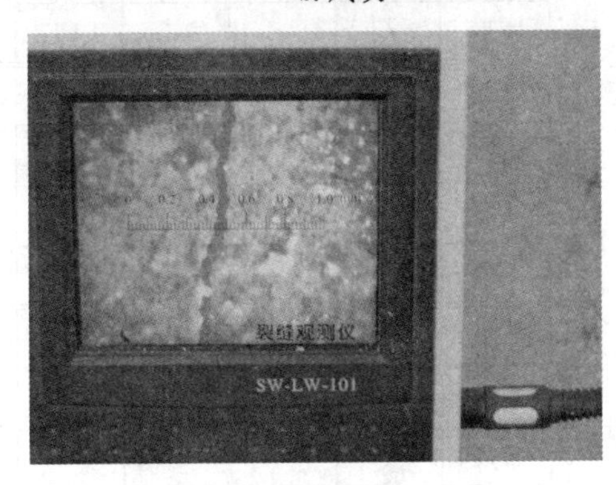

d. 读取裂缝宽度

图 6-15 平板法试验过程

(3)试验结果与分析。

①根据 24 小时开裂情况，计算下列三个参数：

a. 裂缝的平均裂开面积(精确到 1 mm^2/条)：

$$a=\frac{1}{2N}\sum_{i=1}^{N}W_i\times L_i \tag{6-22}$$

b. 单位面积的裂缝数目(精确到 0.1 条/m^2)：

$$b=\frac{N}{A} \tag{6-23}$$

c. 单位面积上的总裂开面积(精确到 1 mm^2/m^2)：

$$c=a\times b \tag{6-24}$$

式中：W_i——第 i 根裂缝的最大宽度，mm；

L_i——第 i 根裂缝的长度，mm；

N——总裂缝数目，条；

A——平板的面积，取 0.48 m^2；

a——每条裂缝的平均开裂面积，mm^2/条；

b——单位面积的裂缝数目，条/m^2；

c——单位面积上的总开裂面积，mm^2/m^2。

②每组应分别以 2 个或多个试件的平均开裂面积(单位面积上的裂缝数目或单位面积上的总开裂面积)的算术平均值作为该组试件平均开裂面积(单位面积上的裂缝数目或单位面积上的总开裂面积)的测定值。

(4)平板法试验结果填入表 6-21。

表 6-21　混凝土平板抗裂试验报告

试验编号	裂缝尺寸											
试件 1	长度											
	宽度											
	长度											
	宽度											
	长度											
	宽度											
	长度											
	宽度											
试件 2	长度											
	宽度											
	长度											
	宽度											
	长度											
	宽度											
	长度											
	宽度											

结果计算	总裂缝数目(条)	裂缝的平均裂开面积(1 mm^2/条)		单位面积的裂缝数目(条/m^2)		单位面积上的总裂开面积(mm^2/m^2)	
		单值	均值	单值	均值	单值	均值

2. 圆环法

圆环法是由1999年美国道路工程师协会(AASHTO)推荐的方法,主要用于定性比较不同配比混凝土的抗裂性好坏。

(1)试验设备。

①抗裂圆环模具:主要部件包括底座、侧模、芯模。抗裂试模成型的试件的外直径455 mm,内直径305 mm,高度150 mm的钢制模具,可拆卸。如图6-16所示。

②其他:小铲、抹刀、振动台等。

(2)试验步骤。

①在圆环内壁均匀地涂上一层薄层矿物油或其他不与混凝土发生反应的脱模剂。

②按照要求的配备比拌制混凝土,装填到内、外钢环之间,略高于模具边框。放到振动台上振实,防止过振和欠振。振捣完毕,用抹刀整平表面。

③将圆模放入标准养护条件下(温度20 ℃±2 ℃,相对湿度大于95%),24小时后拆去外环模,将试件连同模具内环一起移入干燥室中(温度20 ℃±2 ℃,相对湿度60%±5%)。

图6-16 混凝土抗裂试验装置(圆环法)

④监测试件顶面和外侧面的开裂情况,记录试件出现开裂的时间,定时观测试件顶面和外侧面产生裂缝的部位、裂缝长度与宽度。

(3)试验结果与分析。

依据不同配比混凝土试件出现开裂的时间、裂缝宽度和数量,定性地作出评价。圆环法试验结果填入表6-22。

表6-22 混凝土圆环抗裂试验报告

试件编号	开裂时间	开裂部位		侧面裂缝宽度	裂缝数量
		顶面	侧面		
1					
2					
3					

6.4.2 干燥收缩

混凝土收缩是指因内部或外部湿度的变化、化学反应等因素而引起的宏观体积变形。当混凝土处于自由状态时收缩可以通过宏观体积减小来补偿,但实际的混凝土结构总是处于内部约束(如集料)和外部约束(如基础、钢筋或相邻部分)的作用下,因此收缩在约束状态下引起拉应力一旦超过混凝土自身的抗拉极限时,很容易引起开裂,加速各种有害介质的侵入,严重影响混凝土的耐久性,甚至危害到结构的安全性。

在实际工程中,混凝土的最终收缩实际上是各种因素引起的收缩叠加,包括塑性收缩、温度收缩、自收缩和干燥收缩。对于普通混凝土,干缩是主要的;对于高强混凝土,自收缩不容忽视。本节主要介绍混凝土的干缩中动态测量和静态测量两种方法。

1. 动态测量法

测定混凝土收缩时以 100 mm×100 mm×515 mm 的棱柱体为标准试件，在试件成型时两端埋入不锈的金属测头，按照规定的龄期测试混凝土的收缩率。

(1)试验设备。

①卧式混凝土收缩仪(如图 6－17 所示)。应具有硬钢或石英制作的标准杆，并应在每次测量前校核仪表的读数。

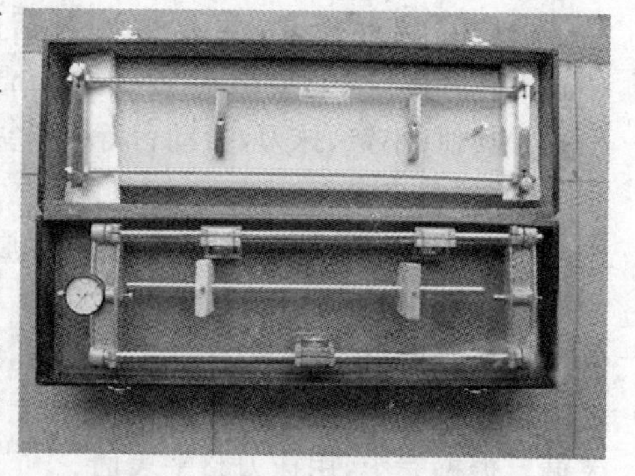

图 6－17　卧式混凝土收缩仪

②螺旋测微仪：千分表精度为±0.001 mm。

③预埋测头：如图 6－18 所示。

(2)试验步骤。

①试件成型后要带模养护 1～2 d，并保证拆模时不损伤试件。试件拆模后应立即送至温度为(20±2) ℃、相对湿度 95%以上的标准养护室养护。

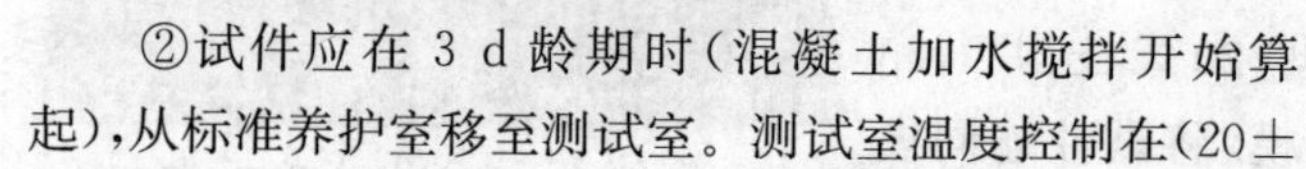

②试件应在 3 d 龄期时(混凝土加水搅拌开始算起)，从标准养护室移至测试室。测试室温度控制在(20±2) ℃，相对湿度保持在 60%±5%。试件测试完初始长度后，放置在不吸水的搁架上，底面应架空，每个试件之间的间隙应大于 30 mm。

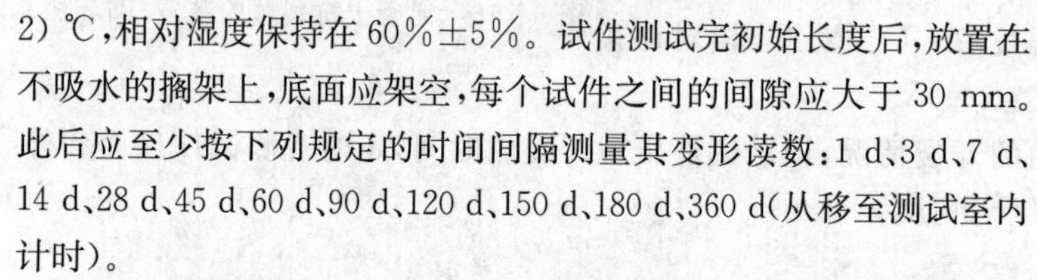

此后应至少按下列规定的时间间隔测量其变形读数：1 d、3 d、7 d、14 d、28 d、45 d、60 d、90 d、120 d、150 d、180 d、360 d(从移至测试室内计时)。

③收缩测量前应用标准杆校正仪表的零点，并应在测定过程中至少再复核 1～2 次，其中一次应在全部试件测读完后进行。当复核时发现零点与原值的偏差超过±0.001 mm 时，应调零后重新测量。

④试件每次在卧式收缩仪上放置的位置和方向均应保持一致。试件上应标明相应的方向记号。试件在放置及取出时应轻稳仔细，不得碰撞表架及表杆。当发生碰撞时，应取下试件，并重新以标准杆复核零点。

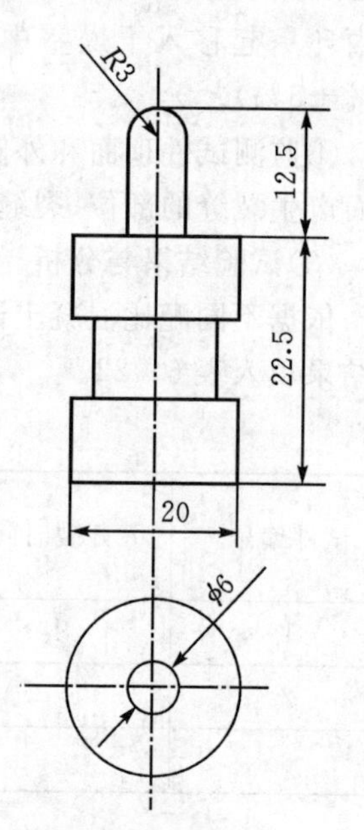

图 6－18　预埋测头(单位：mm)

(3)试验结果与分析。

①混凝土的干燥收缩率应按式(6－25)计算：

$$\varepsilon_{st}=\frac{L_0-L_t}{L_b} \tag{6-25}$$

式中：ε_{st}——龄期为 t 天时混凝土干燥收缩率，t 从测定初始长度时算起；

L_b——时间的测量标距，等于两个测头内侧的距离，即等于混凝土试件长度(不计测头凸出部分)减去两个测头埋入深度之和，mm；

L_0——试件长度的初始读数，mm；

L_t——试件在龄期为 t 时的读数，mm。

②每组应取 3 个试件收缩率的算术平均值作为改组混凝土试件的收缩率测定值，计算精确至 1.0×10^{-6}。

2.静态测量法

静态测量法采用 100 mm×100 mm×400 mm 的棱柱体试件，试件硬化以后在表面粘贴固定测试装置，按照规定龄期记录数据。

(1)试验设备。

①螺旋测微仪：千分表，精度为±0.001 mm；

②铁夹：如图 6-19 所示。

(a)固定好铁夹的试件　　(b)待读数的试件

图 6-19　混凝土干燥收缩测试

(2)试验步骤。

①试件成型后放入温度为(20±2) ℃、相对湿度 95%以上的标准养护室养护 1～2 d 之后脱模，从标准养护室移至测试室(温控制在 20 ℃±2 ℃，相对湿度保持在 60%±5%)。

②在试件一光滑的侧面正中间 300 mm 长的距离内用环氧树脂固定铁夹，待环氧树脂硬化后固定千分表。

③记录下初始千分表读数 L_0，此后应至少按下列规定的时间间隔测量其变形读数 L_t：1 d、3 d、7 d、14 d、28 d、45 d、60 d、90 d、120 d、150 d、180 d、360 d(从移至测试室内计时)。试验过程应尽量避免移动或触碰试件。

(3)试验结果与分析。

①混凝土的干燥收缩率应按式(6-26)计算：

$$\varepsilon_{st} = \frac{L_0 - L_t}{L_b} \tag{6-26}$$

式中：ε_{st}——龄期为 t 天时混凝土干燥收缩率，t 从测定初始长度时算起；

L_b——时间的测量标距，本试验方法取 300 mm；

L_0——试件长度的初始读数，mm；

L_t——试件在龄期为 t 时的读数，mm。

②每组应取 3 个试件收缩率的算术平均值作为改组混凝土试件的收缩率测定值，计算精确至 1.0×10^{-6}。

(4)混凝土干燥收缩试验结果填入表 6-23。

表 6-23　混凝土干燥收缩试验报告

设计强度等级					试件尺寸(mm)						制件日期		
龄期(d)	试件 1				试件 2				试件 3				平均收缩值 ε_{st} ($\times10^{-6}$)
	测量标距 L_{b1}(mm)	初始读数 L_{01}(mm)	t 天读数 L_{t1}(mm)	单块收缩值 ε_{st1} ($\times10^{-6}$)	测量标距 L_{b2}(mm)	初始读数 L_{02}(mm)	t 天读数 L_{t2} (mm)	单块收缩值 ε_{st2} ($\times10^{-6}$)	测量标距 L_{b3} (mm)	初始读数 L_{03} (mm)	t 天读数 L_{t3} (mm)	单块收缩值 ε_{st3} ($\times10^{-6}$)	
1													
3													
7													
14													
28													
45													
60													
90													
120													
150													
180													
360													
干缩曲线	干缩率/$\times10^{-6}$ (0, 50, 100, 150, 200, 250, 300, 350, 400)；龄期/d (0, 100, 200, 300, 400)												

6.4.3　受压徐变

混凝土在持续荷载的作用下随着时间而增长的变形称为徐变。对混凝土结构的桥梁而言，混凝土徐变既有其有利的方面，亦有不利的方面。如对于大型混凝土桥梁的大体积塔基或锚锭等，混凝土徐变可松弛一部分由于温度收缩所产生的温度应力，避免或减少出现裂缝。但徐变又可引起预应力钢筋混凝土结构的预应力损失，以及塔柱和桥面的长期过大变形。由于混凝土徐变可能产生不利的后果，如国内外一些大跨度桥梁中出现过大的变形，故备受工程界关注。本节介绍混凝土在长期恒定轴向压力作用下的变形性能。

徐变在加载初期发展较快，而后逐渐减慢，其延续时间可达数十年。混凝土结构在受拉、受压、受弯时都会产生徐变，并且最终趋于收敛的极限徐变变形一般要比瞬时弹性变形大 1～3 倍。因此在混凝土结构设计中，徐变是一个不可忽略的重要因素。本试验方法适用于测定混凝土试件在长期恒定轴向压力作用下的变形性能。

(1)仪器设备。

①徐变仪,应符合下述规定:

a.徐变仪应在要求时间范围内(至少 1 年)把所要求的压缩荷载加到试件上并应能保持该荷载不变。

b.常用徐变仪可选用弹簧式(见图 6-20)或液压式,工作荷载范围应为 180～500 kN。

c.弹簧式压缩徐变仪应包括上下压板、球座或球铰及其配套垫板、弹簧持荷装置以及 2～3 根承力丝杆。压板与垫板应具有足够的刚度。压板的受压面的平整度偏差不应大于 0.1 mm/100 mm,并应能保证对试件均匀加荷。弹簧及丝杆的尺寸应按徐变仪所要求的试验吨位而定。在试验荷载下,丝杆的拉应力不应大于材料屈服点的 30%,弹簧的工作应力不应超过允许极限荷载的 80%,且工作时弹簧的压缩变形不得小于 20 mm。

d.使用液压式持荷部件时,可通过一套中央液压调节单元同时加荷几个徐变架,该单元应由储液器、调节器、显示仪表和一个高压源(如高压氮气瓶或高压泵)等组成。

e.有条件时可采用几个试件串叠受荷,上下压板之间的总距离不得超过 1600 mm。

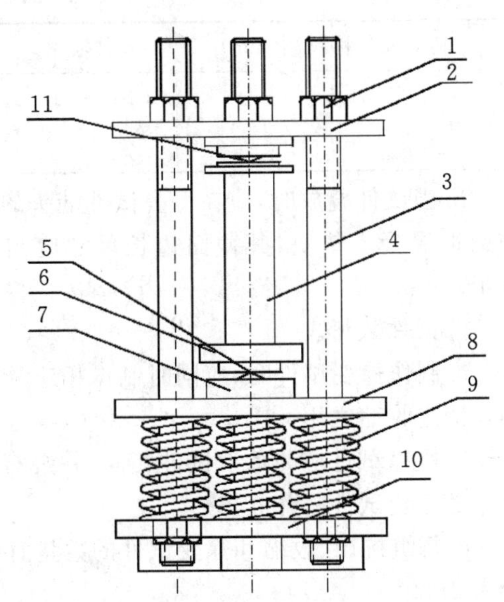

1—螺母;2—上压板;3—丝杆;4—试件;5—球绞;6—垫板;7—定心;8—下压板;9—弹簧;10—底盘;11—球绞

图 6-20 混凝土徐变仪

②加荷装置,包括加荷架、千斤顶及测力装置,符合下述规定。

a.加荷架应由接长杆及顶板组成。加荷时加荷架应与徐变仪丝杆顶部相连。

b.油压千斤顶可采用一般的起重千斤顶,其吨位应大于所要求的试验荷载。

c.测力装置可采用钢环测力计、荷载传感器或其他形式的压力测定装置。其测量精度应达到所加荷载的±2%,试件破坏荷载不应小于测力装置全量程的 20%且不应大于测力装置全量程的 80%。

③变形测量装置。

a.变形测量装置可采用外装式、内埋式或便携式,其测量的应变值精度不应低于 0.001 mm/m。

b.采用外装式变形测量装置时,应至少测量不少于两个均匀地布置在试件周边的基线的应变。测点应精确地布置在试件的纵向表面的纵轴上,且应与试件端头等距,与相邻试件端头的距离不应小于一个截面边长。

c.采用差动式应变计或钢弦式应变计等内埋式变形测量装置时,应在试件成型时可靠地固定该装置,应使其测量基线位于试件中部并应与试件纵轴重合。

d.采用接触法引伸仪等便携式变形测量装置时,测头应牢固附置在试件上。

e.测量标距应大于混凝土骨料最大粒径的 3 倍,且不小于 100 mm。

(2)试件制备。

①试件形状与尺寸要求。

a.根据要求的配合比制作试件,徐变试验应采用棱柱体试件。试件的截面尺寸应根据混凝土中骨料的最大粒径按表6-24选定,长度应为截面边长尺寸的3~4倍。

表6-24　徐变试验试件尺寸

骨料最大公称粒径(mm)	试件最小边长(mm)	试件长度(mm)
31.5	100	400
40	150	≥450

b.当试件叠放时,应在每叠试件端头的试件和压板之间加装一个未安装应变测量仪表的辅助性混凝土垫块,其截面边长尺寸应与被测试件相同,且长度应至少等于其截面尺寸的一半。

②试件数量。

a.制作徐变试件时,应同时制作相应的棱柱体抗压试件及收缩试件,以供确定试验荷载大小及测定收缩之用。

b.收缩试件应与徐变试件相同,并装有与徐变试件相同的测量装置。抗压试件及收缩试件应随徐变试件一并养护。

c.每组抗压、收缩和徐变试件的数量宜各为3个,其中每个加荷龄期的每组徐变试件应至少为2个。

③试件制备要求。

a.当要叠放试件时,宜磨平其端头。

b.徐变试件的受压面与相邻的纵向表面之间的角度与直角的偏差不应超过1 mm/100 mm。

c.采用外装式变形测量装置时,徐变试件两侧面应有安装测量装置的测头,测头宜采用埋入式,试模的侧壁应具有能在成型时使测头定位的装置。在对黏结的工艺即材料确有把握时允许采用胶粘。

④试件的养护与存放方式要求。

a.抗压试件及收缩试件应随徐变试件一并同条件养护。

b.对于标准环境中的徐变,试件应在成型后不少于24 h且不多于48 h时拆模,且在拆模之前,应覆盖试件表面。试件拆模后应立即送入标准养护室养护到7天龄期(自混凝土搅拌加水开始起算),其中3 d加载的徐变试验应养护3 d。然后移入恒温恒湿室待试(温度控制在20 ℃±2 ℃,相对湿度保持在60%±5%)。

c.对于适用于大体积混凝土内部情况的绝湿徐变,试件在制作或脱模后应密封在保湿外套中(包括橡皮套、金属套筒等),且在整个试件存放和测试期间也应保持密封。

d.对于需要考虑温度对混凝土弹性和非弹性性质的影响等特定温度下徐变,应控制好试件存放的试验环境温度。

e.对于需确定在具体使用条件下的混凝土徐变值等其他存放条件,应根据具体情况确定试件的养护及试验制度。

(3)徐变试验步骤。

①对比或检验混凝土的徐变性能时，试件应在28 d龄期时加荷。当研究某一混凝土的徐变特性时，应至少制5组徐变试件并应分别在龄期3 d、7 d、14 d、28 d、90 d时加荷。

②试验前应充分做好准备工作，需要粘贴测头或测点的应在1天以前粘好，仪表安装好后应仔细检查，不得有任何松动或异常现象。加荷用的千斤顶、测力计等也应予以检查。

③把同条件养护的棱柱体抗压强度试件取出，测试混凝土的棱柱体抗压强度。

④测头和仪表准备好后，应将徐变试件放在徐变仪的下压板上，此时试件、加荷千斤顶、测力计及徐变仪的轴线应重合。并应再次检查变形测量仪的调零情况，且应记下初始读数。当采用未密封的徐变试件时，应在将其放在徐变仪上的同时，覆盖参比用收缩试件的端部。

⑤试件放好后，开始加荷。如无特殊要求，试验时取徐变应力为所测得的棱柱体抗压强度的40%。如果采用外装仪表或接触式引伸仪，用千斤顶先加压至徐变应力的20%进行对中。此时，两侧的变形相差应小于其平均值的10%，如超出此值，应松开千斤顶卸载，重新调整后，再加荷到徐变应力的20%，并再次检查对中的情况。对中完毕后，应立即继续加荷直到徐变应力，读出两边的变形值。此时，两边变形的平均值即为在徐变荷载下的初始变形值。从对中完毕到测初始变形值之间的加荷及测量时间不得超过1分钟。拧紧承力螺杆上端的螺帽，放松千斤顶，观察两边变形值的变化情况。此时，试件两侧的读数相差应不超过平均值的10%，否则应予以调整，调整应在试件持荷的情况下进行，调整过程中所产生的变形增值应计入徐变变形之中。再加荷到徐变应力，检查两侧变形读数，其总和与加荷前读数相比，误差不应超过2%，否则应予以补足。

⑥按下列试验周期(由试件加荷时起算)测定混凝土试件的变形值：1 d、3 d、7 d、14 d、28 d、45 d、60 d、90 d、120 d、150 d、180 d、360 d。在测读变形读数的同时应测定同条件放置收缩试件的收缩值。

⑦试件受压后应定期检查荷载的保持情况，一般在7 d、28 d、60 d、90 d各校核一次，如荷载变化大于2%，应予以补足。在使用弹簧式加载架时，可通过施加正确的荷载并拧紧丝杆上的螺母来进行调整。

(4)结果计算。

①混凝土的徐变应变按式(6-27)计算(精确至0.001 mm/m)：

$$\varepsilon_{ct}=\frac{\Delta L_t-\Delta L_0}{L_\mathrm{b}}-\varepsilon_t \tag{6-27}$$

式中：ε_{ct}——加荷t天后的混凝土徐变值，mm/m；

ΔL_t——加荷t天后的混凝土的总变形值，mm；

ΔL_0——加荷时测得的混凝土初始变形值，mm；

L_b——测量标距，mm；

ε_t——同龄期混凝土的收缩值，mm/m。

②混凝土的徐变度按式(6-28)计算(精确至1.0×10^{-6}/MPa)：

$$C_t=\frac{\varepsilon_{ct}}{\delta} \tag{6-28}$$

式中：C_t——加荷t天后的混凝土徐变度，1/MPa；

δ——徐变应力，MPa。

③混凝土的徐变系数按式(6-29)计算：

$$\varphi_t = \frac{\varepsilon_{ct}}{\varepsilon_0} \tag{6-29}$$

$$\varepsilon_0 = \frac{\Delta L_0}{L_b} \tag{6-30}$$

式中：φ_t——加荷 t 天后的徐变系数；

ε_0——加荷时测得的初始应变值，mm/m，精确至 0.001 mm/m。

④每组应分别以 3 个试件徐变应变（徐变度或徐变系数）试验结果的算术平均值作为该组混凝土试件徐变应变（徐变度或徐变系数）的测定值。

⑤作为供对比用的混凝土徐变值，应采用经过标准养护的混凝土试件，在 28 d 龄期时经受 0.4 倍棱柱体抗压强度的恒定荷载持续作用 360 d 的徐变值。可用测得的 3 年徐变值作为终极徐变值。

（5）混凝土受压徐变试验结果填入表 6－25。

表 6－25　混凝土受压徐变试验报告

设计强度等级				制件日期					加载龄期			
轴心抗压强度	单块破坏荷载(kN)			单块强度(MPa)					均值(MPa)		徐变加荷值(kN)	
龄期(d)	1	3	7	14	28	45	60	90	120	150	180	360

		1	3	7	14	28	45	60	90	120	150	180	360
试件 1	测量标距 L_{b1}(mm)												
	初始变形值 ΔL_{01}(mm)												
	t 天变形值 ΔL_{t1}(mm)												
	同龄期的收缩值 ε_{t1}(mm/m)												
	t 天的徐变值 ε_{ct1}(mm/m)												
	t 天后的徐变度 C_{t1}(1/MPa)												
	t 天后的徐变系数												
试件 2	测量标距 L_{b2}(mm)												
	初始变形值 ΔL_{02}(mm)												
	t 天变形值 ΔL_{t2}(mm)												
	同龄期的收缩值 ε_{t2}(mm/m)												
	t 天的徐变值 ε_{ct2}(mm/m)												
	t 天后的徐变度 C_{t2}(1/MPa)												
	t 天后的徐变系数												
试件 3	测量标距 L_{b3}(mm)												
	初始变形值 ΔL_{03}(mm)												
	t 天变形值 ΔL_{t3}(mm)												
	同龄期的收缩值 ε_{t3}(mm/m)												
	t 天的徐变值 ε_{ct3}(mm/m)												
	t 天后的徐变度 C_{t3}(1/MPa)												
	t 天后的徐变系数												

续表 6－25

t 天混凝土徐变度均值 C_t(1/MPa)												
t 天徐变系数均值												
徐变度曲线												

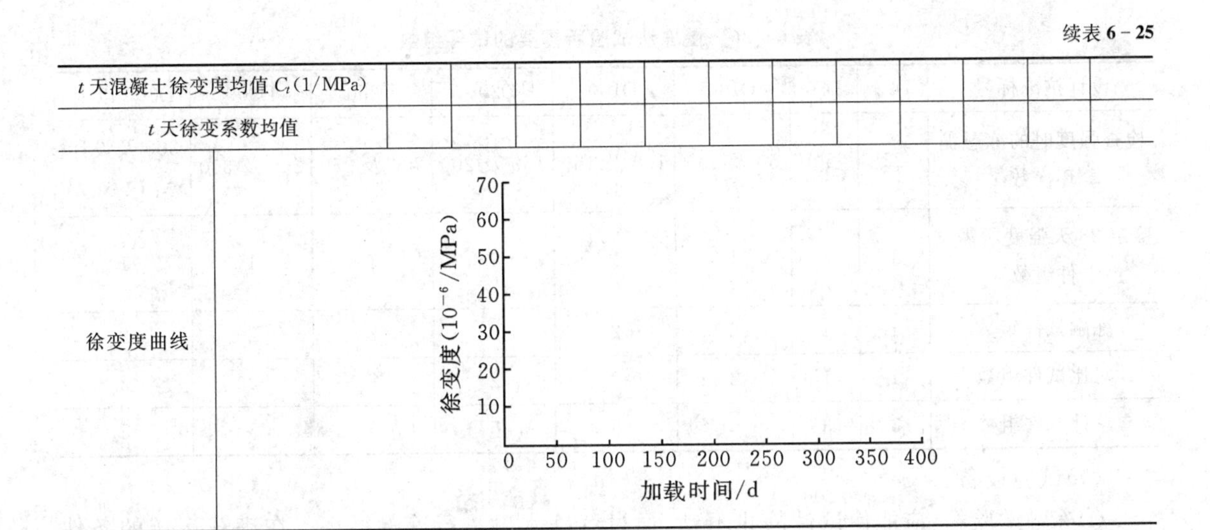

6.5　混凝土的耐久性能

用于各种建筑物的混凝土不仅要求具有足够的强度，保证能安全承受设计荷载，还要求具有良好的耐久性，以便在所处环境和使用条件下经久耐用。混凝土抵抗其自身因素和环境因素的长期破坏，保持其原有性能的能力称为耐久性。混凝土的耐久性主要包括抗冻性、抗渗性、抗侵蚀性、抗碱骨料反应和抗碳化性等方面。本节试验方法主要参考《普通混凝土长期性能和耐久性能试验方法标准》。

6.5.1　抗冻性

混凝土在吸水饱和状态下，抵抗多次反复冻融循环而不破坏，同时也不严重降低其各种性能的能力称为抗冻性。

混凝土为多孔性无机材料，内部存在孔隙、毛细管道，易吸水。正常大气压，温度降到 0 ℃时，水会结成冰，体积增大约 9%；温度升高时，冰会融化，体积减小。水和冰反复的冻融将对其产生巨大的破坏作用，如：很多建筑物表面的水泥砂浆、油漆、防水层等与建筑物剥离，混凝土被冻粉化，就是这种冻融作用的结果。在北方大部分地区，冬季温度比较低，对于混凝土的抗冻性要求比较高。

这里主要介绍混凝土抗冻性能的两种试验方法：慢冻法和快冻法。

1.慢冻法

慢冻法适用于测定混凝土试件在气冻水融条件下，以经受的冻融循环次数来表示混凝土抗冻性能。慢冻法抗冻试验采用 100 mm×100 mm×100 mm 的立方体试件，每次试验所需的试件组数应符合表 6－26 的规定，每组试件应 3 块。

表 6-26　慢冻法试验所需要的试件组数

设计抗冻标号	D25	D50	D100	D150	D200	D250	D300	D300 以上
检查强度时的冻融循环次数	25	50	50 及 100	100 及 150	150 及 200	200 及 250	250 及 300	300 及设计次数
鉴定 28 天强度所需试件组数	1	1	1	1	1	1	1	1
冻融试件组数	1	1	2	2	2	2	2	2
对比试件组数	1	1	2	2	2	2	2	2
总计试件组数	3	3	5	5	5	5	5	5

(1)试验设备。

①冻融试验箱:应能使试件静止不动,通过气冻水融进行冻融循环。在满载运转的条件下,冷冻期间冻融试验箱内空气的温度应能保持在－20～－18 ℃范围内;融化期间冻融试验箱内浸泡混凝土试件的水温应保持在18～20 ℃范围内;满载时冻融试验箱内各点温度极差不应超过 2 ℃。采用自动冻融设备时,控制系统还应具有自动控制、数据曲线实时动态显示、断电记忆和试验数据自动存储等功能。

②试件架:应采用不锈钢或者其他耐腐蚀的材料制作,其尺寸应与冻融试验箱和所装的试件相适应。

③称量设备:最大量程应为 20 kg,感量不应超过 5 g。

④压力试验机:应符合现行国家标准《普通混凝土力学性能试验方法标准》(GB/T 50081—2002)的相关要求。

⑤温度传感器:检测范围不应小于－20～20 ℃,测量精度应为±0.5 ℃。

(2)试验步骤。

①如无特殊要求,试件应在 28 d 龄期时进行冻融试验。试验前 4 d 应把冻融试件从养护地点取出,进行外观检查,随后放在(20±2) ℃水中浸泡,浸泡时水面至少应高出试件顶面 20～30 mm,冻融试件浸 4 d 后进行冻融试验。对比试件则应保留在标准养护室内,直到完成冻融循环后,与抗冻试件同时试压。始终在水中养护的试件,当试件养护龄期达到 28 d 时,可直接进行后续试验,但对此种情况,应在试验报告中予以说明。

②当试件养护龄期达到 28 d 时应及时取出冻融试验的试件,用湿布擦除表面水分后应对外观尺寸进行测量,试件的外观尺寸应满足要求,并分别编号、称重,然后按编号置入试件架内,且试件架与试件的接触面积不宜超过试件底面的 1/5。试件与箱体内壁之间应至少留有 20 mm 的空隙。试件架中各试件之间应至少保持 30 mm 的空隙。

③试件在箱内温度到达－20 ℃时放入,装完试件如温度有较大升高,则以温度重新降至－18 ℃时起算冻结时间。每次从装完试件到重新降至－18 ℃所需的时间不应超过 1.5～2.0 h。冷冻箱内温度均以其中心处温度为准,应保持在－20～－18℃范围内。

④每次循环中试件的冻结时间不应小于 4 小时。

⑤冷冻结束后,应立即加入温度为 18～20 ℃的水,使试件转入融化状态,加水时间不应超过 10 min。控制系统应确保在 30 min 内,水温不低于 10 ℃,且在 30 min 后水温能保持在 18～20 ℃。

冻融箱内的水面应至少高出试件表面 20 mm，融化时间不应小于 4 h。融化完毕视为该次冻融循环结束，可进入下一次冻融循环。

⑥每 25 次循环对冻融试件进行一次外观检查。发现有严重破坏时，应立即进行称重。如试件的平均失重率超过 5%，即可停止其冻融循环试验。

⑦混凝土试件达到表 6-26 规定的冻融循环次数后，试件应称重并进行外观检查，应详细记录试件表面破损、裂缝及边角缺损情况。当试件表面破损严重，则应用高强石膏找平后再进行抗压强度试验。抗压强度试验应符合现行国家标准《普通混凝土力学性能试验方法标准》规定。

⑧在冻融过程中如因故需中断且试件处于冷冻状态时，试件应继续保持冷冻状态，直至恢复冻融试验为止，并应将故障原因及暂停时间在试验结果中注明。当试件处在融化状态下因故中断时，中断时间不应超过两个冻融循环的时间。在整个试验过程中，超过两个冻融循环时间的中断故障次数不得超过两次。

⑨当部分试件由于失效破坏或者停止试验被取出时，应用空白试件填充空位。

⑩对比试件应继续保持原有的养护条件，直到完成冻融循环后，与冻融循环的试件同时进行抗压强度试验。当冻融循环出现下列三种情况之一时，可停止试验：

a. 已达到规定的循环次数；

b. 抗压强度损失率已达到 25%；

c. 质量损失率已达到 5%。

(3)试验结果与分析。

①强度损失率应按式(6-31)计算：

$$\Delta f_c = \frac{f_{c0} - f_{cn}}{f_{c0}} \times 100 \tag{6-31}$$

式中：Δf_c——N 次冻融循环后的混凝土强度损失率，%，精确至 0.1%；

f_{c0}——对比用的一组混凝土试件的抗压强度测定值，MPa，精确至 0.1 MPa；

f_{cn}——经 N 次冻融循环后的一组混凝土试件抗压强度测定值，MPa，精确至 0.1 MPa。

②f_{c0} 和 f_{cn} 以三个试件抗压强度算术平均值，作为该组试件的测定值；三个试件中的最大值或最小值中，如有一个与中间值的差异超过中间值的 15%时，应剔除此值，再取其余两值的算术平均值作为测定值；如最大值、最小值与中间值的差均超过中间值的 15%，则取中间值作为该组试件的抗压强度值。

③单个试件的质量损失率应按式(6-32)计算：

$$\Delta W_{ni} = \frac{W_{0i} - W_{ni}}{W_{0i}} \times 100 \tag{6-32}$$

式中：ΔW_{ni}——N 次冻融循环后第 i 个混凝土试件的质量损失率，%，精确至 0.01；

W_{0i}——冻融循环前第 i 个混凝土试件的质量，g；

W_{ni}——经 N 次冻融循环后第 i 个混凝土试件的质量，g。

④一组试件的平均质量损失率应按式(6-33)计算：

$$\Delta W_n = \frac{\sum_{i=1}^{3} \Delta W_{ni}}{3} \times 100 \tag{6-33}$$

式中：ΔW_n——N 次冻融循环后一组混凝土试件的质量损失率，%，精确至 0.1。

⑤每组试件的平均质量损失率应以三个试件质量损失率算术平均值，作为该组试件的测定值；当某个试验结果出现负值，应取 0，再取三个试件算术平均值。当三个试件中的最大值或最小值中与中间值的差异超过中间值的 1%，应剔除此值，再取其余两值的算术平均值作为测定值；如最大值、最小值与中间值的差均超过中间值的 1%，则取中间值作为测定值。

⑥混凝土的抗冻标号，以抗压强度损失率不超过 25%或重量损失率不超过 5%时的最大循环次数，按表 6-26 来表示。

(4)混凝土慢冻试验结果填入表 6-27。

表 6-27　混凝土抗冻性(慢冻法)试验报告

混凝土设计强度等级				设计抗冻等级								
检测项目	冻融循环试验次数 N(次)											
	1	2	3	平均	1	2	3	平均	1	2	3	平均
冻融循环试验前试件质量 W_0(g)												
冻融循环试验后试件质量 W_n(g)												
N 次冻融循环质量损失率 ΔW_n(%)												
试件承压面积 A(mm^2)												
对比试件破坏荷载 P_0(kN)												
对比试件抗压强度 f_{c0}(MPa)												
冻融循环后试件破坏荷载 P_n(kN)												
冻融循环后试件抗压强度 f_{cn}(MPa)												
N 次冻融循环后强度损失率 Δf_c(%)												
确定抗冻等级												

2. 快冻法

快冻法适用于测定混凝土试件在水冻水融条件下，以经受的快速冻融循环次数来表示的混凝土抗冻性能。

快冻法试验采用 100 mm×100 mm×400 mm 的棱柱体试件。每组试件应 3 块，在试验过程中可连续使用，成型试件时，不得采用憎水性脱模剂。除制作冻融试验的试件外，尚应制作同样形状、尺寸，且中心埋有温度传感器的测温试件，测温试件应采用防冻液作为冻融介质。测温试件所用混凝土的抗冻性能应高于冻融试件。测温试件的温度传感器应埋设在试件中心。温度传感器不应采用钻孔后插入的方式埋设。

(1)试验设备。

①快速冻融装置(如图 6-21 所示)：应符合现行行业标准《混凝土抗冻试验设备》(JG/T 243—2009)的要求，冻融箱内的温度可调节范围应为−20～10 ℃，控制精度不应大于 1 ℃。除了埋设在冻融箱内中心试件的温度传感元件外，还应在箱内中心位置和任一对角线两端处(一支靠近上表面 50 mm 处，另一支靠近箱底 50 mm 处)，各设置一支与防冻液接触的温度传感器，以监测箱内温度极差。满载运转时冻融箱内的温度极差不应超过 2 ℃。

图 6-21　混凝土快速冻融箱

②试件盒：宜采用具有弹性的橡胶材料制作，其内表面底部应有半径为 3 mm 橡胶凸起部分。盒内加水后水面应至少高出试件顶面 5 mm。试件盒横截面尺寸宜为 115 mm×115 mm，试件盒长度宜为 500 mm。

③称量设备：最大量程应为 20 kg，感量不应超过 5 g。

④混凝土动弹性模量测定仪(如图 6-22 所示)。

⑤温度传感器：包括热电偶、电位差计等，检测范围不应小于 -20～20 ℃，测量精度应为 ±0.5 ℃。

(2)试验步骤。

①在标准养护室内或同条件养护的试件应在养护龄期为 24 d 时提前将冻融试验的试件从养护地点取出，随后应将冻融试件放在(20±2) ℃水中浸泡，浸泡时水面应高出试件顶面 20～30 mm。在水中浸泡时间应为 4 d，试件应在 28 d 龄期时开始进行冻融试验。始终在水中养护的试件，当试件养护龄期达到 28 d 时，可直接进行后续试验。对此种情况，应在试验报告中予以说明。

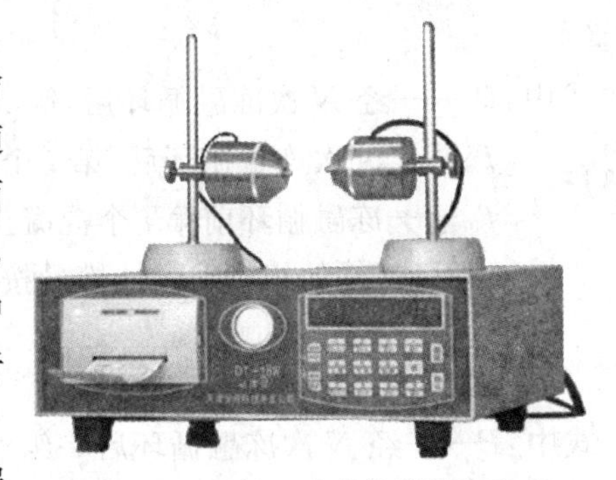

图 6-22　混凝土动弹性模量测定仪

②浸泡完毕后，取出试件，用湿布擦除表面水分后编号，称量试件的初始质量 W_{0i}，并测量试件的初始横向基频 f_{0i}。

③将试件放入试件盒内，然后将试件盒放入冻融箱内的试件架中，并向试件盒中注入清水。在整个试验过程中，盒内水位高度应始终保持高出试件顶面 5 mm 左右。装有测温试件的试件盒应放在冻融箱的中心位置。

④冻融循环过程应符合下列规定：

a. 每次冻融循环应在 2～4 小时内完成，其中用于融化的时间不得小于整个冻融时间的 1/4。

b. 在冻结和融化终了时，试件中心温度应分别控制在(-18±2) ℃和(5±2) ℃；在任意时刻，试件中心温度不得高于 7 ℃，且不得低于 -20 ℃。

c. 每块试件从 3 ℃降至 -16 ℃所用的时间不得少于冻结时间的 1/2，每块试件从 -16 ℃

升至 3 ℃所用的时间也不得少于整个融化时间的 1/2,试件内外的温差不宜超过 28 ℃。

d. 冻和融之间的转换时间不宜超过 10 分钟。

⑤试件一般应每隔 25 次循环作一次动弹性模量测量,测量前应将试件表面浮渣清洗干净擦去表面积水,检查其外部损伤并称量试件的质量。然后测量试件的动弹性模量。测完后,应立即把试件掉一个头重新装入试件盒内,并加入清水,继续试验。试件的测量、称量及外观检查应尽量迅速,待测试件应用湿布覆盖。

⑥为保证试件在冷液中冻结时温度稳定均衡,当有一部分试件停冻取出时,应另用试件填充空位。如冻融循环因故中断,试件应保持在冻结状态,直至恢复冻融试验为止,并应将故障原因及暂停时间在试验结果中注明。当试件处在融化状态下因故中断时,中断时间不应超过两个冻融循环的时间。在整个试验过程中,超过两个冻融循环时间的中断故障次数不得超过两次。

⑦冻融到达以下几种情况之一,即可停止试验:

a. 已达到规定的循环次数;

b. 试件的相对动弹性模量下降到 60%;

c. 试件的重量损失率达 5%。

(3)试验结果与分析。

①相对动弹性模量。

a. 单块试件相对动弹性模量应按式(6-34)计算(精确至 0.1):

$$P_i = \frac{f_{ni}^2}{f_{0i}^2} \times 100 \tag{6-34}$$

式中:P_i——经 N 次冻融循环后,第 i 个混凝土试件的相对动弹性模量,%;

f_{ni}——N 次冻融循环后,第 i 个混凝土试件的横向基频,Hz;

f_{0i}——冻融循环前第 i 个混凝土试件的横向基频,Hz。

b. 一组试件的相对动弹性模量按式(6-35)计算(精确至 0.1):

$$P = \frac{1}{3}\sum_{i=1}^{3} P_i \tag{6-35}$$

式中:P——经 N 次冻融循环后一组混凝土试件的相对动弹性模量,%。

c. 相对动弹性模量 P 应以三个试件抗压强度算术平均值,作为该组试件的测定值;三个试件中的最大值或最小值中,如有一个与中间值的差异超过中间值的 15%,应剔除此值,再取其余两值的算术平均值作为测定值;如最大值、最小值与中间值的差均超过中间值的 15%,则取中间值作为该组试件的抗压强度值。

②试件的质量损失率。

a. 单块试件的质量损失率应按式(6-36)计算(精确至 0.01):

$$\Delta W_{ni} = \frac{W_{0i} - W_{ni}}{W_{0i}} \times 100 \tag{6-36}$$

式中:ΔW_{ni}——N 次冻融循环后第 i 个混凝土试件的质量损失率,%;

W_{0i}——冻融循环试验前第 i 个混凝土试件的质量,g;

W_{ni}——经 N 次冻融循环后第 i 个混凝土试件的质量,g。

b. 一组试件的平均质量损失率应按式(6-37)计算(精确至 0.1):

$$\Delta W_n = \frac{\sum_{i=1}^{3} \Delta W_{ni}}{3} \times 100 \qquad (6-37)$$

式中：ΔW_n——N 次冻融循环后一组混凝土试件的质量损失率，%。

c. 每组试件的平均质量损失率应以三个试件质量损失率算术平均值，作为该组试件的测定值；当某个试验结果出现负值，应取 0，再取三个试件算术平均值。当三个试件中的最大值或最小值中与中间值的差异超过中间值的 1%，应剔除此值，再取其余两值的算术平均值作为测定值；如最大值、最小值与中间值的差均超过中间值的 1%，则取中间值作为测定值。

③混凝土的抗冻标号，以相对动弹性模量下降至不低于 60%或质量损失率不超过 5%时的最大循环次数，用符号 F 表示。

(4)混凝土快冻试验结果填入表 6-28。

表 6-28 混凝土抗冻性(快冻法)试验报告

混凝土设计强度等级						设计抗冻等级						
检测项目	冻融循环试验次数 N(次)											
	1	2	3	平均	1	2	3	平均	1	2	3	平均
冻融循环试验前试件质量 W_0(g)												
冻融循环试验后试件质量 W_n(g)												
N 次冻融循环质量损失率 ΔW_n(%)												
冻融循环前横向基频初始值 f_0(Hz)												
N 次冻融循环后横向基频 f_n(Hz)												
N 次冻融循环后相对动弹性模量 P(%)												
	1	2	3	平均	1	2	3	平均	1	2	3	平均
冻融循环试验前试件质量 W_0(g)												
冻融循环试验后试件质量 W_n(g)												
N 次冻融循环质量损失率 ΔW_n(%)												
冻融循环前横向基频初始值 f_0(Hz)												
N 次冻融循环后横向基频 f_n(Hz)												
N 次冻融循环后相对动弹性模量 P(%)												
确定抗冻等级												

6.5.2 抗水渗透性

混凝土的渗透性是指某气体、液体或离子受压力、化学势或在电场作用下在混凝土中渗透、扩散或迁移的难易程度。混凝土的抗水渗透性能是指混凝土材料抵抗压力水渗透的能力，它是决定混凝土耐久性最基本的因素。混凝土材料的腐蚀破坏大多是在水及有害液体侵入的条件下发生的。水的进入一方面影响混凝土的物理力学性能，另一方面还会引入有害离子（如氯离子），引起混凝土内部钢筋的锈蚀，同时加剧了冻融循环、硫酸盐侵蚀和碱骨料反应，导致混凝土品质劣化。抗水渗透性的测试方法主要有渗水高度法和逐级加压法。

1.渗水高度法

本方法通过硬化混凝土在恒定水压力下的平均渗水高度来表示混凝土的抗水渗透性能，适用于强度等级较高、抗渗性较好的混凝土。采用上直径 175 mm，下直径 185 mm 和高度为 150 mm 的圆台形试件，每组试件应 6 块。

（1）试验设备。

①混凝土抗渗仪（如图 6－23 所示）：应能使水压按规定的制度稳定地作用在试件上，抗渗仪施加的水压力范围应为 0.1 ～2.0 MPa。

②抗渗试模。

③密封材料：密封材料宜采用石蜡加松香或水泥加黄油等材料，也可采用橡胶套等其他有效密封材料，密封并安装好的试件见图 6－24。

图 6－23　混凝土抗渗仪

图 6－24　密封并安装好的试件

④梯形板（如图 6－25 所示）：采用尺寸为 200 mm×200 mm 的透明材料制成，并应画有十条等间距、垂直于梯形底线的直线。

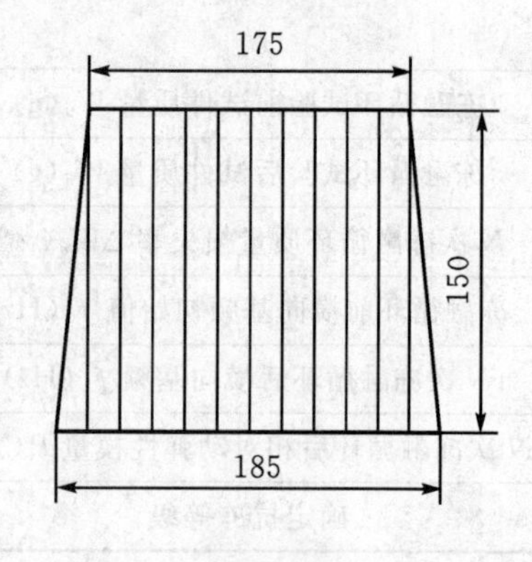

图 6－25　梯形板示意图(mm)

⑤钢直尺：分度值为 1 mm。

⑥其他：钟表、螺旋加压器（可用压力机）、烘箱、浅盘、电炉、铁锅和钢丝刷等。

（2）试验步骤。

①按要求的配合比制作混凝土抗渗试件，试件拆模后，应用钢丝刷刷去两端面的水泥浆膜，并应立即将试件送入标准养护室进行养护。

②试件一般养护至 28 d 龄期进行试验，在到达试验龄期的前一天，从养护室取出试件，并擦拭干净。待试件表面晾干后，按照下述进行密封：

a.当采用石蜡密封时，应在试件侧面裹涂一层融化的掺加少量松香的石蜡。然后应用螺旋加压器将试件压入经烘箱预热过的试模中，使试件与试模底平齐，并应在试模变冷后解除压力。试模的预热温度，应以石蜡接触试模，即缓慢熔化，但不流淌为准。

b.当采用水泥加黄油密封时，其质量比应为(2.5～3)∶1。应用三角刀将密封材料均匀地刮涂在试件侧面上，厚度为1～2 mm。应套上试模并将试件压入，应使试件与试模底平齐。

③试件准备好后，启动抗渗仪，并开通6个试位下的阀门，使水从6个孔中渗出，水应充满试位坑，再关闭6个试位下的阀门后将密封好的试件安装在抗渗仪上，如图6-24所示。

④试件安装好以后，应立即开通6个试件相对应的阀门，使水压在24 h内恒定控制在1.2 MPa±0.05 MPa，且加压过程不应大于5 min，应以达到稳定压力的时间作为试验记录起始时间(精确至1 min)。在稳压过程中随时观察试件端面的渗水情况，当有某一个试件端面出现渗水时，应停止该试件的试验并应记录时间，并以试件的高度作为该试件的渗水高度。对于试件端面未出现渗水的情况，应在试验24 h后停止试验，并及时取出试件。在试验过程中，当发现水从试件周边渗出时，应重新进行密封。

⑤将从抗渗仪上取出来的试件放在压力机上，并应在试件上下两端面中心处沿直径方向各放一根直径为6 mm的钢垫条，并应确保它们在同一竖直平面内。然后开动压力机，将试件沿纵断面劈裂为两半。试件劈开后，应立即用防水笔描出水痕，以防水分干燥后无法辨别和测量。

⑥应将梯形板放在试件劈裂面上，并用钢直尺沿水痕等间距测量10个测点的渗水高度值，读数应精确至1 mm。当读数时若遇到某测点被骨料阻挡，可以靠近骨料两端的渗水高度算术平均值来作为该测点的渗水高度。

(3)试验结果与分析。

①试件渗水高度应按式(6-38)计算(精确至1 mm)：

$$\overline{h_i} = \frac{1}{10}\sum_{j=1}^{10} h_j \qquad (6-38)$$

式中：h_j——第i个试件第j个测点处的渗水高度，mm；

$\overline{h_i}$——第i个试件的平均渗水高度，mm，应以10个测点渗水高度的平均值作为试件渗水高度的测定值。

②一组试件的平均渗水高度应按式(6-39)计算(精确至1 mm)：

$$\bar{h} = \frac{1}{6}\sum_{i=1}^{6} \overline{h_i} \qquad (6-39)$$

式中：$\bar{h}$——一组6个试件的平均渗水高度，mm，应以一组6个试件渗水高度的算术平均值作为该组试件渗水高度的测定值。

(4)混凝土抗水渗透性能结果(渗水高度法)填入表6-29。

表 6-29　混凝土抗水渗透性能(渗水高度法)试验报告

试件编号	渗水高度测定值 (mm)										计算值 (mm)	平均渗水高度(mm)
1												
2												
3												
4												
5												
6												

2.逐级加压法

本方法通过逐级施加水压力来测定,以抗渗等级来表示混凝土的抗水渗透性能。逐级加压法采用与渗水高度法相同的试件,每组试件应 6 块。

(1)试验设备。

①混凝土抗渗仪、抗渗试模、密封材料同渗水高度法的要求。

②其他:螺旋加压器(可用压力机)、钟表、烘箱、浅盘和钢丝刷等。

(2)试验步骤。

①按渗水高度法进行试件的密封和安装,每组 6 个试件。

②试验从水压为 0.1 MPa 开始,以后每 8 小时增加 0.1 MPa 水压,并且要随时注意观察试件端面的渗水情况。当 6 个试件中有 3 个试件端面呈有渗水现象时,或加至规定压力(抗渗等级)在 8 h 内 6 个试件中表面渗水试件少于 3 个时,即可停止试验,记下当时的水压。在试验过程中,当发现水从试件周边渗出时,应重新进行密封。

(3)试验结果与分析。

混凝土的抗渗等级以每组 6 个试件中有 4 个试件未出现渗水时的最大水压力乘以 10 来确定。混凝土的抗渗等级按式(6-40)计算:

$$P = 10H - 1 \tag{6-40}$$

式中:P——混凝土的抗渗等级;

H——6 个试件中有 3 个试件出现渗水时的水压力,MPa。

(4)混凝土抗水渗透性能结果(逐级加压法)填入表 6-30。

表6-30 混凝土抗水渗透性能结果(逐级加压法)试验报告

加水压时间	水压 H（MPa）	试件透水情况记录						值班人
		1	2	3	4	5	6	
结论								

6.5.3 抗氯离子渗透性

对于钢筋混凝土而言，氯离子渗透到混凝土中以后，将使混凝土中的钢筋产生严重的锈蚀，造成混凝土体积膨胀开裂。钢筋的锈蚀过程是一个电化学反应过程，使钢筋表面的铁不断失去电子而溶于水，从而逐渐被腐蚀；与此同时，在钢筋表面形成红铁锈，体积膨胀数倍，引起混凝土结构开裂。没有 Cl^- 或 Cl^- 含量极低的情况下，由于水泥混凝土碱性很强，pH 值较高，钢筋表面的钝化膜使锈蚀难以深入。氯离子在钢筋混凝土中会破坏钢筋钝化膜，加速锈蚀反应。当钢筋表面存在 Cl^-、O_2 和 H_2O 的情况下，在钢筋的不同部位发生如下电化学反应：

$$Fe+2Cl^- \rightarrow Fe^{2+}+2Cl^-+2e$$

$$O_2+2H_2O+4e \rightarrow 4OH^-$$

进入水中的 Fe^{2+} 与 OH^- 作用生成 $Fe(OH)_2$，在一定的 H_2O 和 O_2 条件下，可进一步生成 $Fe(OH)_3$，产生膨胀，破坏混凝土。当混凝土中氯离子含量较多时，由于 Cl^- 对钢筋的锈蚀，致使混凝土开裂、疏松，从而导致混凝土强度和耐久性降低。曾经有过某些冬季施工的工程，使用氯化钙等氯盐作混凝土早强(防冻、防水)剂，致使大量建筑因钢筋严重锈蚀而过早破坏，付出了昂贵代价。因此，对于处于氯盐环境中的钢筋混凝土来说，抗氯离子渗透性能显得尤为重要。

现在试验室接受度较广的几种快速氯离子渗透性试验方法主要包括：ACMT 法、电通量法、RCM 法、NEL 法，以及可用于现场检测的 Permit 法等。

1. 快速氯离子迁移系数法(RCM 法)

氯化物快速迁移法(rapid chloride migration test，RCM)是华裔瑞典学者唐路平等于

1982 年首创，后被定为北欧标准 NT Build 492，德国的 ibac-test 采用的 RCM 法也是以此为依据，此外也被欧共体的 Duracrete 项目所采纳。我国最近的几个相关标准，如交通部《公路工程混凝土结构防腐蚀技术规范》(JTG/T B 07-01—2006)，以及《混凝土结构耐久性设计与施工指南》(CCES 01—2004)中也推荐使用 RCM 法。

本方法适用于以测定氯离子在混凝土中非稳态迁移的迁移系数来确定混凝土抗氯离子渗透性能。

(1)仪器设备。

①切割试件的设备：可用水冷式金刚石锯或碳化硅锯。

②真空容器：应至少能容纳 3 个试件。

③真空泵：应能保持容器内的气压处于 1～5 kPa。

④RCM 试验装置(如图 6-26 和图 6-27 所示)：采用的有机硅橡胶套的内径和外径分别为 100 mm 和 115 mm，长度应为 150 mm。夹具应具有不锈钢环箍，其直径范围应为 105～115 mm、宽度应为 20 mm。阴极试验槽可采用尺寸为 370 mm×270 mm×280 mm 的塑料箱。阴极板应采用厚度为(0.5±0.1) mm、直径不小于 100 mm 的不锈钢板。阳极板应采用厚度为 0.5 mm、直径为(98±1) mm 的不锈钢网或带孔的不锈钢板。支架应由硬塑料板制成。处于试件和阴极板之间的支架头高度应为 15～20 mm。RCM 试验装置还应符合现行标准《混凝土氯离子扩散系数测定仪》(JG/T 262—2009)的有关规定。控制系统应具有 0～60 V 可调直流电压，精度应为±0.1 V，电流应为 0～10 A。

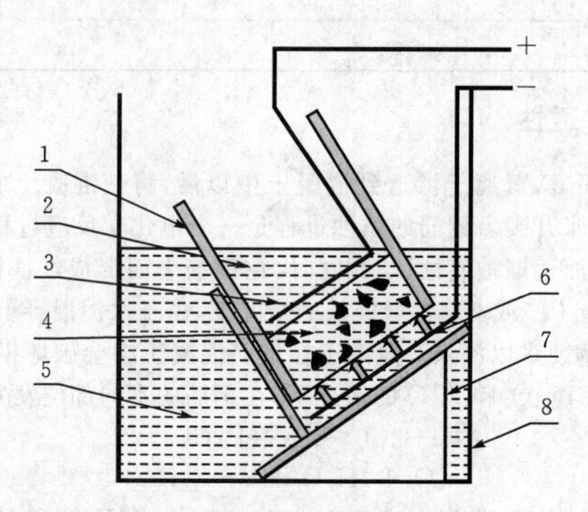

1—橡胶筒；2—阳极液；3—阳极板(不锈钢网)；4—试件；
5—阴极液；6—阴极板(不锈钢板)；7—有机玻璃支撑；
8—试验槽(有机玻璃)。

图 6-26 RCM 试验装置示意图

⑤温度计或热电偶：精度应为±0.2 ℃。

⑥喷壶：适合喷洒硝酸银溶液。

⑦游标卡尺：精度应为±0.1 mm。

⑧直尺：精度应为 1 mm。

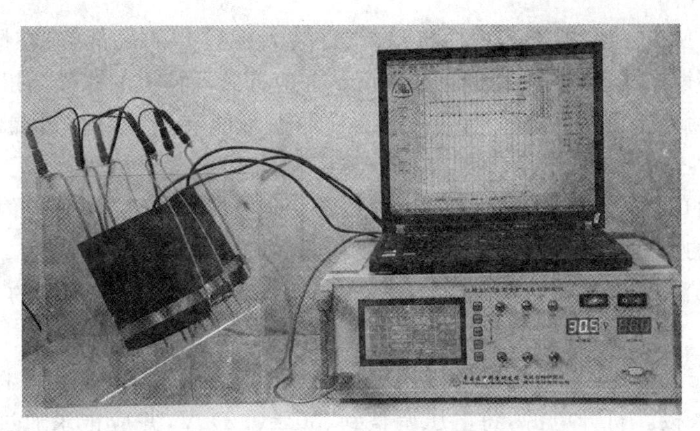

图 6-27 RCM 试验装置

⑨其他:水砂纸、细锉刀、扭矩扳手、电吹风、黄铜刷、真空表等。

(2)试件制作。

①按要求的配合比制作混凝土,用拌制好的混凝土制作试件。RCM 试验采用直径为(100±1) mm,高度为(50±2) mm 的圆柱体试件。在试验室制作试件时,宜使用 ϕ100 mm×100 mm 或 ϕ100 mm×200 mm 试模。骨料最大粒径不宜大于 25 mm。试件成型后立即用塑料薄膜覆盖并移至标准养护室。试件应在(24±2) h 内拆模,然后应浸没于标准养护室的水池中。

②试件一般养护至 28 d 龄期进行试验,也可根据设计要求选用 56 d 或 84 d 养护龄期。

③应在抗氯离子渗透试验前 7 d 加工成标准尺寸的试件。当使用 ϕ100 mm×100 mm 试件时,应从试件中部切取高度为(50±2) mm 的圆柱体作为试验用试件,并应将靠近浇筑面的试件端面作为暴露于氯离子溶液中的测试面。当使用 ϕ100 mm×200 mm 试件时,应将试件从正中间切成相同尺寸的两部分(ϕ100 mm×100 mm),然后从两部分中各取一个高度为(50±2) mm的试件,并应将第一次切口作为暴露于氯离子溶液中的测试面。

④试件加工后应用水砂纸和细锉刀打磨光滑,加工好的试件应继续浸没于水中养护至试验龄期。

(3)溶液和指示剂制备。

①阴极溶液应为浓度为 10%的氯化钠溶液,阳极溶液应为 0.3 mol/L 的氢氧化钠。溶液应至少提前 24 h 配制,并应密封保存在温度为 20~25 ℃的环境中。

②显色指示剂应为 0.1 mol/L 的硝酸银溶液。

(4)试验步骤。

①首先应将试件从养护池中取出来,并将试件表面的碎屑刷洗干净,擦干试件表面多余的水分。然后应采用游标卡尺测量试件的直径和高度,精确到 0.1 mm。应将试件在饱和面干状态下置于真空容器中进行真空处理。应在 5 min 内将真空容器中的气压减少至 1~5 kPa,并应保持该真空度 3 h,然后在真空泵仍然运转的情况下,将用蒸馏水配制的饱和氢氧化钠溶液注入容器,溶液高度应保证将试件浸没。在试件浸没 1 h 后恢复常压,并应继续浸泡(18±2) h。

②将试件安装在 RCM 试验装置前应采用电吹风冷风档吹干,表面应干净,无油污、灰砂和水珠。

③RCM 试验装置的试验槽在试验前应用室温凉开水冲洗干净。

④试件和 RCM 试验装置准备好后，应将试件装入橡胶套的底部，应在同试件齐高的橡胶套外侧安装两个不锈钢环箍，每个箍高度为 20 mm，并应拧紧环箍上的螺栓至扭矩(30±2) N·m，使试件的圆柱侧面处于密封状态。当试件的圆柱曲面可能有造成液体渗漏的缺陷时，应以密封剂保持其密封性。

⑤将装有试件的橡胶套安装到试验槽中，并安装好阳极板。然后在橡胶套内注入约 300 mL 浓度为 0.3 mol/L 的 NaOH 溶液，并应使阳极板和试件表面均浸没于溶液中。应在阴极试验槽中注入 12 L 质量浓度为 10%的 NaCl 溶液，并应使其液面与橡胶套中的 NaOH 溶液的液面齐平。

⑥试件安装完成后，应将电源的阳极用导线连接至橡胶筒中阳极板，并将阴极用导线连接至试验槽中的阴极板。打开电源，将电压调整到(30±0.2) V，并应记录通过每个试件的初始电流，控制系统自动确定试验应持续的时间。

⑦应按照温度计或热电偶的显示读数记录每一个试件的阴极溶液的初始温度。试验结束时，应测定阳极溶液的最终温度和最终电流。

⑧试验结束后应及时排除试验溶液。应用黄铜刷清除试验槽的结垢或沉淀物，并应用饮用水和洗涤剂将试验槽和橡胶套冲洗干净，然后用电吹风的冷风档吹干。

(5)测定氯离子渗透深度。

①试验结束后断开电源，将试件从橡胶套中取出，并应立即用自来水将试件表面冲洗干净，然后应擦去试件表面多余水分。

②试件表面冲干净后，应在压力试验机上沿轴向劈成两个半圆柱体，并应在劈开的试件断面立即喷涂 0.1 mol/L 的硝酸银溶液显色指示剂。

③显色指示剂喷洒约 15 min 后，用防水笔描出渗透轮廓线。在轮廓线上沿试件直径方向均匀地取 10 个点，读出渗透高度，精确至 0.1 mm。

④当读数时若遇到某测点被骨料阻挡，可将此测点位置移动到最近未被骨料阻挡的位置进行测量，当某测点数据不能得到，只要总测点数多于 5 个，可忽略此测点。当某测点位置有一个明显的缺陷，使该点测量值远大于各测点的平均值，可忽略此测点数据，但应将这种情况在试验记录和报告中注明。

(6)试验结果与分析。

①RCM 法抗氯离子渗透系数按式(6-41)计算(精确至 0.1×10^{-12} m²/s)：

$$D_{\mathrm{RCM}}=\frac{0.0239\times(273+T)L}{(U-2)t}\left(X_{\mathrm{d}}-0.0238\sqrt{\frac{(273+T)LX_{\mathrm{d}}}{U-2}}\right) \tag{6-41}$$

式中：D_{RCM}——RCM 法抗氯离子渗透系数；

U——所用电压的绝对值，V；

T——阳极溶液的初始温度和结束温度的平均值，℃；

L——试件厚度，精确到 0.1 mm；

X_{d}——氯离子渗透深度的平均值，精确到 0.1 mm；

t——试验持续时间，h。

②每组应以 3 个试样的氯离子渗透系数的算数平均值作为该组试件的氯离子迁移系数测定值。当最大值或最小值与中间值之差超过中间值的 15%时，应剔除此值，再取其余两值的平均值作为测定值；当最大值和最小值均超过中间值的 15%时，应取中间值作为测定值。

(7)RCM法抗氯离子渗透系数试验结果填入表6-31。

表6-31 混凝土抗氯离子渗透系数(RCM法)试验报告

试件编号	氯离子渗透高度(mm)										平均值 X_d(mm)
1											
2											
3											

电压绝对值 U(V)	阳极溶液的温度 T(℃)			试件厚度 L(mm)	试验持续时间 t(h)	氯离子渗透系数 D_{RCM}(0.1×10^{-12} m^2/s)	
	初始温度	结束温度	平均值			单值	计算值

2.电通量法

电通量法(rapid chloride permeability test,RCPT)是当今国际上最有影响力,也是较早制定标准的氯化物电迁移试验方法。该法由美国硅酸盐水泥协会的Whiting于1981年首创,1983年被美国国家运输局(AASHTO)批准为T277标准试验方法,1991年被美国试验与材料协会定为ASTM C1202标准,并且2010年进行了最新修订。

电通量法是在扩散槽试验的基础上,利用外加电场来加速试件两端溶液离子的迁移速度;此时外加电场成为氯离子迁移的主要驱动力,以区别于扩散槽中浓度梯度导致的驱动力。在直流电压作用下,溶液中离子能够快速渗透,向正极方向移动,测定一定时间内通过的电量即可反映混凝土抵抗氯离子渗透的能力。该法适用于W/B在0.3~0.7之间的混凝土,不适用于掺亚硝酸钙的混凝土,若遇到其他疑问时,应进行氯化物溶液的长期浸泡试验。

试验的基本原理如图6-28所示,即氯化物离子的负电荷将被吸引到正电极;因此,测试期间电荷的传输量就是氯化物渗透混凝土的量。

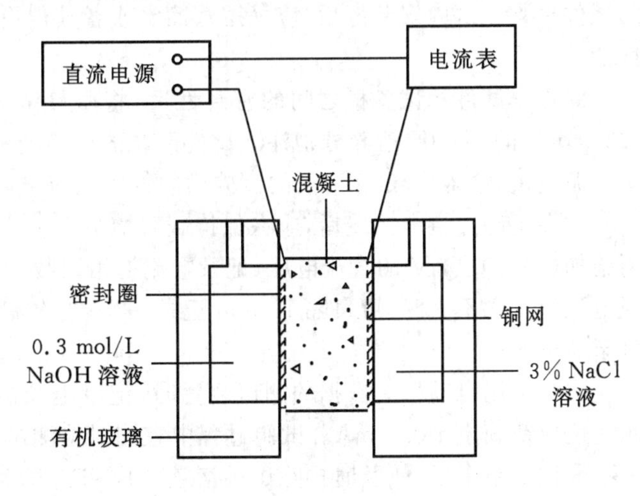

图6-28 电通量法基本原理

(1)仪器设备和化学试剂。

①电通量试验装置(如图6-29所示)。电通量试验装置应符合现行行业标准《混凝土氯离子电通量测定仪》的有关规定。主要包括:直流稳压系统(可调直流电压0~80 V,电流0 A~10 A,能稳定输出60 V直流电压);耐热塑料或耐热有机玻璃试验槽;紫铜垫板和标准电阻等。

②切割试件的设备：可用水冷式金刚石锯或碳化硅锯。

③真空容器：应至少能容纳 3 个试件。

④真空泵：应能保持容器内的气压处于 1～5 kPa。

⑤阴极溶液应为浓度为 3.0%的 NaCl 溶液，阳极溶液应为 0.3 mol/L 的 NaOH。溶液应至少提前 24 h 配制，并应密封保存在温度为 20～25 ℃的环境中。

⑥密封材料：可采用硅胶或树脂等。

⑦硫化橡胶垫或硅橡胶垫：外径应为 100 mm，内径应为 75 mm，厚度应为 6 mm。

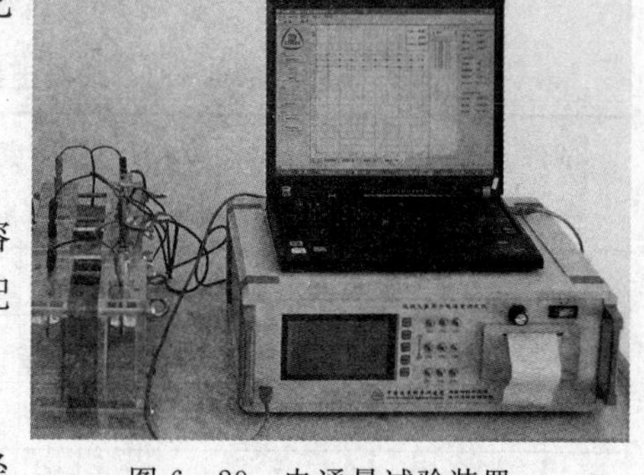

图 6-29　电通量试验装置

⑧其他：温度计、电吹风、真空表等。

(2)试验步骤。

①按要求的配合比制作混凝土，用拌制好的混凝土制作试件。电通量试验采用直径为(100±1) mm，高度为(50±2) mm 的圆柱体试件。制作和养护方法同 RCM 法。当试件表面有涂料等附加材料时，应预先去除，且试样内不得有钢筋等良导电材料。在试件移送至试验室前，应避免冻伤或其他物理伤害。

②电通量试件一般养护至 28 d 龄期进行试验，对于掺有大量矿物掺合料的混凝土，也可根据设计要求选用 56 d 养护龄期。先将养护到规定龄期的试件暴露于空气中至表面干燥，并应以硅胶或树脂密封材料涂刷试件圆柱侧面，还应填补涂层中的孔洞。

③电通量试验前应进行真空饱水。应将试件放在真空容器中，启动真空泵，在 5 min 内将气压减少至 1～5 kPa，并应保持该真空度 3 h，然后在真空泵仍然运转的情况下，将蒸馏水或去离子水注入容器，高度应保证将试件浸没。在试件浸没 1 h 后恢复常压，并应继续浸泡(18±2) h。

④在真空饱水结束后，应从水中取出试件，并抹掉多余水分，且应保持试件所处环境的相对湿度在 95%以上。将试件安装于试验槽内，并采用螺杆将两试验槽和端面装有硫化橡胶垫的试件夹紧。试验安装好后，应采用蒸馏水或者其他有效方法检查试件和试验槽之间的密封性能。

⑤检查试件和试验槽之间的密封性后，将质量浓度为 3.0%的 NaCl 溶液和摩尔浓度为 0.3 mol/L的 NaOH 溶液分别注入试件两侧的试验槽中，注入 NaCl 溶液的试验槽内的铜网应接电源负极，注入 NaOH 溶液的试验槽内的铜网应接电源正极。

⑥在正确连接电源线后，应在保持试验槽中充满溶液的情况下接通电源，并应对上述两铜网施加(60±0.1) V 的直流电压，记录电流初始读数 I_0。开始时每隔 5 min 记录一次电流值，当电流值变化不大时，可每隔 10 min 记录一次；当电流变化很小时，可每隔 30 min 记录一次，直至通电 6 h。

⑦当采用自动采集数据的测试装置时，记录电流的时间间隔可设定为 5～10 min。电流测量值应精确至±0.5 mA。试验过程中宜同时检测试验槽中的温度。

⑧试验结束后，应及时排除试验溶液。应用凉开水和洗涤剂清除试验槽 60 s 以上，然后用蒸馏水清洗，并用电吹风的冷风档吹干。

⑨试验应在 20～25 ℃的室内进行，试验完毕清理试验设备。

(3)试验结果计算与处理。

①试验结束后应绘制电流与时间的关系图。应通过将各点数据以光滑曲线连接起来，对曲线作面积积分，或按梯形法进行面积积分，得到试验 6 h 通过的电通量。

②每个试件的总电通量可采用式(6-42)计算：

$$Q=900(I_0+2I_{30}+2I_{60}+\cdots+2I_t+\cdots+2I_{300}+2I_{330}+2I_{360}) \tag{6-42}$$

式中：Q——通过试件的总电通量，C；

I_0——初始电流，精确到 0.001 A；

I_t——在试件 t min 的电流，精确到 0.001 A。

③计算得到的通过试件的总电通量应换算成直径为 95 mm 试件的电通量值。应通过将计算的总电通量乘以一个直径为 95 mm 的试件和实际试件横截面积的比值来换算，可用式(6-43)计算：

$$Q_s=Q_x\times(95/x)^2 \tag{6-43}$$

式中：Q_s——通过直径为 95 mm 试件的电通量，C；

Q_x——通过直径为 x mm 试件的电通量，C；

x——试件的实际直径，mm。

④每组应以 3 个试样的电通量的算数平均值作为该组试件电通量测定值。当最大值或最小值与中间值之差超过中间值的 15%时，应剔除此值，再取其余两值的平均值作为测定值；当最大值和最小值均超过中间值的 15%时，应取中间值作为测定值。

(4)将电通量法抗氯离子渗透系数试验结果填入表 6-32。

表 6-32　混凝土抗氯离子渗透系数(电通量法)试验报告

试件序号	龄期(d)	电流初始读数 I_0(A)	测试经过时间 t(min)	电流读数 I_t(A)	测试经过时间 t(min)	电流读数 I_t(A)	测试经过时间 t(min)	电流读数 I_t(A)	通过电量值 Q_x(C)

续表 6-32

试件序号	龄期(d)	电流初始读数 I_0(A)	测试经过时间 t (min)	电流读数 I_t(A)	测试经过时间 t (min)	电流读数 I_t(A)	测试经过时间 t (min)	电流读数 I_t(A)	通过电量值 Q_x(C)
试验过程中通过的电量代表值									

电流 I(A)与时间 t(min)关系图：

6.5.4 抗碳化性

混凝土的碳化是指水化产物 $Ca(OH)_2$ 与空气中的 CO_2 反应，生成中性的 $CaCO_3$ 的过程。碳化前水泥凝胶中的 $Ca(OH)_2$ 含量约为 25%，pH=12～13，呈碱性。碳化后 $Ca(OH)_2$ 浓度下降，pH=8.5～10，接近中性。

$$CO_2+Ca(OH)_2\xrightarrow{H_2O}CaCO_3+H_2O$$

通常钢筋在碱性条件下，表面会生成钝化膜，碳化改变了混凝土内部的碱性环境，削弱了混凝土对钢筋的保护作用。同时碳化还会提高混凝土密实度，促进水泥的进一步水化，但总体来说碳化对混凝土来说是不利的。本试验是测定在一定浓度的 CO_2 气体介质中，混凝土试件的碳化程度。

(1)仪器设备。

①碳化箱(如图 6-30 所示)：符合现行行业标准《混凝土碳化试验箱》(JG/T 247—2009)的规定。采用带有密闭盖的密闭容器，容器的容积应至少为预定进行试验的试件体积的两倍。碳化箱内应有架空试件的支架、CO_2 的引入口、分析取样用的气体导出口、箱内气体对流循环装置、为保持箱内恒温恒湿所需的设施以及温湿度监测装置。宜在碳化箱上设置玻璃观察口对箱内的温度进行读数。

②气体分析仪：能分析箱内 CO_2 的浓度，精确至±1%。

③CO_2 供气装置：包括气瓶、压力表和流量计。

图 6-30　混凝土碳化箱

④喷壶:适合喷洒酚酞试剂。

⑤其他:压力机、小铁棍、钢直尺、浅盘、石蜡、电炉等。

(2)试验步骤。

①试件制备与处理。

a. 根据要求的配合比制作混凝土,制作抗碳化试件。本方法宜采用棱柱体混凝土试件,应以 3 块为一组。棱柱体的长宽比不宜小于 3。无棱柱体试件时,也可用立方体试件。试件的最小边长应根据混凝土中骨料的最大粒径按表 6-33 选定。

表 6-33 碳化试验试件尺寸

骨料最大公称粒径(mm)	试件最小边长(mm)
31.5	100
40	150
60	200

b. 试件一般应在 28 天龄期进行碳化,采用掺合料的混凝土可根据其特性决定碳化前的养护龄期。碳化试验的试件宜采用标准养护。但应在试验前 2 天从标准养护室取出。然后在 60 ℃温度下烘 48 小时。

c. 经烘干处理后的试件,除留下一个或相对的两个侧面外,其余表面应用加热的石蜡予以密封。在侧面上顺长度方向用铅笔以 10 mm 间距画出平行线,作为预定碳化深度的测量点。

②将经过处理的试件放入碳化箱内的铁架上,各试件经受碳化的表面之间的间距至少应不少于 50 mm。

③将碳化箱盖严密封。密封可采用机械办法或油封,但不得采用水封,以免影响箱内的湿度调节。开动箱内气体对流装置,徐徐充入 CO_2,并测定箱内的 CO_2 浓度,逐步调节 CO_2 的流量,使箱内的 CO_2 浓度保持在 20%±3%。在整个试验期间可用去湿装置或放入硅胶,使箱内的相对湿度控制在 70%±5%的范围内,碳化试验应在(20±2) ℃的温度下进行。

④每隔一定时期对箱内的 CO_2 浓度、温度及湿度作一次测定。一般在前两天每隔 2 小时测定一次,以后每隔 4 小时测定一次。并根据所测得的 CO_2 浓度随时调节其流量。去湿用的硅胶应经常更换。

⑤碳化到了 3 d、7 d、14 d 及 28 d 时,各取出试件破型以测定其碳化深度。棱柱体试件在压力试验机上用劈裂法或用干锯法从一端开始破型。每次切除的厚度约为试件宽度的一半,用石蜡将破型后试件的切断面封好,再放入箱内继续碳化,直到下一个试验期。如采用立方体试件,则在试件中部劈开。立方体试件只作一次检验,劈开后不再放回碳化箱重复使用。

⑥将切除所得的试件部分刮去断面上残存的粉末,随即喷上浓度为 1%的酚酞酒精溶液。经 30 秒钟后,未碳化部分变成紫红色,碳化部分不显色。按原先标划的每 10 mm 一个测量点用钢板尺分别测出两侧面各点的碳化深度。如果测点处的碳化分界线上刚好嵌有粗骨料颗粒,则可取该颗粒两侧处碳化深度的平均值作为该点的深度值。碳化深度测量精确至 0.5 mm。

⑦试验完毕,清理仪器设备。

(3)结果计算。

①混凝土在各试验龄期时的平均碳化深度应按式(6-44)计算(精确至 0.1 mm):

$$\overline{d_t} = \frac{1}{n}\sum_{i=1}^{n} d_i \tag{6-44}$$

式中：$\overline{d_t}$——试件碳化 t 天后的平均碳化深度，mm；

d_i——各测点的碳化深度，mm；

n——测点总数。

②以在标准条件下即 CO_2 浓度为 20％±3％，温度为(20±2)℃，湿度为 70％±5％的 3 个试件碳化 28 天的碳化深度平均值，作为该组混凝土试件的碳化值。

③碳化结果处理时宜绘制碳化时间与碳化深度的关系曲线。

(4)混凝土碳化试验结果填入表 6-34。

表 6-34　混凝土碳化试验报告

测试龄期	试件编号	测点碳化深度 d_i(mm)										单块平均值 $\overline{d_t}$(mm)	碳化值(mm)
3 d	1												
	2												
	3												
7 d	1												
	2												
	3												
14 d	1												
	2												
	3												
28 d	1												
	2												
	3												
碳化曲线													

6.5.5　抗硫酸盐侵蚀性

在海水、湖沼水、地下水及某些工业污水中，常含有钾、钠、铵等的硫酸盐，它们对混凝土有腐蚀作用。以硫酸钠为例，会发生如下反应：

$$Ca(OH)_2 + Na_2SO_4 \cdot 10H_2O \rightarrow CaSO_4 \cdot 2H_2O + 2NaOH + 8H_2O$$

生成的硫酸钙再与水化铝酸钙反应，生成水化硫铝酸钙：

$$3CaO \cdot Al_2O_3 \cdot 6H_2O + 3(CaSO_4 \cdot 2H_2O) + 20H_2O \rightarrow 3CaO \cdot Al_2O_3 \cdot 3CaSO_4 \cdot 32H_2O$$

生成的水化硫铝酸钙体积膨胀，由于是在已固化的水泥石中发生上述反应，所以对水泥石产生巨大的破坏作用。水化硫铝酸钙的晶体呈针状结晶，通常称为“水泥杆菌”。

本试验方法用于测定混凝土试件在干湿交替环境中，以能够经受的最大干湿循环次数来表示的混凝土抗硫酸盐侵蚀性能。抗硫酸盐侵蚀采用尺寸为 100 mm×100 mm×100 mm 的立方体试件，每组有 3 块试件。除制作抗硫酸盐侵蚀试验用试件外，还应按照同样方法，同时制作抗压强度对比用试件。试验所需的试件组数应符合表 6－35 的规定。

表 6－35 抗硫酸盐侵蚀所需的试件组数

设计抗硫酸盐等级	KS15	KS30	KS60	KS90	KS120	KS150	KS150 以上
检查强度所需干湿循环次数	15	15 及 30	30 及 60	60 及 90	90 及 120	120 及 150	150 及设计次数
鉴定 28 天强度所需试件组数	1	1	1	1	1	1	1
干湿循环试件组数	1	2	2	2	2	2	2
对比试件组数	1	2	2	2	2	2	2
总计试件组数	3	5	5	5	5	5	5

(1)仪器设备。

①干湿循环试验装置。宜采用能使试件静止不动，浸泡、烘干及冷却等过程应能自动进行的装置。设备应具有数据实时显示、断电记忆及试验数据自动存储的功能。也可采用符合下列规定的设备进行干湿循环试验：

a. 烘箱应能使温度稳定在(80±5) ℃；

b. 容器应至少能装 27 L 溶液，并应带盖，且应由耐盐腐蚀材料制成。

②混凝土抗压强度试验机。

(2)试验步骤。

①试件应在养护至 28 d 龄期的前 2 d，将所需进行干湿循环的试件从标准养护室取出。擦干表面水分，然后放入烘箱内，并应在(80±5) ℃下烘干 48 h。烘干结束后应将试件在干燥环境中冷却到室温。对于掺入掺合料比较多的混凝土，也可采用 56 d 龄期或者设计规定的龄期进行试验，这种情况应在试验报告中说明。

②试件烘干并冷却后，应立即将试件放入试件盒(架)中，相邻试件之间应保持 20 mm 间距，试件与试件盒侧壁的间距不应小于 20 mm。

③试件放入试件盒后，应将配好的 5%硫酸钠溶液放入试件盒，溶液应至少超过最上层试件表面 20 mm，然后开始浸泡。从试件开始放入溶液，到浸泡过程结束的时间应为(15±0.5) h。注入溶液的时间不应超过 30 min。浸泡龄期应从将混凝土试件移入硫酸钠溶液中起计时。试验过程中宜定期检查和调整溶液的 pH 值，可每隔 15 个循环测试一次溶液 pH 值，应始终维持 pH 值在 6～8。溶液的温度应控制在 25～30 ℃。也可不检测 pH 值，但应每月更换一次试验用溶液。

④浸泡结束后，应立即排液，并应在 30 min 内将溶液排空。溶液排空后应将试件风干 30 min，从溶液开始排出到试件风干的时间为 1 h。

⑤风干过程结束后应立即升温，应将试件盒内的温度升到 80 ℃，开始烘干过程。升温过程应在 30 min 内完成。温度升到 80 ℃后，应将温度维持在(80±5) ℃。从升温开始到开始冷却的时间应为 6 h。

⑥烘干过程结束后，应立即对试件进行冷却，从开始冷却到将试件盒内的试件表面温度冷却到 25～30 ℃的时间应为 2 h。

⑦每个干湿循环的总时间应为(24±2) h。然后应再次放入溶液，按照上述③～⑥的步骤进行下一个干湿循环。

⑧达到表 6-35 规定的循环次数后，应立即进行抗压强度试验。同时应观察经过干湿循环后混凝土表面的破损情况并进行外观描述。当试件有严重剥落、掉角等缺陷时，应先用高强石膏补平后再进行抗压强度试验。

⑨当干湿循环试验出现下列三种情况之一时，可停止试验：

a. 当抗压强度耐蚀系数达到 75%；

b. 干湿循环次数达到 150 次；

c. 达到设计抗硫酸盐等级相应的干湿循环次数。

⑩对比试件应继续保持原有的养护条件，直到完成干湿循环后，与进行干湿循环试验的试件同时进行抗压强度试验。试验完毕，清理仪器设备。

(3)结果计算。

①混凝土抗压强度耐蚀系数应按式(6-45)计算：

$$K_f = \frac{f_{cn}}{f_{c0}} \times 100 \tag{6-45}$$

式中：K_f——抗压强度耐蚀系数，%；

f_{cn}——为 N 次干湿循环后受硫酸盐侵蚀的一组混凝土试件的抗压强度测定值，精确到 0.1 MPa；

f_{c0}——与受硫酸盐侵蚀试件同龄期的标准养护的一组混凝土试件的抗压强度测定值，精确到 0.1 MPa。

②f_{cn} 和 f_{c0} 应以三个试件抗压强度试验结果的算术平均值作为测定值。当最大值或最小值与中间值之差超过中间值的 15%时，应剔除此值，并应取其余两值的算术平均值作为测定值；当最大值和最小值，均超过中间值的 15%时，应取中间值作为测定值。

③抗硫酸盐等级应以混凝土抗压强度耐蚀系数下降到不低于 75%时的最大干湿循环次数来确定，并应以符号 KS 表示。

(4)混凝土抗硫酸盐侵蚀试验结果填入表 6-36。

表6-36 混凝土抗硫酸盐侵蚀试验报告

混凝土强度等级					设计抗硫酸盐等级			
试验编号	干湿循环次数 N	混凝土表面破损情况	N次干湿循环后受硫酸盐侵蚀的一组混凝土的抗压强度 f_{cn}(MPa)		同龄期的标准养护的一组混凝土的抗压强度 f_{c0}(MPa)		抗压强度耐蚀系数 K_f(%)	抗硫酸盐等级
			单块值	计算值	单块值	计算值		
1 2 3								

6.5.6 碱-骨料反应

混凝土内部水泥凝结体中含有 Na_2O、K_2O 等碱性氧化物，当这些物质含量较高时，在有水的条件下，它会与骨料中的活性 SiO_2 发生化学反应，生成碱-硅酸盐凝胶，其反应方程式为：

$$Na_2O + SiO_2 \xrightarrow{nH_2O} Na_2O \cdot SiO_2 \cdot nH_2O$$

这种凝胶堆积在骨料与水泥凝胶体的界面，吸水后会产生很大的体积膨胀(约增大3倍以上)，导致混凝土开裂破坏，这种现象称为混凝土的碱-骨料反应。

此外骨料中的某些碳酸盐(如方解石质的白云岩和白云质的石灰岩)与水泥石中的碱性物质，在有水的条件下发生反应。发生体积膨胀，使混凝土遭受破坏。

$$R_2CO_3 + Ca(OH)_2 \rightarrow 2ROH + CaCO_3$$

本试验方法是检验混凝土试件在38 ℃及潮湿条件养护下，混凝土中的碱与骨料反应所引起的膨胀是否具有潜在危害。

(1)仪器设备。

①方孔筛：孔径为19.0 mm、16.0 mm、9.50 mm、4.75 mm的方孔筛各一只。

②称量设备：最大量程为50 kg、感量50 g和最大量程10 kg、感量5 g的各一台。

③试模：内侧尺寸为75 mm×75 mm×275 mm，两个端板应预留安装测头的圆孔，孔的直径应与测头直径相匹配。

④测头：直径应为5～7 mm，长度应为25 mm。采用不锈钢金属制成，侧头均应位于试模两端的中心部位。

⑤测长仪：测量范围应为275～300 mm，精度应为±0.001 mm。

⑥养护盒：应由耐腐蚀材料制成，能密封不漏水。盒底部应装有(20±5) mm深的水，盒内应有试件架，且能使试件垂直立在盒内，试件底部不应与水接触。一个养护盒宜同时容纳3个试件。

(2)试验步骤。

①原材料和配合比要求。

a.采用硅酸盐水泥，水泥含碱量宜为0.9%±0.1%。可通过外加浓度为10%的NaOH溶液，使试验用水泥含碱量达到1.25%。

b.当试验用来评价细骨料的活性，应采用非活性的粗骨料。反之，评价粗骨料时，应用非活性的细骨料。试验用粗骨料应由三种级配 20～16 mm、16～10 mm 和 10～5 mm,各取 1/3 等量混合。

c. 每立方米混凝土水泥用量应为(420±10) kg。水胶比应为 0.42～0.45,砂率为 40%。试验中除可外加 NaOH 外,不得使用其他的外加剂。

②试件制备。

a. 成型前 24 h,应将试验所用所有原材料放入(20±5) ℃的成型室。

b. 混凝土搅拌宜采用机械拌和。

c. 混凝土应一次装入试模,应用捣棒和抹刀捣实,然后应在振动台上振动 30 s 或直至表面泛浆为止。

d. 时间成型后应带模一起送入(20±2) ℃、相对湿度在 95%以上的标准养护室中,应在混凝土初凝前 1～2 h,对试模沿模口抹平并应编号。

③试件应在标准养护室中养护(24±4) h 后脱模,脱模时应特别小心不要损伤测头,并应尽快测量试件的基准长度。待测试件应用湿布盖好。

④试件的基准长度测量应在(20±2) ℃的恒温室中进行。每个试件应至少重复测试两次,应取两次测值的算术平均值作为该试件的基准长度。

⑤测量基准长度后应将试件放入养护盒中,并盖严盒盖。然后应将养护盒放入(38±2) ℃的养护室或养护箱中。

⑥试件的测量龄期从测定基准长度后算起,测量龄期应为 1 周、2 周、4 周、8 周、13 周、18 周、26 周、39 周和 52 周,以后可每半年测一次。每次测量的前一天,应将养护盒从(38±2) ℃的养护室取出,放入(20±2) ℃的恒温室中,恒温时间应为(24±4) h。试件各龄期的测量应与测量基准长度的方法相同,测量完毕后,应将试件调头放入养护盒中,并盖严盒盖。然后应将养护盒重新放回(38±2) ℃的养护室或养护箱中继续养护至下一测试龄期。

⑦每次测量时,应观察试件有无裂缝、变形、渗出物及反应产物等,并应作详细记录。必要时可在长度测试周期全部结束后,辅以岩相分析等手段,综合判断试件内部结构和可能的反应产物。

⑧当碱-骨料反应试验出现下列两种情况之一时,可停止试验:

a. 在 52 周的测试龄期内的膨胀率超过 0.04%;

b. 膨胀率虽然小于 0.04%,但试验周期已经达到 52 周(或 1 年)。

⑨试验完毕,清理仪器设备。

(3)结果计算。

①试件的膨胀率应按式(6-46)计算(精确至 0.001%):

$$\varepsilon_t=\frac{L_t-L_0}{L_0-2\Delta}\times 100 \tag{6-46}$$

式中:ε_t——试件在 t 天龄期的膨胀率,%;

L_t——试件在 t 天龄期的长度,mm;

L_0——试件的基准长度,mm;

Δ——测头的长度,mm。

②每组应以 3 个试件测值的算术平均值作为某一龄期膨胀率的测定值。

③当每组平均膨胀率小于 0.020%时,同一组试件中每个试件之间的膨胀率的差值(最高

值与最低值之差)不应超过0.008%;当每组平均膨胀率大于0.020%时,同一组试件中单个试件的膨胀率的差值(最高值与最低值之差)不应超过平均值的40%。

(4)混凝土碱-骨料反应试验结果填入表6-37。

表6-37 混凝土碱骨料反应试验报告

龄期(d)	试件1				试件2				试件3				平均膨胀率 ε_t(%)
	测头长度 Δ_1(mm)	试件基准长度 L_{01}(mm)	试件 t 天后长度 L_{t1}(mm)	t 天膨胀率 ε_{t1}(%)	测头长度 Δ_2(mm)	试件基准长度 L_{02}(mm)	试件 t 天后长度 L_{t2}(mm)	t 天膨胀率 ε_{t2}(%)	测头长度 Δ_3(mm)	试件基准长度 L_{03}(mm)	试件 t 天后长度 L_{t3}(mm)	t 天膨胀率 ε_{t3}(%)	
7													
14													
28													
56													
91													
126													
182													
273													
365													

6.6 普通混凝土的配合比设计

混凝土中各组成材料数量之间的比例关系称为混凝土的配合比,合理确定单位体积混凝土中各组成材料的用量过程叫做混凝土的配合比设计。混凝土配合比有两种表示方法:

①用1 m^3混凝土中各材料用量来表示,例如:水泥240 kg、粉煤灰60 kg、水180 kg、砂720 kg、碎石1200 kg。

②用各材料相互间的质量比来表示(以水泥为1),例如:水泥∶粉煤灰∶砂∶碎石∶水=1∶0.25∶0.75∶3.0∶5.0。

混凝土配合比设计应满足混凝土配制强度及其他力学性能、拌合物性能、长期性能和耐久性能的设计要求。根据《普通混凝土配合比设计规程》规定,混凝土配合比设计所采用的细骨料含水率应小于0.5%,粗骨料含水率应小于0.2%。

1.试验设备

(1)混凝土搅拌机。

(2)混凝土振动台。

(3)坍落度筒。

(4)压力试验机。

(5)混凝土立方体抗压试模。

(6)磅秤：称量 50 kg，感量 50 g。

(7)天平：称量 2000 g，感量 0.1 g。

(8)其他：计算器、纸笔、小铁铲、直尺、拌板和抹刀等。

2.理论配合比的计算

(1)确定混凝土的配制强度。

实际施工时，由于各种因素的影响，混凝土的强度值是会有波动的。为了保证混凝土的强度达到设计等级的要求，在配制混凝土时，混凝土配制强度要求高于其强度等级值 $f_{cu,k}$。当混凝土的设计强度等级小于 C60 时，配制强度应按式(6-47)确定：

$$f_{cu,0} \geqslant f_{cu,k} + 1.645\sigma \tag{6-47}$$

式中：$f_{cu,0}$——混凝土的试配强度，MPa；

$f_{cu,k}$——混凝土立方体抗压强度标准值，MPa；

σ——混凝土强度标准差，MPa。

混凝土强度标准差 σ 的确定方法：

①当施工单位具有近期同一品种混凝土强度资料时，σ 可按式(6-48)计算：

$$\sigma = \sqrt{\frac{\sum_{i=1}^{n} f_{cu,i}^2 - n\overline{f}_{cu}^2}{n-1}} \tag{6-48}$$

式中：n——同一强度等级的混凝土试件组数，$n \geqslant 25$；

$f_{cu,i}$——第 i 组试件的抗压强度，MPa；

$\overline{f}_{cu}$——同一验收批混凝土立方体抗压强度的平均值，MPa；

σ——n 组混凝土试件强度标准差，MPa。

②对于强度等级不大于 C30 的混凝土，其 σ 计算值不小于 3.0 MPa 时，应取计算值；当 σ 计算值小于 3.0 MPa 时，应取 3.0 MPa。对于强度等级大于 C30 且小于 C60 的混凝土，其 σ 计算值不小于 4.0 MPa 时，应取计算值；当 σ 计算值小于 4.0 MPa 时，应取 4.0 MPa。

当施工单位无历史统计资料时，σ 值可查表 6-38。

表 6-38 标准差 σ 值

混凝土强度等级	≤C20	C25～C45	C50～C55
σ(MPa)	4.0	5.0	6.0

(2)确定水胶比。

根据鲍罗米公式进行计算：

$$\frac{W}{B} = \frac{\alpha_a \cdot f_b}{f_{cu,0} + \alpha_a \cdot \alpha_b \cdot f_b} \tag{6-49}$$

$$f_b = \gamma_s \gamma_f \gamma_{ce} \tag{6-50}$$

$$f_{ce} = \gamma_e f_{ce,g} \tag{6-51}$$

式中：α_a，α_b——粗骨料的回归系数，查表 6-39；

f_{ce}——胶凝材料 28 d 抗压强度实测值；

γ_f，γ_s——粉煤灰和粒化高炉矿渣粉的影响系数，查表 6-40；

$f_{ce,g}$——水泥的强度等级；

γ_s——水泥强度等级值的富余系数，查表 6-41。

表 6-39　混凝土粗骨料回归系数

系数	碎石混凝土	卵石混凝土
α_a	0.53	0.49
α_b	0.20	0.13

表 6-40　粒化高炉矿渣粉和粉煤灰的影响系数

掺量(%)	粉煤灰的影响系数 γ_f	粒化高炉矿渣粉影响系数 γ_s
0	1.00	1.00
10	0.85～0.95	1.00
20	0.75～0.85	0.95～1.00
30	0.65～0.75	0.90～1.00
40	0.55～0.65	0.80～0.90
50	—	0.70～0.85

表 6-41　水泥强度等级值的富余系数

水泥强度等级	32.5	42.5	52.5
富余系数	1.12	1.16	1.10

求得 W/B 后，要进行耐久性的复核，查表 6-42。当水胶比的计算值大于表中的最大水胶比值时，应取表中最大水胶比值；当水胶比的计算值小于表中最大水胶比值时，应取水胶比的计算值，这样才能满足混凝土的耐久性。表中括号为当混凝土使用引气剂时应该选取的数据。

表 6-42　满足耐久性要求的混凝土最大水胶比

环境条件	最大水胶比	最低强度等级
室内干燥环境； 无侵蚀性静水浸没环境。	0.60	C20
室内潮湿环境； 非严寒和非寒冷地区的露天环境； 非严寒和非寒冷地区无侵蚀性的水或土壤直接接触的环境； 严寒和寒冷地区的冰冻线以下与无侵蚀性的水或土壤直接接触的环境。	0.55	C25
干湿交替环境； 水位频繁变动环境； 严寒和寒冷地区的露天环境； 严寒和寒冷地区的冰冻线以上与无侵蚀性的水或土壤直接接触的环境。	0.50(0.55)	C30(C25)

续表 6－42

环境条件	最大水胶比	最低强度等级
严寒和寒冷地区冬季水位变动区环境； 受除冰盐影响环境； 海风环境。	0.45(0.50)	C35(C30)
盐渍土环境； 受除冰盐作用环境； 海岸环境。	0.40	C40

(3)确定混凝土的单位体积用水量。

①水胶比在0.40～0.80范围时，可根据粗骨料品种、最大粒径及施工要求的混凝土拌和物的稠度，按表6－43和6－44选取。水胶比小于0.40的混凝土用水量，应通过试验确定。

表6－43　干硬性混凝土的用水量(kg/m³)

拌合物稠度		卵石最大公称粒径(mm)			碎石最大公称粒径(mm)		
项目	指标	10.0	20.0	40.0	16.0	20.0	40.0
维勃稠度(s)	16～20	175	160	145	180	170	155
	11～15	180	165	150	185	175	160
	5～10	185	170	155	190	180	165

表6－44　塑性混凝土的用水量(kg/m³)

拌合物稠度		卵石最大粒径(mm)				碎石最大粒径(mm)			
项目	指标	10.0	20.0	31.5	40.0	16.0	20.0	31.5	40.0
坍落度(mm)	10～30	190	170	160	150	200	185	175	165
	35～50	200	180	170	160	210	195	185	175
	55～70	210	190	180	170	220	205	195	185
	75～90	215	195	185	175	230	215	205	195

注：①本表用水量系采用中砂时的取值。采用细砂时，每立方米混凝土用水量可增加5～10 kg，采用粗砂时，可减少5～10 kg。②混凝土水胶比小于0.40时，可通过试验确定。

②掺外加剂时混凝土的用水量可按式(6－52)计算：

$$m_{w0}=m'_{w0}(1-\beta) \tag{6-52}$$

式中：m_{w0}——掺外加剂时混凝土的单位体积用水量，kg/m³；

m'_{w0}——未掺外加剂时混凝土的单位体积用水量，kg/m³，以表6－43中90 mm坍落度的用水量为基础，按每增大20 mm坍落度相应增加5 kg/m³用水量来计算，当坍落度增大到180 mm以上时，随坍落度相应增加的用水量可减少；

β——外加剂的减水率，%，由试验确定。

(4)胶凝材料、粉煤灰用量和水泥用量。

①每立方米混凝土的胶凝材料用量(m_{b0})应按式(6－53)计算，并应进行试拌调整，在拌合

物性能满足的情况下，取经济合理的胶凝材料用量。

$$m_{b0}=\frac{m_{w0}}{W/B} \tag{6-53}$$

式中：m_{b0}——每立方米混凝土中胶凝材料用量，kg/m^3；

m_{w0}——每立方米混凝土的用水量，kg/m^3；

W/B——水胶比。

为满足耐久性要求，计算出来的胶凝材料用量必须大于表 6-45 中的量。如水泥用量的计算值小于表中的最小水泥用量，应取表中的最小水泥用量。

表 6-45 混凝土满足耐久性要求的最小胶凝材料用量

最大水胶比	最小胶凝材料用量(kg/m^3)		
	素混凝土	钢筋混凝土	预应力混凝土
0.60	250	280	300
0.55	280	300	300
0.50	320		
≤0.45	330		

②每立方米混凝土的矿物掺合料用量(m_{f0})应按式(6-54)计算：

$$m_{f0}=m_{b0}\times\beta_f \tag{6-54}$$

式中：m_{f0}——每立方米混凝土的矿物掺合料用量，kg/m^3；

β_f——矿物掺合料掺量，%。

③每立方米混凝土的水泥用量(m_{c0})应按式(6-55)计算：

$$m_{c0}=m_{b0}-m_{f0} \tag{6-56}$$

式中：m_{c0}——每立方米混凝土的水泥用量，kg/m^3。

④每立方米混凝土中外加剂用量可按式(6-56)计算：

$$m_{a0}=m_{b0}\beta_a \tag{6-56}$$

式中：m_{a0}——每立方米混凝土中外加剂用量，kg/m^3；

m_{b0}——每立方米中胶凝材料用量，kg/m^3；

β_a——外加剂的掺量，%，由试验确定。

(5)确定合理砂率(β_s)。

缺乏砂率的历史资料可参考时，混凝土砂率的确定应符合下列规定：

①坍落度小于 10 mm 的混凝土，其砂率应经试验确定(干硬性混凝土)。

②坍落度为 10～60 mm 的混凝土，其砂率可根据粗骨料品种、最大公称粒径及水胶比按表 6-45 选取。

③坍落度大于 60 mm 的混凝土，其砂率可经试验确定，也可在表 6-46 的基础上，按坍落度每增大 20 mm、砂率增大 1%的幅度予以调整。

表 6-46　混凝土砂率(%)

水胶比(W/B)	卵石最大公称粒径(mm)			碎石最大公称粒径(mm)		
	10.0	20.0	40.0	16.0	20.0	40.0
0.40	26～32	25～31	24～30	30～35	29～34	27～32
0.50	30～35	29～34	28～33	33～38	32～37	30～35
0.60	33～38	32～37	31～36	36～41	35～40	33～38
0.70	36～41	35～40	34～39	39～44	38～43	36～41

注:①本表数值系中砂的选用砂率,对细砂或粗砂,可相应地减少或增大砂率;②采用人工砂配制混凝土时,砂率可适当增大;③只用一个单粒级粗骨料配制混凝土时,砂率应适当增大。

(6)确定砂(m_{s0})、石(m_{g0})用量。

①质量法(假定表观密度法)。根据经验,如果原材料比较稳定,则所配制的混凝土拌合物的体积密度将接近一个固定值,大概在 2350～2450 kg/m^3。这样就可先假定每立方米混凝土拌合物的质量 m_{cp}(kg),由式(6-57)和(6-58)联立求出 m_{s0},m_{g0}。

$$m_{f0}+m_{c0}+m_{w0}+m_{s0}+m_{g0}=m_{cp} \tag{6-57}$$

$$\frac{m_{s0}}{m_{s0}+m_{g0}}\times 100\%=\beta_s \tag{6-58}$$

式中:m_{g0}——计算配合比每立方米混凝土的粗骨料用量,kg;

m_{s0}——计算配合比每立方米混凝土的细骨料用量,kg;

β_s——砂率,%;

m_{cp}——每立方米混凝土拌合物的假定质量,kg,可取 2350～2450 kg。

②体积法(又称绝对体积法)。这种方法是假定 1 m^3 混凝土拌合物的体积等于各组成材料的体积和拌合物所含空气体积之和。

$$\frac{m_{c0}}{\rho_c}+\frac{m_{f0}}{\rho_f}+\frac{m_{w0}}{\rho_w}+\frac{m_{s0}}{\rho_s}+\frac{m_{g0}}{\rho_g}+0.01\alpha=1 \tag{6-59}$$

$$\frac{m_{s0}}{m_{s0}+m_{g0}}\times 100\%=\beta_s \tag{6-60}$$

式中:ρ_c,ρ_f,ρ_w,ρ_s,ρ_g——水泥、矿物掺合料、水、砂、石子的表观密度,kg/m^3;

α——混凝土含气量的百分数,在未使用引气型外加剂时,$\alpha=1$。

(7)通过上述步骤,可计算出 1 m^3 混凝土中水泥、水、砂、石的用量,即混凝土的计算配合比,结果填入表 6-47。

表 6-47　混凝土的计算配合比

1 m^{3}混凝土的用料/kg	水泥	掺合料	水	砂	石子
质量比					

3.配合比的适配与调整

混凝土的初步配合比是借助经验公式算得的,或是利用经验资料查得的,许多影响混凝土技术性质的因素并未考虑进去。因而不一定符合实际情况,也不一定能满足配合比设计的基本要求，因此必须进行试配与调整。

(1)和易性的调整。

混凝土试配时，当粗骨料最大粒径 $D_{max} \leqslant 31.5$ mm 时，拌和 20 L，$D_{max}=40$ mm 时，拌和 25 L；采用机械搅拌时，拌和量不小于搅拌机额定搅拌量的 1/4，且不应大于搅拌机的公称容量。

和易性调整的基本原则是：当流动性小于设计要求时，保持 W/B 不变，适量增加浆体量；当流动性大于设计要求时，可保持砂率不变，适量增加砂、石用量；当拌合物显得砂浆量不足，出现黏聚性、保水性不良时，可适当增加砂率。反之应减少砂率。每次调整后，再试拌测试，直至符合要求为止。和易性合格后，测出该拌合物的实际表观密度($\rho_{c,t}$)，并计算出各组成材料的拌和用量。

假设调整后拌合物中各材料的量为：水泥 m_{cb}、掺合料 m_{fb}、水 m_{wb}、砂子 m_{sb}、石子 m_{gb}，则拌合物的总质量为 $m_{总b}=m_{cb}+m_{fb}+m_{wb}+m_{sb}+m_{gb}$，可计算出 1 m^3 混凝土中各材料的用量(试拌配合比)：

$$m_{c1}=m_{cb}/m_{总b}\times\rho_{ct} \tag{6-61}$$

$$m_{f1}=m_{fb}/m_{总b}\times\rho_{ct} \tag{6-62}$$

$$m_{w1}=m_{wb}/m_{总b}\times\rho_{ct} \tag{6-63}$$

$$m_{s1}=m_{sb}/m_{总b}\times\rho_{ct} \tag{6-64}$$

$$m_{g1}=m_{gb}/m_{总b}\times\rho_{ct} \tag{6-65}$$

(2)强度校验。

上述得出的满足和易性的配合比，其水胶比是根据经验公式得出的，不一定满足强度的设计要求，故应检验其强度。

检验方法：一般采用三个不同的配合比，其一为试拌配合比，另外两个配合比的水胶比值分别较试拌配合比增、减 0.05，而用水量与试拌配合比相同，以保证另外两组配合比的和易性满足要求(必要时可适当调整砂率)。另外两组配合比也要试拌、检验和调整和易性，使其符合设计和施工要求。混凝土强度检验时，每个配合比应至少制作一组(三块)试件，测标准养护 28 d 的抗压强度。

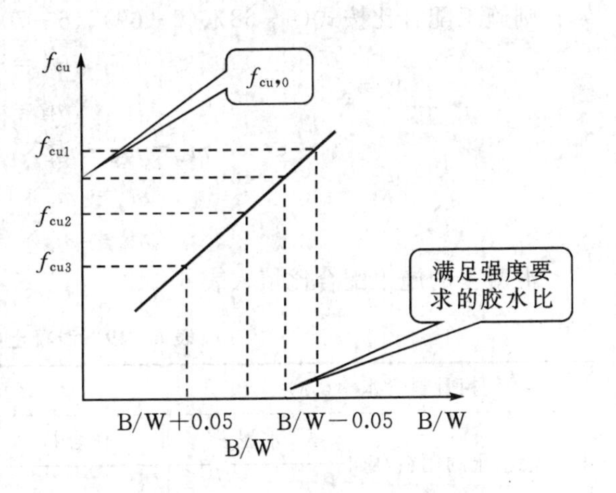

图 6-31　作图法确定合理水胶比

根据强度试验结果，由各胶水比与其相应强度的关系，用作图法(如图 6-31 所示)求出略大于配制强度($f_{cu,0}$)对应的胶水比(B/W)，该胶水比既满足了强度要求，又满足了水泥用量最少的要求。

在试拌配合比用水量的基础上，用水量和外加剂用量应根据确定的水胶比作调整，胶凝材料用量应以用水量乘以选定出的胶水比计算确定；砂、石用量应根据用水量和胶凝材料进行调整。调整后的配合比需根据实测表观密度($\rho_{c,t}$)和计算表观密度($\rho_{c,c}$)进行校正。

计算表观密度($\rho_{c,c}$)应按式(6-66)计算：

$$\rho_{c,c}=m_c+m_f+m_w+m_s+m_g \tag{6-66}$$

式中：$\rho_{c,c}$——混凝土拌合物的表观密度计算值，kg/m³；

m_c——调整后每立方米混凝土的水泥用量，kg/m³；

m_f——调整后每立方米混凝土的矿物掺合料用量，kg/m³；

m_g——调整后每立方米混凝土的粗骨料用量，kg/m³；

m_s——调整后每立方米混凝土的细骨料用量，kg/m³；

m_w——调整后每立方米混凝土的用水量，kg/m³。

混凝土配合比的校正系数按式(6-67)计算：

$$\delta=\frac{\rho_{c,t}}{\rho_{c,c}} \tag{6-67}$$

当 $\rho_{c,t}$ 与 $\rho_{c,c}$ 之差的绝对值不超过 $\rho_{c,c}$ 的 2%时，可按调整后的配比不需校正；当 $\rho_{c,t}$ 与 $\rho_{c,c}$ 之差的绝对值超过 $\rho_{c,c}$ 的 2%时，应将各配合比中每项材料用量均乘以校正系数 δ。

经过调整得出满足强度要求的配合比称为试验配合比，结果填入表 6-48。

表 6-48　混凝土的试验配合比

1 m³混凝土的用料/kg	水泥	掺合料	水	砂	石子
质量比					

4.施工配合比的确定

根据现场砂、石含水率再进行调整得出施工配合比。假设工地砂、石含水率分别为 a%和 b%，则施工配合比按式(6-68)、(6-69)、(6-70)、(6-71)和(6-72)确定：

$$m'_c=m_c \tag{6-68}$$

$$m'_f=m_f \tag{6-69}$$

$$m'_w=m_w-m_s\times a\%-m_g\times b\% \tag{6-70}$$

$$m'_s=m_s\times(1+a\%) \tag{6-71}$$

$$m'_g=m_g\times(1+b\%) \tag{6-72}$$

混凝土的施工配合比填入表 6-49。

表 6-49　混凝土的施工配合比

粗骨料含水率(%)			细骨料含水率(%)		
1 m³混凝土的用料/kg	水泥	掺合料	水	砂	石子
质量比					

第7章 建筑砂浆试验

建筑砂浆是由无机胶凝材料、细集料、掺合料、水以及根据性能确定的各种组分按适当比例配合、拌制并经硬化而成的建筑工程材料。建筑砂浆在工程中用量大、用途广，主要起黏结、衬垫和传递应力的作用。

建筑砂浆分为施工现场拌制的砂浆或由专业生产厂生产的商品砂浆，商品砂浆又分为湿拌砂浆和干混砂浆。湿拌砂浆指由水泥、细集料、保水增稠材料、外加剂和水以及根据需要掺入的矿物掺合料等组分按一定比例，在搅拌站经计量、拌制后，采用搅拌运输车运送至使用地点，放入专用容器储存，并在规定时间内使用完毕的砂浆拌合物。干混砂浆指经干燥筛分处理的细集料与水泥、保水增稠材料以及根据需要掺入的外加剂、矿物掺合料等组分按一定比例在专业生产厂混合而成的固态混合物，在使用地点按规定比例加水或配套液体拌合使用。此外，按所用胶凝材料的不同，建筑砂浆还可分为水泥砂浆和水泥混合砂浆。

7.1 建筑砂浆的取样及试样的制备

7.1.1 现场取样

(1)建筑砂浆试验用料应从同一盘砂浆或同一车砂浆中取样。取样量应不少于试验所需量的4倍。

(2)施工中取样进行砂浆试验时，其取样方法和原则应按相应的施工验收规范执行。一般在使用地点的砂浆槽、砂浆运送车或搅拌机出料口，至少从三个不同部位取样。现场取来的试样，试验前应人工搅拌均匀。

(3)从取样完毕到开始进行各项性能试验不宜超过15 min。

7.1.2 试样的制备

(1)主要仪器设备。

①砂浆搅拌机：如图7-1所示。

②拌和铁板：约1.5 m×2 m，厚约3 mm。

③电子秤：最大量程不低于50 kg和10 kg的各一台。

④其他：拌铲、抹刀、量筒、盛器等。

(2)拌和方法。

①一般规定。

a.在试验室制备砂浆拌合物时，所用材料要求提前24 h运入试验室内。拌和时试验室的温度应保持在(20±5) ℃。需要模拟

图7-1 砂浆搅拌机

施工条件下所用的砂浆时，所用原材料的温度宜与施工现场保持一致。

b. 试验所用原材料应与现场使用材料一致。砂应通过公称粒径 5 mm 筛。

c. 试验室拌制砂浆时，材料用量应以质量计。称量精度：水泥、外加剂、掺合料等为±0.5%；砂为±1%。

d. 在试验室搅拌砂浆时应采用机械搅拌，搅拌机应符合《试验用砂浆搅拌机》(JG/T 3033—1996)的规定，搅拌的用量宜为搅拌机容量的 30%～70%，搅拌时间不应少于 120 s。掺有掺合料和外加剂的砂浆，其搅拌时间不应少于 180 s。

②人工拌和。

a. 将拌和铁板、拌铲、抹刀等工具表面用水润湿。

b. 按设计配合比(质量比)，称取各项材料用量，先把水泥和砂放入拌板干拌均匀(拌和颜色均匀一致)。

c. 将拌匀的混合物堆成堆，在中间作一凹坑，倒入一部分水，然后充分拌和，并逐渐加水，直至混合料色泽一致、观察和易性符合要求为止，一般需拌和 5 min。可用量筒盛定量水，拌好以后，减去筒中剩余水量，即为用水量。

③机械拌和。

a. 拌适量砂浆(应与正式拌和的砂浆配合比相同)，使搅拌机内壁粘附一薄层砂浆，使正式拌和时的砂浆配合比成分准确。

b. 称出各材料用量，再将砂、水泥装入搅拌机内。

c. 开动搅拌机，将水徐徐加入(混合砂浆须将石灰膏或黏土膏用水稀释至浆状)，搅拌约 3 min。(搅拌的材料量不宜少于搅拌容量的 20%，搅拌时间不宜少于 2 min)。

d. 将砂浆拌合物倒至拌和铁板上，用拌铲翻拌两次，使之均匀。拌好的砂浆，应立即进行有关的试验。

7.2 稠度

稠度是反映砂浆和易性的一个指标。和易性是指砂浆在运输和操作时，不产生离析、泌水现象，且容易在砖石等表面铺成均匀、连续的薄层，且与基层紧密黏结的性质。

流动性是指新拌砂浆在自重或机械振动情况下，产生流动的性质。砂浆的流动性适宜时，可提高施工效率，有利于保证施工质量。稠度可用沉入度表示，沉入度越大，表示砂浆的流动性越好。本方法适用于确定配合比或施工过程中控制砂浆的稠度，以达到控制用水量的目的。

(1)主要仪器。

①砂浆稠度仪(见图 7-2)：由试锥、容器和支座三部分组成。试锥由钢材或铜材制成，试锥高度为 145 mm，锥底直径为 75 mm，试锥连同滑杆的重量应为(300±2) g；盛载砂浆容器由钢板制成，筒高为 180 mm，锥底内径为 150 mm；支座分底座、支架及刻度显示三个部分，由铸铁、

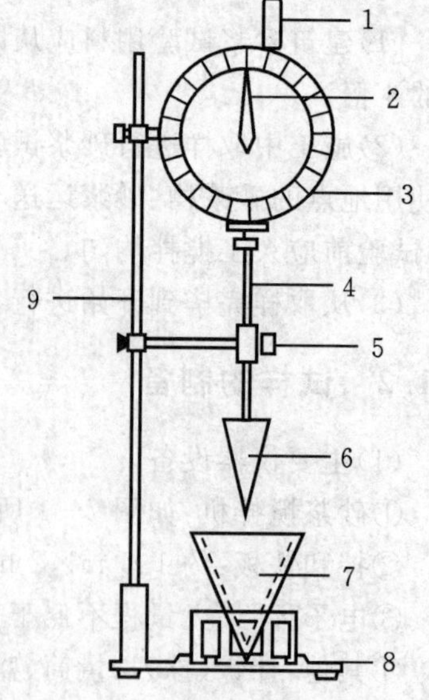

1—齿条测杆；2—指针；3—刻度盘；4—滑杆；5—制动螺丝；6—试锥；7—盛装容器；8—底座；9—支架

图 7-2　砂浆稠度测定仪

钢及其他金属制成。

②捣棒：直径 10 mm，长 350 mm，一端呈半球形的钢棒。

③秒表、拌铲等。

(2)试验步骤。

①用少量润滑油轻擦滑杆，再将滑杆上多余的油用吸油纸擦净，使滑杆能自由滑动。

②用湿布擦净盛浆容器和试锥表面，将砂浆拌合物一次装入容器，使砂浆表面低于容器口约 10 mm 左右。用捣棒自容器中心向边缘均匀地插捣 25 次，然后轻轻地将容器摇动或敲击 5～6下，使砂浆表面平整，然后将容器置于稠度测定仪的底座上。

③拧松制动螺丝，向下移动滑杆，当试锥尖端与砂浆表面刚接触时，拧紧制动螺丝，使齿条侧杆下端刚接触滑杆上端，读出刻度盘上的读数(精确至 1 mm)。

④拧松制动螺丝，同时计时间，10 s 时立即拧紧螺丝，将齿条测杆下端接触滑杆上端，从刻度盘上读出下沉深度(精确至 1 mm)，前后两次读数的差值即为砂浆的稠度值。

⑤盛装容器内的砂浆，只允许测定一次稠度，重复测定时，应重新取样测定。

(3)结果评定。

以两次测定结果的算术平均值作为砂浆稠度测定结果，精确至 1 mm。如两次测定值之差大于 10 mm，应重新取样测定。

(4)砂浆稠度试验结果填入表 7-1。

表 7-1 砂浆稠度试验报告

试验次数	初始读数/mm	试锥下沉 10 s 时的读数/mm	砂浆沉入度/mm	
			单值	计算值
1				
2				

7.3 容度

本方法适用于测定砂浆拌合物捣实后的单位体积质量(即质量密度)，以确定每立方米砂浆拌合物中各组成材料的实际用量。

(1)主要仪器。

①砂浆密度测定仪(如图 7-3 所示)：容量筒金属制成，内径 108 mm，净高 109 mm，筒壁厚 2 mm，容积为 1 L。

②捣棒：直径 10 mm，长 350 mm，一端呈半球形的钢棒。

③振动台：振幅(0.5±0.05) mm，频率(50±3) Hz。

④天平：称量 5 kg，感量 5 g。

⑤秒表、拌铲等。

(2)试验步骤。

①按 7.2 节规定的方法测定砂浆拌合物的稠度。

②用湿布擦净容量筒的内表面，称量容量筒质量 m_1，精确至 5 g。

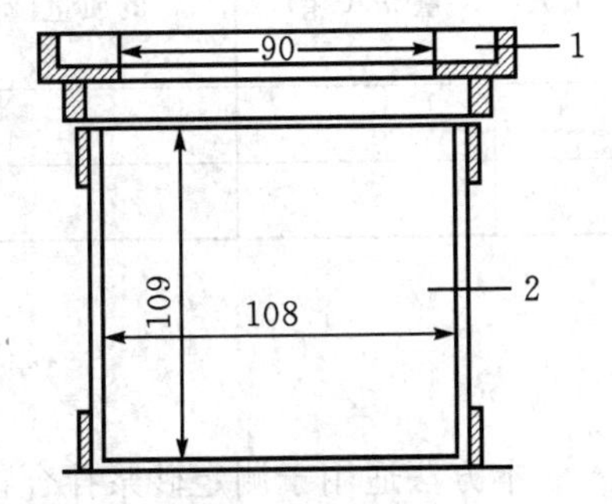

1—漏斗；2—容量筒

图 7-3 砂浆密度测定仪(单位：mm)

③捣实可采用手工或机械方法。当砂浆稠度大于 50 mm 时，宜采用人工插捣法；当砂浆稠度不大于 50 mm 时，宜采用机械振动法。

a. 采用人工插捣时，将砂浆拌合物一次装满容量筒，使稍有富余，用捣棒由边缘向中心均匀地插捣 25 次，插捣过程中如砂浆沉落到低于筒口，则应随时添加砂浆，再用木锤沿容器外壁敲击 5～6 下。

b. 采用振动法时，将砂浆拌合物一次装满容量筒连同漏斗在振动台上振 10 s，振动过程中如砂浆沉入到低于筒口，应随时添加砂浆。

④捣实或振动后将筒口多余的砂浆拌合物刮去，使砂浆表面平整，然后将容量筒外壁擦净，称出砂浆与容量筒总质量 m_2，精确至 5 g。

(3)容量筒容积的校正。

可采用一块能覆盖住容量筒顶面的玻璃板，先称出玻璃板和容量筒质量，然后向容量筒中灌入温度为(20±5) ℃的饮用水，灌到接近上口时，一边不断加水，一边把玻璃板沿筒口徐徐推入盖严。应注意使玻璃板下不带入任何气泡。然后擦净玻璃板面及筒壁外的水分，称量容量筒、水和玻璃板质量(精确到 5 g)，后者与前者质量之差(以 kg 计)即为容量筒的容积(L)。

(4)结果计算与处理。

砂浆拌合物的质量密度应按式(7-1)计算，以两次测定结果的算术平均值作为测定结果，精确到 10 kg/m³：

$$\rho=\frac{m_2-m_1}{V}\times 1000 \tag{7-1}$$

式中：ρ——砂浆拌合物的质量密度，kg/m³；

m_1——容量筒质量，kg；

m_2——容量筒及试样质量，kg；

V——容量筒容积，L。

(5)砂浆密度试验结果填入表 7-2。

表 7-2 砂浆密度试验报告

试验次数	容量筒的质量 m_1(kg)	容量筒＋水＋玻璃板的质量(kg)	容量筒的容积 V(L)	容量筒＋砂浆的质量 m_2(kg)	砂浆的密度 ρ(kg/m³)	
					单值	计算值
1						
2						

7.4 分层度

本方法适用于测定砂浆拌合物在运输及停放时内部组分的稳定性。

(1)主要仪器。

①砂浆分层度筒(如图 7-4 所示)：内径为 150 mm，上节高度为 200 mm，下节带底净高为 100 mm，用金属板制成，上、下层连接处需加宽到 3～5 mm，并设有橡胶垫圈。

②振动台：振幅为(0.5±0.05) mm，频率(50±3) Hz。

③稠度仪、木锤、拌和用小铲等。

(2)标准法测定分层度试验步骤。

①按 7.2 节规定的方法测定砂浆拌合物的稠度。

②将砂浆拌合物一次装入分层度筒内，待装满后，用木锤在容器周围距离大致相等的四个不同部位轻轻敲击 1～2 下，如砂浆沉落到低于筒口，则应随时添加，然后刮去多余的砂浆并用抹刀抹平。

③静置 30 min 后，去掉上节 200 mm 砂浆，剩余的 100 mm 砂浆倒出放在拌和锅内拌 2 min，再测其稠度。前后测得的稠度之差即为该砂浆的分层度值(mm)。

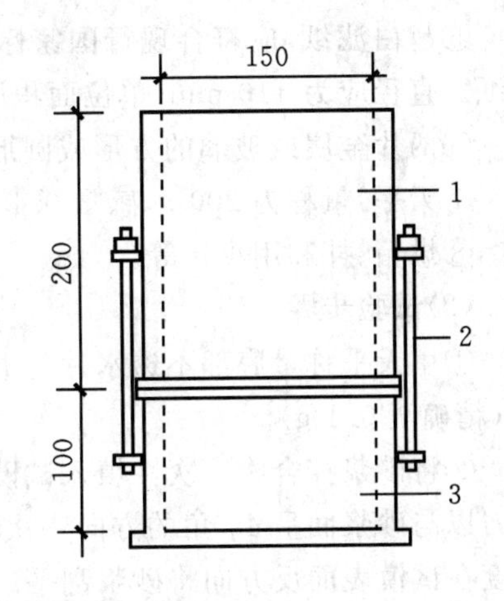

1—无底圆筒；2—连接螺栓；3—有底圆筒

图 7-4　砂浆分层度筒(单位：mm)

(3)快速法测定分层度试验步骤。

①按 7.2 节规定的稠度试验方法测定稠度。

②将分层度筒预先固定在振动台上，砂浆一次装入分层度筒内，振动 20 s。

③然后去掉上节 200 mm 砂浆，剩余 100 mm 砂浆倒出放在拌和锅内拌 2 min，再测其稠度，前后测得的稠度之差即为该砂浆的分层度值。但如有争议时，以标准法为准。

(4)结果评定。

①应取两次试验结果的算术平均值作为该砂浆的分层度值，精确至 1 mm。

②两次分层度试验值之差大于 10 mm，应重新取样测定。

(5)砂浆分层度试验结果填入表 7-3。

表 7-3　砂浆分层度试验报告

试验次数	初始沉入度/mm	静止 30 min 后下层砂浆的沉入度/mm	砂浆分层度/mm	
			单值	计算值
1				
2				

7.5　保水性

保水性是指新拌砂浆保持其内部水分不泌出的能力。保水性良好的砂浆不易发生泌水和离析等现象。保水性不良的砂浆，使用过程中出现泌水、流浆，使砂浆与基底黏结不牢，且由于失水影响砂浆正常的黏结硬化，使砂浆的强度降低。本方法适用于测定砂浆保水性，以判定砂浆拌合物在运输及停放时内部组分的稳定性。

(1)主要仪器设备。

①金属或硬塑料圆环试模：内径应为 100 mm、内部高度应为 25 mm。

②可密封的取样容器，使用时应保持清洁、干燥。

③2 kg 的重物。

④金属滤网，网格尺寸为 45 μm，圆形，直径为(110±1) mm。

⑤超白滤纸，应符合现行国家标准《化学分析滤纸》(GB/T 1914—2007)规定的中速定性滤纸。直径应为 110 mm，单位面积质量应为 200 g/m^2。

⑥两片金属或玻璃的方形或圆形不透水片，边长或直径应大于 110 mm。

⑦天平：量程为 200 g，感量 0.1 g；量程为 2000 g，感量 1 g。

⑧烘箱、拌和用小铲等。

(2)试验步骤。

①用天平称量底部不透水片与干燥试模质量 m_1(精确至 1 g)和 15 片中速定性滤纸质量 m_2(精确至 0.1 g)。

②将砂浆拌合物一次性填入试模，并用抹刀插捣数次，当填充砂浆略高于试模边缘时，用抹刀以与砂浆面呈 45°角的方向一次性将试模表面多余的砂浆刮去，然后再用抹刀以较平的角度在试模表面反方向将砂浆刮平。

③抹掉试模边的砂浆，称量试模、底部不透水片与砂浆总质量 m_3(精确至 1 g)。

④用两片医用棉纱覆盖在砂浆表面，再在棉纱表面放上 15 片滤纸，用不透水片盖在滤纸表面，以 2 kg 的重物把不透水片压着。

⑤静止 2 min 后移走重物及不透水片，取出滤纸(不包括棉砂)，迅速称量滤纸质量 m_4(精确至 0.1 g)。

⑥从砂浆的配比及加水量计算砂浆的含水率，若无法计算，可按本节(4)的规定测定砂浆的含水率。

(3)结果评定。

砂浆保水率应按式(7-2)计算(精确至 0.1%)：

$$W=\left[1-\frac{m_4-m_2}{\alpha\times(m_3-m_1)}\right]\times 100 \tag{7-2}$$

式中：W——砂浆的保水率，%；

m_1——底部不透水片与干燥试模质量，g；

m_2——15 片滤纸吸水前的质量，g；

m_3——试模、底部不透水片与砂浆总质量，g；

m_4——15 片滤纸吸水后的质量，g；

α——砂浆含水率，%。

取两次试验结果的算术平均值作为该砂浆的保水率，精确至 0.1%，且第二次试验应重新取样测定。当两个测定值之差超过 2%时，则此组试验结果应为无效。

(4)砂浆含水率测试方法。

称取(100±10) g 砂浆拌合物试样，置于一干燥并已称重的盘中，在(105±5) ℃的烘箱中烘干至恒重，砂浆含水率应按式(7-3)计算(精确至 0.1%)：

$$\alpha=\frac{m_6-m_5}{m_6}\times 100 \tag{7-3}$$

式中：α——砂浆含水率，%；

m_5——烘干后砂浆样本损失的质量，g，精确至 1 g；

m_6——砂浆样本的总质量，g，精确至 1 g。

(5)砂浆保水性试验结果填入表 7-4。

表 7-4 砂浆保水性试验报告

试验次数	不透水片与干试模质量 m_1/g	滤纸吸水前的质量 m_2/g	试模+不透水片+砂浆质量 m_3/g	滤纸吸水后的质量 m_4/kg	砂浆含水率 α/%	砂浆的保水率 W/%	
						单值	计算值
1							
2							

7.6 凝结时间

凝结时间是指砂浆加水搅拌到凝结所经历的时间，了解凝结时间对于施工有重大意义，可以帮助控制各施工工序的操作时间。砂浆拌合物的凝结时间用贯入阻力法测定。

(1)主要仪器。

①砂浆凝结时间测定仪(如图 7-5 所示)：由试针、容器、台秤和支座四部分组成，并应符合下列规定：

a. 试针：不锈钢制成，截面积为 30 mm^2；

b. 盛砂浆容器：由钢制成，内径为 140 mm，高为 75 mm；

c. 压力表：测量精度为 0.5 N；

d. 支座：分底座、支架及操作杆三部分，由铸铁或钢制成。

②时钟等。

(2)试验步骤。

①将制备好的砂浆拌合物装入砂浆容器内，并低于容器上口 10 mm，轻轻敲击容器，并予以抹平，盖上盖子，放在(20±2) ℃的试验条件下保存。

②砂浆表面的泌水不清除，将容器放到压力表圆盘上，然后通过以下步骤来调节测定仪：

a. 调节螺母 3，使贯入试针与砂浆表面接触；

b. 松开调节螺母 2，再调节螺母 1，以确定压入砂浆内部的深度为 25 mm 后再拧紧螺母 2；

c. 旋动调整螺母 8，使压力表指针调到零位。

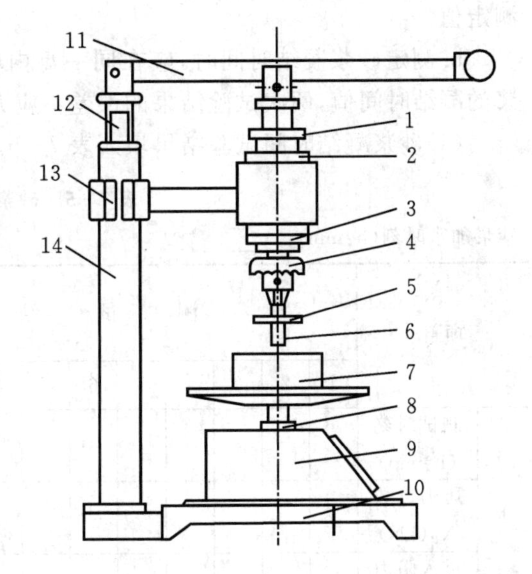

1—调节套；2—调节螺母；3—调节螺母；4—夹头；5—垫片；6—试针；7—试模；8—调整螺母；9—压力表座；10—底座；11—操作杆；12—调节杆；13—立架；14—立柱

图 7-5 砂浆凝结时间测定仪

③测定贯入阻力值，用截面为 30 mm^2 的贯入试针与砂浆表面接触，在 10 s 内缓慢而均匀地垂直压入砂浆内部 25 mm 深，每次贯入时记录仪表读数 N_p，贯入杆离开容器边缘或已贯入部位至少 12 mm。

④在(20±2) ℃的试验条件下，实际贯入阻力值，在成型后 2 h 开始测定，以后每隔半小时测定一次，至贯入阻力值达到 0.3 MPa 后，改为每 15 min 测定一次，直至贯入阻力值达到 0.7 MPa为止。

注：①施工现场测定凝结时间时，其砂浆稠度、养护和测定的温度与现场相同。

②在测定湿拌砂浆的凝结时间时，时间间隔可根据实际情况来定。如可定为受检砂浆预测凝结时间的1/4、1/2、3/4等来测定，当接近凝结时间时改为每15 min测定一次。

(3)结果评定。

①砂浆贯入阻力值按式(7-4)计算(精确至0.01 MPa)：

$$f_p=\frac{N_p}{A_p} \tag{7-4}$$

式中：f_p——贯入阻力值，MPa；

N_p——贯入深度至25 mm时的静压力，N；

A_p——贯入试针的截面积，即30 mm^2。

②由测得的贯入阻力值，可按下列方法确定砂浆的凝结时间。

a.凝结时间的确定可采用图示法或内插法，有争议时应以图示法为准。从加水搅拌开始计时，分别记录时间和相应的贯入阻力值，根据试验所得各阶段的贯入阻力与时间的关系绘图，由图求出贯入阻力值达到0.5 MPa的所需时间 t_s(min)，此时的 t_s 值即为砂浆的凝结时间测定值。

b.测定砂浆凝结时间时，应在同一盘内取两个试样，以两个试验结果的平均值作为该砂浆的凝结时间值，两次试验结果的误差不应大于30 min，否则应重新测定。

(4)砂浆凝结时间试验结果填入表7-5。

表7-5　砂浆凝结时间试验报告

砂浆加水时刻(h:min)：________

项目		测试结果												初凝时间 T_c(min)		终凝时间 T_z(min)	
		1	2	3	4	5	6	7	8	9	10	11	12	单值	计算值	单值	计算值
1	测试时刻(h:min)																
	压力读数 N_P(kN)																
	贯入阻力 f_p(MPa)																
2	测试时刻(h:min)																
	压力读数 N_P(kN)																
	贯入阻力 f_p(MPa)																

7.7　立方体抗压强度

砂浆的强度等级采用规定方法成型的标准立方体试件，在标准条件下养护至龄期(28 d)时测出的抗压强度值来评定。砂浆的强度等级对于工程应用的意义重大，应根据工程类别及不同的施工部位来进行合理选择。

(1)主要仪器。

①试模:尺寸为 70.7 mm×70.7 mm×70.7 mm 的带底试模,材质应具有足够的刚度并拆装方便。试模的内表面应机械加工,其不平度应为每 100 mm 不超过 0.05 mm,组装后各相邻面的不垂直度不应超过±0.5°。

②钢制捣棒:直径为 10 mm,长为 350 mm,端部应磨圆。

③压力试验机:精度为 1%,试件破坏荷载应不小于压力机量程的 20%,且不大于全量程的 80%。

④垫板:试验机上、下压板及试件之间可垫以钢垫板,垫板的尺寸应大于试件的承压面,其不平度应为每 100 mm 不超过 0.02 mm。

⑤振动台:空载中台面的垂直振幅应为(0.5±0.05) mm,空载频率应为(50±3) Hz,空载台面振幅均匀度不大于 10%,一次试验至少能固定(或用磁力吸盘)三个试模。

(2)试件的制作及养护。

①采用立方体试件,每组试件应为 3 个。用黄油等密封材料涂抹试模的外接缝,试模内涂刷薄层机油或脱模剂,将拌制好的砂浆一次性装满砂浆试模,成型方法根据稠度而定。当稠度大于 50 mm 时采用人工振捣成型,当稠度不大于 50 mm 时采用振动台振实成型。

a.人工振捣:用捣棒均匀地由边缘向中心按螺旋方式插捣 25 次,插捣过程中如砂浆沉落低于试模口,应随时添加砂浆,可用油灰刀插捣数次,并用手将试模一边抬高 5～10 mm 各振动 5 次,使砂浆高出试模顶面 6～8 mm。

b.机械振动:将砂浆一次装满试模,放置到振动台上,振动时试模不得跳动,振动 5～10 s 或持续到表面出浆为止,不得过振。

②待表面水分稍干后,将高出试模部分的砂浆沿试模顶面刮去并抹平。

③试件制作后应在室温为(20±5) ℃的环境下静置(24±2) h,当气温较低时,可适当延长时间,但不应超过两昼夜,然后对试件进行编号、拆模。试件拆模后应立即放入温度为(20±2) ℃、相对湿度为 90%以上的标准养护室中养护。养护期间,试件彼此间隔不小于 10 mm,混合砂浆、湿拌砂浆试件上面应覆盖以防有水滴在试件上。从搅拌加水开始计时,标准养护龄期应为 28 d,也可根据相关标准要求增加 7 d 或 14 d。

④试件从养护地点取出后应及时进行试验。试验前将试件表面擦拭干净,测量尺寸,并检查其外观。并据此计算试件的承压面积,如实测尺寸与公称尺寸之差不超过 1 mm,可按公称尺寸进行计算。

⑤将试件安放在试验机的下压板(或下垫板)上,试件的承压面应与成型时的顶面垂直,试件中心应与试验机下压板(或下垫板)中心对准。开动试验机,当上压板与试件(或上垫板)接近时,调整球座,使接触面均衡受压。承压试验应连续而均匀地加荷,加荷速度应为 0.25～1.5 kN/s(砂浆强度不大于 2.5 MPa 时,宜取下限)。当试件接近破坏而开始迅速变形时,停止调整试验机油门,直至试件破坏,然后记录破坏荷载。

(3)结果评定。

①砂浆立方体抗压强度应按式(7-5)计算(精确至 0.1 MPa):

$$f_{m,cu}=K\frac{N_u}{A} \tag{7-5}$$

式中：$f_{m,cu}$——砂浆立方体试件抗压强度，MPa；

N_u——试件破坏荷载，N；

A——试件承载面积，mm^2；

K——换算系数，取 1.35。

②以三个试件测值的算术平均值作为该组试件的砂浆立方体试件抗压强度平均值（精确至 0.1 MPa）。当三个测值的最大值或最小值中如有一个与中间值的差值超过中间值的 15% 时，则把最大值及最小值一并舍除，取中间值作为该组试件的抗压强度值。如有两个测值与中间值的差值均超过中间值的 15% 时，则该组试件的试验结果无效。

(4)砂浆立方体抗压强度试验结果填入表 7-6。

表 7-6　砂浆立方体抗压强度试验报告

试件编号	制件日期	试验日期	龄期(d)	破坏荷载(KN)	抗压强度(MPa)	换算系数	计算值

第8章 砌墙砖试验

砌墙砖是指以黏土、工业废料或其他地方资源为主要原料，用不同工艺制成的，在建筑中用于砌筑承重和非承重墙体的人造小型块材。砌墙砖按孔隙率和孔隙特征分为普通砖、多孔砖和空心砖等，按生产工艺可分为烧结砖和非烧结砖。本章主要依据《砌墙砖试验方法》(GB/T 2542—2012)，介绍砌墙砖的尺寸、外观质量、抗折强度和抗压强度等试验方法。

8.1 尺寸测量

通过对砌墙砖外观尺寸的检查、测量，为评定其质量等级提供依据。

(1)主要仪器设备。

砖用卡尺：分度值为 0.5 mm，如图 8－1 所示。

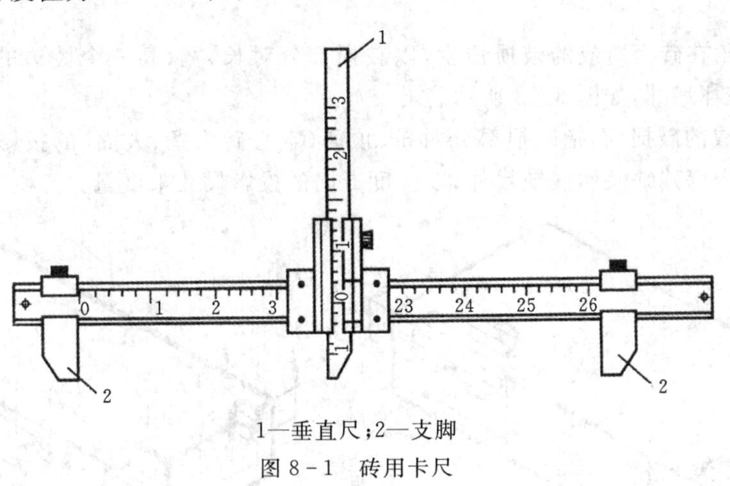

1—垂直尺；2—支脚

图 8－1　砖用卡尺

(2)测量方法。

长度应在砖的两个大面的中间处分别测量两个尺寸，宽度应在砖的两个大面的中间处分别测量两个尺寸，高度应在两个条面的中间处分别测量两个尺寸，如图 8－2 所示。当被测处有缺损或凸出时，可在其旁边测量，但应选择不利的一侧。尺寸精确至 0.5 mm。

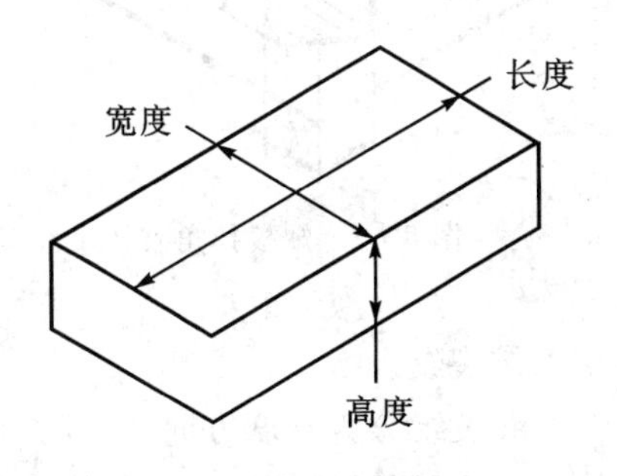

图 8－2　尺寸量法

(3)结果评定。

分别以长度、宽度、高度尺寸的两个测量值的算术平均值表示，精确至 1 mm，每一方向平均值与公称尺寸之差即为该方向上的尺寸偏差。

(4)砌墙砖尺寸测量结果填入表 8－1。

表 8-1　砌墙砖尺寸测量试验报告

外形名称	公称尺寸(mm)	边长测量值(mm)			平均偏差(mm)
		测定值 1	测定值 2	平均值	
长					
宽					
高					

8.2 外观质量检查

通过对砌墙砖外观质量(是否有缺棱掉角、弯曲、裂纹等现象)的检查、测量,为评定其质量等级提供技术依据。

(1)主要仪器设备。

①砖用卡尺(见图 8-1):分度值为 0.5 mm。

②钢直尺:分度值不应大于 1 mm。

(2)测量方法。

①缺损。

a.缺棱掉角在砖上造成的破损程度,以破损部分对长、宽、高三个棱边的投影尺寸 l、b、d 来度量,称为破坏尺寸,如图 8-3 所示。

b.缺损造成的破损面,指缺损部分对条、顶面(空心砖为条、大面)的投影面积,如图 8-4 所示。空心砖内壁残缺及肋残缺尺寸,以长度方向的投影尺寸来度量。

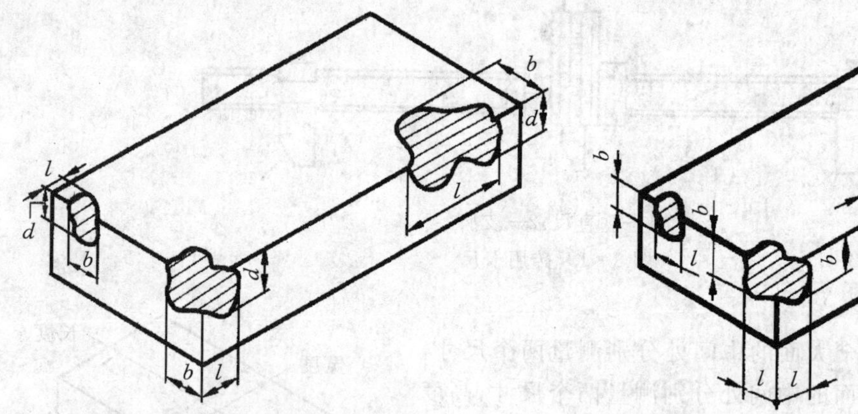

图 8-3　缺棱掉角破坏尺寸量法

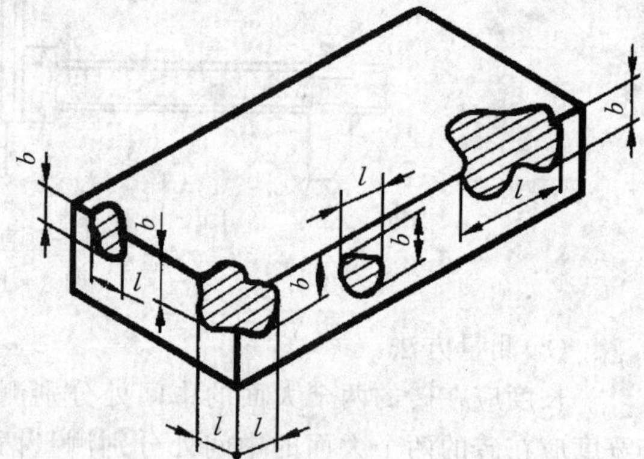

图 8-4　缺损在条、顶面上造成破坏面量法

②裂纹。

a.裂纹分为长度方向、宽度方向和水平方向三种,以被测方向的投影长度表示。如果裂纹从一个面延伸至其他面上时,则累计其延伸的投影长度,如图 8-5 所示。

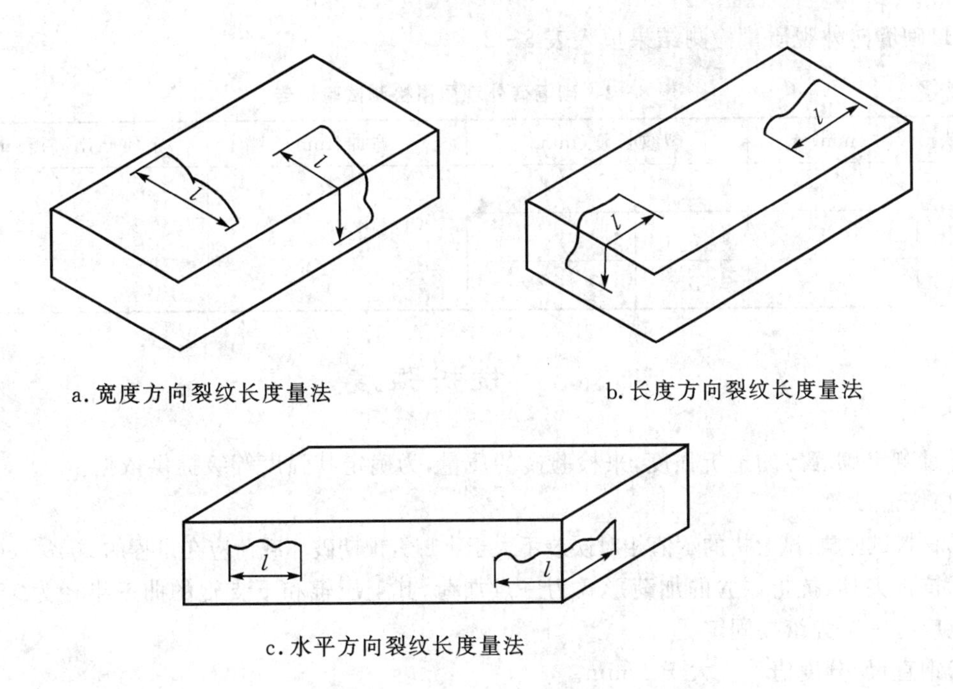

a.宽度方向裂纹长度量法

b.长度方向裂纹长度量法

c.水平方向裂纹长度量法

图 8-5　裂纹长度量法

b.多孔砖的孔洞与裂纹相通时,将孔洞包括在裂纹在内一并测量。

c.裂纹长度在三个方向上分别测得的最长裂纹作为测量结果。

③弯曲。

a.弯曲分别在大面和条面上测量,测量时将砖用卡尺的两支脚沿棱边两端放置,择其弯曲最大处将垂直尺推至砖面,但不应将因杂质或碰伤造成的凹处计算在内,如图 8-6 所示。

b.以弯曲中测得的较大者作为测量结果。

④杂质凸出高度。

杂质在砖面上造成的凸出高度,以杂质距砖面的最大距离表示。测量时将砖用卡尺的两支脚置于凸出两边的砖平面上,以垂直尺测量,如图 8-7 所示。

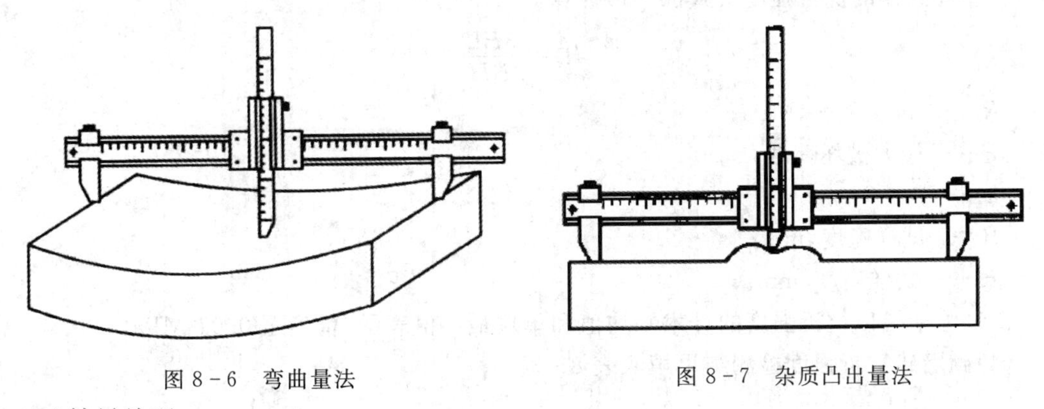

图 8-6　弯曲量法　　　　图 8-7　杂质凸出量法

(3)结果处理。

外观测量结果以缺损尺寸、裂纹长度、弯曲和杂质凸出高度表示,以 mm 为单位,不足 1 mm者,按 1 mm 计。

(4)砌墙砖外观质量检测结果填入表 8-2。

表 8-2 砌墙砖外观质量检测试验报告

缺损尺寸(mm)		裂纹长度(mm)		弯曲(mm)	杂质凸出高度(mm)
l		l			
b		b			
d		d			

8.3 抗折强度

通过测定砌墙砖的抗折强度，来检验砖的质量，为确定其强度等级提供依据。

(1)仪器设备。

①材料试验机：试验机的示值相对误差不大于±1%，预期破坏载荷应在量程的 20%～80%。

②抗折夹具：抗折试验的加荷形式为三点加荷，其上压辊和下支辊的曲率半径为 15 mm，下支辊应有一个为绞接固定。

③钢直尺：分度值不应大于 1 mm。

(2)试验步骤。

①试样数量为 10 块。试样应放在温度为(20±5) ℃的水中浸泡 24 h 后取出，用湿布拭去其表面水分进行抗折强度试验。

②测定试样的宽度和高度尺寸各 2 个，分别取算术平均值，精确至 1 mm。

③调整抗折夹具下支辊的跨距为砖规格长度减去 40 mm。但规格长度为 190 mm 的砖，其跨距为 160 mm。

④将试样大面平放在下支辊上，试样两端面与下支辊的距离应相同，当试样有裂缝或凹陷时，应使有裂缝或凹陷的大面朝下，以 50～150 N/s 的速度均匀加荷，直至试样断裂，记录最大破坏荷载 P。

(3)结果处理。

①每块试样的抗折强度按式(8-1)计算：

$$R_c = \frac{3PL}{2BH^2} \tag{8-1}$$

式中：R_c——抗折强度，MPa；

P——最大破坏荷载，N；

L——跨距，mm；

B——试样宽度，mm；

H——试样高度，mm。

②试验结果以抗折强度的算术平均值和单块最小值表示，精确至 0.01 MPa。

(4)砌墙砖抗折强度检测结果填入表 8-3。

表 8-3　砌墙砖抗折强度试验报告

试验编号	尺寸参数(mm)			最大破坏荷载 P (N)	抗折强度 R_c(MPa)		
	跨距 L	试样宽度 B	试样高度 H		单值	平均值	最小值
1							
2							
3							
4							
5							
6							
7							
8							
9							
10							

8.4　抗压强度

通过测定砌墙砖的抗压强度，来检验砖的质量，为确定其强度等级提供依据。

(1)仪器设备。

①材料试验机：试验机的示值相对误差不大于±1%，预期破坏荷载应在量程的 20%～80%。

②钢直尺：分度值不应大于 1 mm。

③振动台、制样模具、搅拌机：均应符合《砌墙砖抗压强度试样制备设备通用要求》(GB/T 25044—2010)的要求。

④切割设备。

⑤抗压强度试验用净浆材料：应符合《砌墙砖抗压强度试验用净浆材料》(GB/T 25183—2010)的要求。

(2)试件制备。

砌墙砖抗压强度试验每组试样数量应为 10 块。

①一次成型制样。

a.一次成型制样适用于采用样品中间部位切割，交错叠加灌浆制成强度试验试样的方式。

b.将试样锯成两个半截砖，两个半截砖用于叠合部分的长度不得小于 100 mm，如图 8-8 和图 8-9 所示。如果不足 100 mm，应另取备用试件补足。

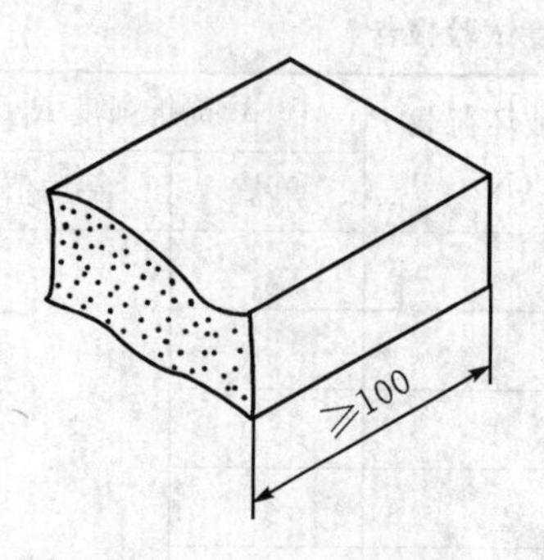

图 8-8　半截砖长度示意

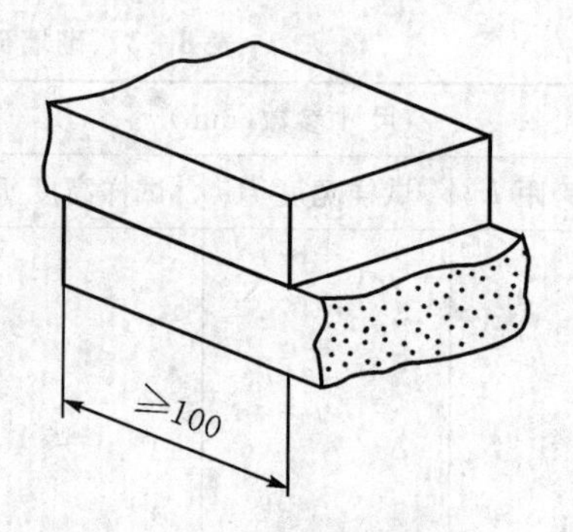

图 8-9　半砖叠合示意图

c. 将已切割开的半截砖放入室温的净水中浸 20～30 min 后取出，在铁丝网架上滴水 20～30 min，以断口相反方向叠放，装入制样模具中。用插板控制两个半砖间距不应大于 5 mm，砖大面与模具间距不应大于 3 mm，砖断面、顶面与模具间垫以橡胶垫或其他密封材料，模具内表面涂油或脱模剂。制样模具及插板如图 8-10 所示。

d. 根据《砌墙砖抗压强度试验用净浆材料》的规定，以石膏（加 24%～26%水的 2 h 抗压强度大于 22 MPa）和细集料（粒径小于 1 mm）为原料，掺入外加剂，再加入适量的水，用搅拌机制作砌墙砖抗压强度用净浆材料。

e. 将装好试样的模具置于振动台上，加入适量搅拌均匀的净浆材料，振动时间为 0.5～1 min后停止振动，静置至净浆材料达到初凝时间（约 15～19 min）后拆模。

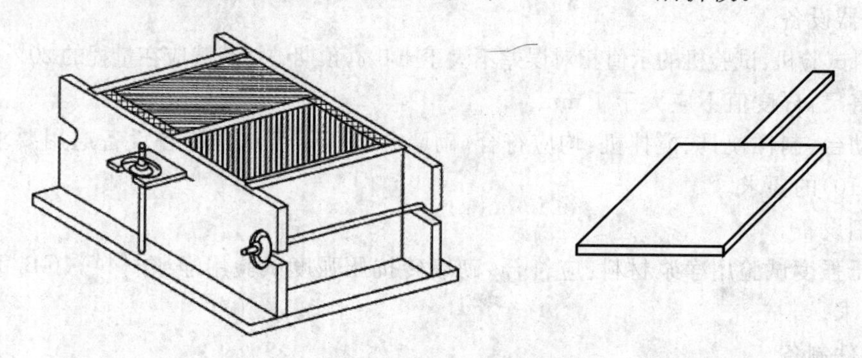

图 8-10　一次成型制样模具及插板

②二次成型制样。

a. 二次成型制样适用于采用整块样品上下表面灌浆制成强度试验试样的方式。

b. 将整块试样放入室温的净水中浸 20～30 min 后取出，在铁丝网架上滴水 20～30 min。

c. 根据《砌墙砖抗压强度试验用净浆材料》的规定，用搅拌机制作砌墙砖抗压强度用净浆材料。

d. 模具内表面涂油或脱模剂，加入适量搅拌均匀的净浆材料，将整块试样一个承压面与净浆接触，装入制样模具中，承压面找平层厚度不应大于 3 mm。将装好试样的模具置于振动台上，接通振动台电源，振动时间为 0.5～1 min 后停止振动，静置至净浆材料达到初凝时间（约 15～19 min）后拆模。按同样方法完成整块试样另一承压面的找平，二次成型制样模具如

图 8-11 所示。

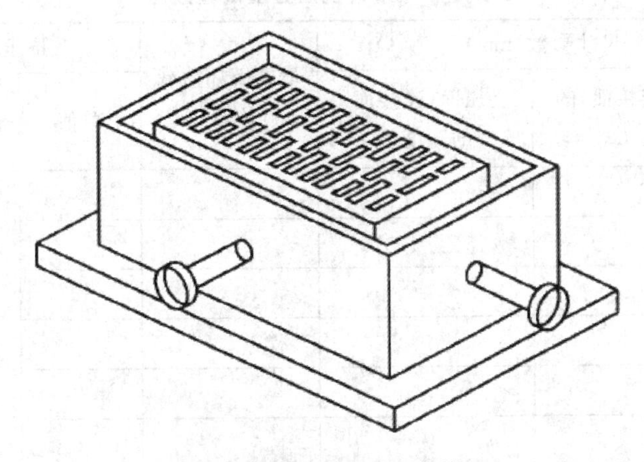

图 8-11　二次成型制样模具

③非成型制样。

a. 非成型制样适用于试样无需进行表面找平处理制样的方式（如非烧结砖）。

b. 将试样锯成两个半截砖，两个半截砖切端口相反叠放，叠合部分不得小于 100 mm，如图 8-9 所示，即为抗压强度试件，如果不足 100 mm 时，则应剔除，另取备用试样补足。

(3)试件养护。

a. 一次成型制样、二次成型制样应置于不低于 10 ℃的不通风室内养护 4 d，再进行试验。

b. 非成型制样不需要养护，试样气干状态直接进行试验。

(4)抗压强度测试。

①测量每个试件连接面或受压面的长、宽尺寸各两个，分别取其平均值，精确至 1 mm。

②将试件平放在加压板的中央，垂直于受压面加荷，加荷应均匀平稳，不得发生冲击和振动。加荷速度以 2～6 kN/s 为宜，直至试件破坏为止，记录最大破坏荷载 P。

(5)结果处理。

①每块试件的抗压强度按式(8-2)计算(精确至 0.01 MPa)；

$$R_p = \frac{P}{LB} \tag{8-2}$$

式中：R_p——抗压强度，MPa；

P——最大破坏荷载，N；

L——受压面(连接面)的长度，mm；

B——受压面(连接面)的宽度，mm。

②试验结果以抗压强度的算术平均值和单块最小值表示，精确至 0.1 MPa。

(6)砌墙砖抗压强度试验结果填入表 8-4。

表 8-4　砌墙砖抗压强度试验报告

试验编号	尺寸参数(mm)		最大破坏荷载 P(N)	抗压强度 R_p(MPa)		
	受压面(连接面)的长度 L	受压面(连接面)的宽度 B		单值	平均值	最小值
1						
2						
3						
4						
5						
6						
7						
8						
9						
10						

第9章 建筑钢材试验

建筑钢材是建筑工程中的主要建筑材料之一，它广泛地用于工业与民用建筑、道路桥梁、国防工程中。钢材是在严格的技术控制条件下生产的，与非金属材料相比，具有品质均匀稳定、塑性韧性好、强度高、可焊性强等优异性能。

建筑钢材分为钢结构用钢（如钢板、型钢、钢管等）和混凝土结构用钢（如钢筋、钢丝、钢绞线等）。钢结构用钢可分为碳素结构钢和低合金高强度结构钢，常用于建筑、桥梁、船舶、锅炉或其他工程上制作金属结构构件。混凝土结构用钢即用于混凝土结构（墙柱、预应力梁、板等）中的钢。钢材品质优劣对建筑工程影响较大，特别是钢筋混凝土和预应力钢筋混凝土中，选用好钢材，对提高建筑工程质量，减少工程隐患具有重要意义。

9.1 试验取样

9.1.1 取样数量

根据《碳素结构钢》（GB/T 700—2006）和《低合金高强度结构钢》（GB/T 1591—2008）规定，钢结构用钢的取样应成批验收，每批应由同一牌号、同一质量等级、同一炉罐号、同一规格、同一轧制制度或同一热处理制度的钢材组成，每批重量不大于 60 t。

《钢筋混凝土用钢 第1部分：热轧光圆钢筋》（GB 1499.1—2008）和《钢筋混凝土用钢 第2部分：热轧带肋钢筋》（GB 1499.2—2007）钢筋应按批进行检查和验收，每批由同一牌号、同一炉罐号、同一规格的钢材组成，每批重量不大于 60 t。超过 60 t 的部分，每增加 40 t（或不足 40 t 的余数），增加一个拉伸试验试样和一个弯曲试验试样。

建筑工程中常用的型钢、钢板、钢管、钢筋、钢丝、钢绞线的常规检验项目及每批取样数量见表 9-1。

表 9-1 钢材试验取样数量

检验项目	取样数量					
	型钢	钢板	钢管	钢筋	钢丝	钢绞线
拉伸试验	1	1	每批在两根钢管上各取 1 个试样	2	1	1
弯曲试验	1	1	每批在两根钢管上各取 1 个试样	2	2	2
冲击试验	3	3	每批在两根钢管上各取一组 3 个试样	—	—	—

9.1.2 取样方法

1. 型钢

型钢的截面形状较为简单，便于轧制，构件间相互连接也比较方便，主要用于建筑中的主要承重结构及辅助结构，各种规格的型钢可组成各种形式的钢结构。型钢按其断面形状分为工字钢、槽钢、角钢、圆钢等(见图 9-1)，广泛应用于工业建筑和金属结构，如厂房、桥梁、输电铁塔等，往往配合使用。型钢取样按下述方法进行：

(1)左右对称性型钢(如工字钢、T 型钢)，在距外端点 1/6 总长的地方截取长 500 mm、宽 20 mm的矩形试件。

(2)非对称性型钢(如槽钢、L 型钢)，在距外端点 1/3 总长的地方截取长 500 mm，宽 20 mm的矩形试件。

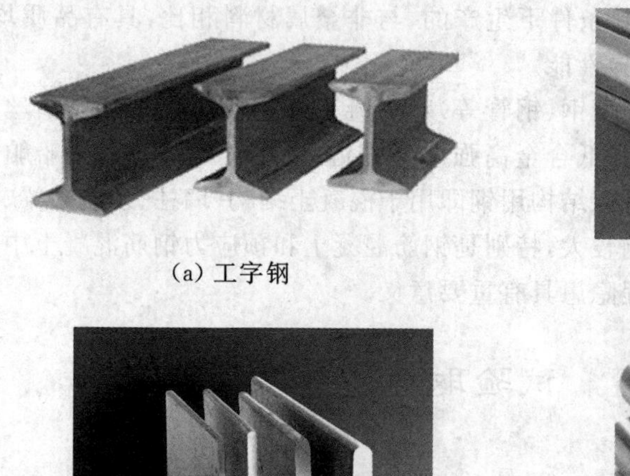

(a) 工字钢

(b) 槽钢

(c) 角钢

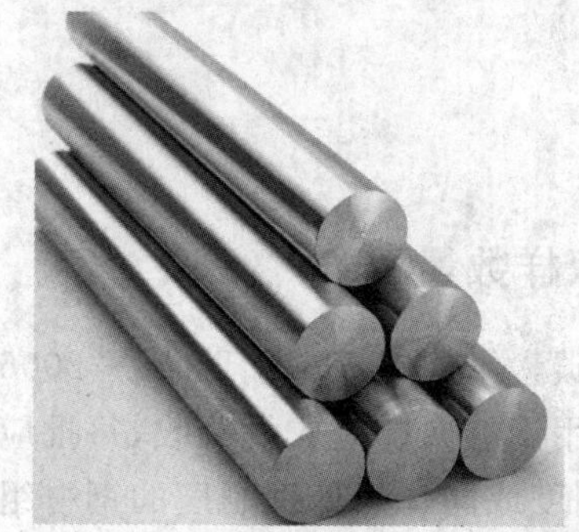

(d) 圆钢

图 9-1　型钢

2. **钢板**

钢板(钢带)是一种宽厚的比和表面积都很大的矩形截面钢材。通常成张交货的称为钢板，也称平板；长度很长、成卷交货的称为钢带，也称卷板。

钢板在距外端 125 mm 的地方直接截取长 500 mm、宽 20 mm 的矩形试件。一根作拉伸试验，一根作弯曲试验。

3. **钢管**

钢管是一种中空的长条钢材(如图 9-2 所示)，大量用作输送流体的管道，如石油、天然气、水、煤气、蒸气等，另外，在抗弯、抗扭强度相同时，重量较轻，所以也广泛用于制造机械零件和工程结构。钢管取样按下述方法进行：

(1)拉伸试样：外径小于或等于 30 mm 的钢管，应取整个管段作为拉伸试样。外径大于 30 mm 时，应剖管取纵向或横向拉伸试样。如果试验条件允

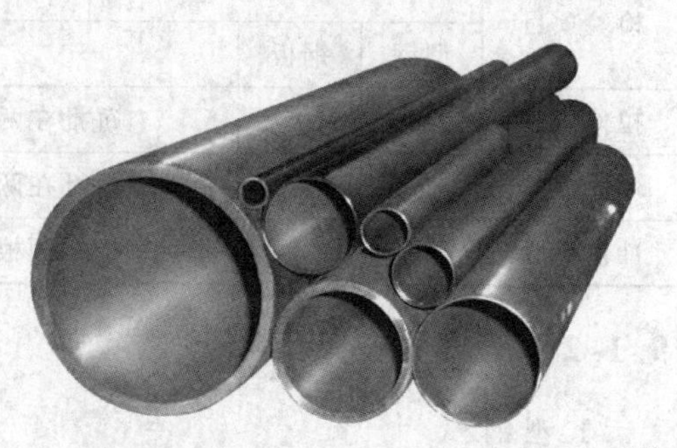

图 9-2　钢管

许，外径大于 30 mm 的钢管也可整个管段做拉伸试样。

外径大于 30 mm 的钢管，当壁厚小于 8 mm 时，应制成条状拉伸试样；壁厚等于或大于 8 mm时，应根据壁厚经加工成圆形比例式样，试样中心线应接近钢管内壁。

(2)弯曲试样：钢管弯曲试样可在任意部位切取。

(3)冲击试样：钢管冲击试样应靠近内壁切取，试样缺口轴线应垂直于内壁。

4. 钢筋

混凝土用钢筋主要有热轧光圆钢筋、热轧带肋钢筋(如图 9－3 所示)和钢筋焊接网等，钢筋要求有足够的强度和一定的塑性，具有可焊性和与混凝土的足够的握裹力。钢筋取样按下述方法进行：

(1)拉伸试样：任选两根钢筋去掉端部 500 mm，切取长约 500 mm 或者 10d＋200(d32 以上取长约 800 mm)。

(2)弯曲试样：任取两根钢筋切取长约 350 mm 或者 5d＋150 mm。

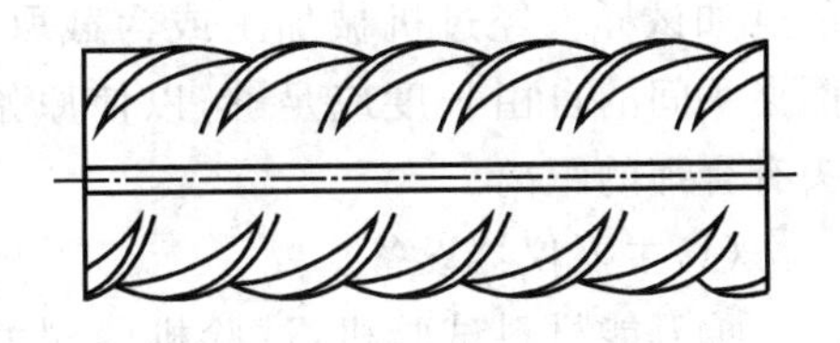

图 9－3　热轧带肋钢筋

5. 钢丝、钢绞线

钢丝是用热轧盘条经冷拉制成的再加工产品(如图 9－4 所示)，钢绞线是由多根钢丝绞合构成的钢铁制品(如图 9－5 所示)。钢丝、钢绞线的取样按下述方法进行：

(1)拉伸试样：每盘中随机切取长约 450 mm。

(2)弯曲试样：每盘中随机切取长约 350 mm。

图 9－4　钢丝

图 9－5　钢绞线

9.2　拉伸试验

钢材的拉伸试验依据《金属材料拉伸试验 第 1 部分：室温试验方法》(GB/T 228.1—2010)。拉伸试验所用试样的形状与尺寸主要取决于被试验的金属产品的形状和尺寸。通常从产品、压制坯或铸件切取样坯经机械加工制成试样，但具有恒定截面的产品和铸造试样可以不经过加工而直接进行试验。试样横截面可以为圆形、矩形、多边形、环形、特殊情况下可以为其他形状。

试样原始标距和原始横截面积有 $L_0=k\sqrt{S_0}$ 关系者称为比例试样。国际上使用的比例系

数 k 的值为 5.65。原始标距应不小于 15 mm。当试样横截面积太小，以致采用比例系数 k 为 5.65 的值不能符合这一最小标距要求时，可以采用较高的值（优先采用 11.3）或采用非比例试样。非比例试样其原始标距（L_0）与其原始横截面积（S_0）无关。

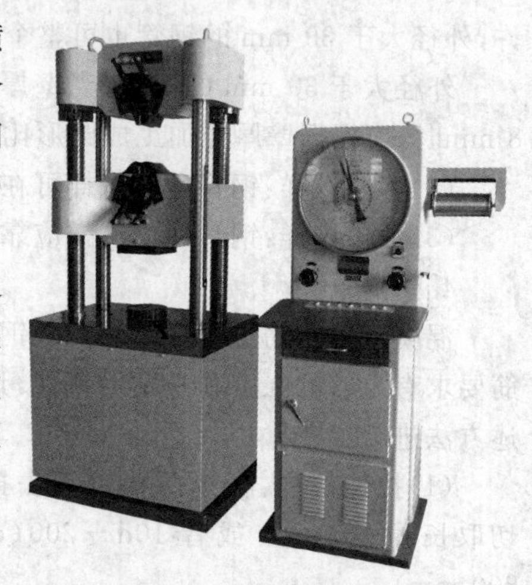

图 9-6　万能材料试验机

如试样的夹持端与平行长度的尺寸不相同，它们之间应以过渡弧连接。夹持端的形状应适合试验机的夹头，试样轴线应与力的作用线重合。试样平行长度 L_0 或试样不具有过渡弧时夹头间的自由长度应大于原始标距 L_0。如试样未经过机械加工或为截取材料的一段长度，两夹头间的自由长度应足够，以使原始标距的标记与夹头有合理的距离。

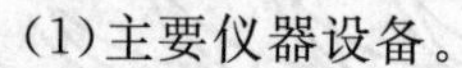

(1)主要仪器设备。

①万能材料试验机：试验机的测力示值误差不大于 1%（如图 9-6 所示）。

②游标卡尺。

③钢筋打点标距仪（如图 9-7 所示）或手锉刀等。

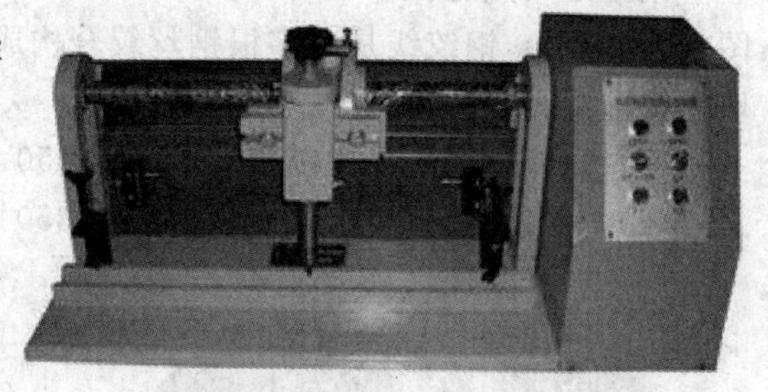

图 9-7　电动钢筋标距仪

(2)试验步骤。

①测定原始横截面积 S_0。

原始横截面积是平均横截面积，应根据测量的尺寸计算。原始横截面积 S_0 的测定应准确到 ±2%，当误差的主要部分是由于试样厚度的测量所引起的，宽度的测量误差不应超过 ±0.2%。应在试样标距的两端及中间三处测量宽度和厚度，取用三处测得的最小横截面积，并至少保留 4 位有效数字。计算钢筋强度用横截面积，可采用表 9-2 所列公称横截面积。

表 9-2　钢筋的公称横截面积

公称直径(mm)	公称横截面积(mm^2)	公称直径(mm)	公称横截面积(mm^2)
8	50.27	22	380.1
10	78.54	25	490.9
12	113.1	28	615.8
14	153.9	32	804.2
16	201.1	36	1018
18	254.5	40	1257
20	314.2	50	1964

②原始标距 L_0 的标记。

拉伸试验用试件可以用两个或一系列等分小冲点或细划线标出原始标距(标记不应影响试样断裂),也可以用手锉刀刻画标记,测量标距长度 L_0(精确至 0.1 mm)。

对于比例试样,如果原始标距的计算值与其标记值小于 $10\%L_0$,应将原始标距的计算值修约至最接近 5 mm 的倍数,中间数值向较大一方修约。原始标距的标记应准确到±1%。

③将试样安装上夹头,上下夹头必须持紧在试验机夹具上方可开始加载。根据要求,记录所需测量的试验力值。试验速率取决于材料特性并应符合表 9-3 要求。

表 9-3 拉伸试验应力速率

材料弹性模量 E(MPa)	应力速率 MPa/s	
	最大	最大
<150000	2	20
≥150000	6	60

④试验拉断后,将其断裂部分在断裂处紧密对接在一起,尽量使其轴线位于一直线上,如拉断处形成缝隙,则缝隙应计入试样拉断后的标距内。

(3)结果处理。

①屈服强度按下屈服点,即屈服阶段的最小值来确定。在拉伸中,测力度盘的指针停止转动时的恒定荷载,或第一次回转时的最小荷载(或数值出现波动阶段的最小值),即为所求的屈服点荷载 F_s(N)。屈服强度 R_e 按式(9-1)计算:

$$R_e = \frac{F_{eL}}{S_0} \tag{9-1}$$

式中:R_e——屈服强度,MPa;

F_{eL}——下屈服点的荷载值,N;

S_0——试样的初始截面积,mm^2。

②抗拉强度按式(9-2)计算:

$$R_b = \frac{F_b}{S_0} \tag{9-2}$$

式中:R_b——抗拉强度,MPa;

F_b——最大荷载值,N;

S_0——试样的初始截面积,mm^2。

③计算断后伸长率。

a. 如拉断处到邻近的标距点的距离大于 $1/3L_0$ 时,可用卡尺直接量出已被拉长的标距长度 L_1(mm)。

b. 如拉断处到邻近的标距端点的距离小于或等于 $1/3L_0$,可按下述移位法确定 L_1:

在长段上,从拉断处 O 取基本等于短段格数,得 B 点,接着取等于长段所余格数[偶数,图 9-8(a)]之半,得 C 点;或者取所余格数[奇数,图 9-8(b)]减 1 与加 1 之半,得 C 与 C_1 点。移位后的 L_1 分别为 $AO+OB+2BC$(偶数)或者 $AO+OB+BC+BC_1$(奇数)。

如果直接量测所求得的伸长率能达到技术条件的规定值,则可不采用移位法。

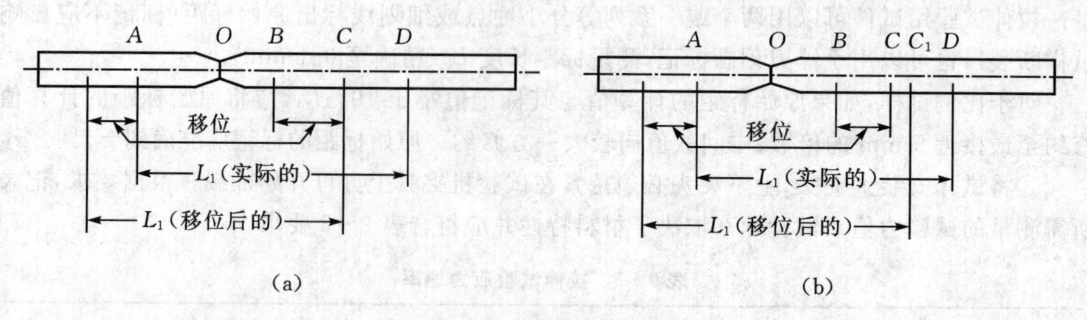

图 9-8 用移位法计算标距

c.断后伸长率的计算按式(9-3)进行:

$$A=\frac{L_1-L_0}{L_0}\times 100 \tag{9-3}$$

式中:A——断后伸长率,%;

L_1——断后标距,mm;

L_0——原始标距,mm。

④对于圆形横截面试样,在缩颈最小处相互垂直方向测量直径,取其算术平均值计算最小横截面积;对于矩形横截面试样,测量缩颈处的最大宽度和最小厚度,两者之乘积为断后最小横截面积。断面收缩率按式(9-4)计算:

$$Z=\frac{S_0-S_u}{S_0}\times 100 \tag{9-4}$$

式中:Z——断面收缩率,%;

S_u——断后最小横截面积,mm;

S_0——原始横截面积,mm。

⑤如试件在标距端点上或标距处断裂,则试验结果无效,应重做试验。

(4)拉伸试验的结果填入表 9-4。

表 9-4 钢材拉伸试验报告

钢材样品描述:________________

试验编号	实测数据							计算值			
	原始横截面积 S_0(mm²)	断后最小横截面积 S_u(mm²)	原始标距 L_0(mm)	断后标距 L_1(mm)	屈服力 F_{eL}(kN)	拉断最大力 F_b(kN)	拉断位置	屈服点 R_e(MPa)	抗拉强度 R_b(MPa)	伸长率 A(%)	断面收缩率 Z(%)
1											
2											
3											

9.3 弯曲试验

弯曲试验是以圆形、方形、矩形或多边形横截面试样在弯曲装置上经受弯曲塑性变形,不改变加力方向，直至达到规定的弯曲角度，看弯曲处外表面是否有裂纹、起皮、断裂等现象，从而评价钢材的弯曲性能。弯曲试验依据《金属材料 弯曲试验方法》(GB/T 232—2010)。

(1)主要仪器设备。

①压力机或万能材料试验机：配有两个支辊和一个弯曲压头的支辊式弯曲装置、一个 V 型模具和一个弯曲压头的 V 型模具式弯曲装置、虎钳式弯曲装置。

②具有不同直径的弯心(见图 9-9)。

(2)试样准备。

①试验使用圆形、方形、矩形或多边形横截面的试样。样坯的切取位置和方向应按照相关产品标准的要求。试样应去除由于剪切或火焰切割或类似的操作而影响了材料性能的部分。如果试验结果不受影响，允许不去除试样影响的部分。

②试样表面不得有划痕和损伤。方形、矩形和多边形横截面试样的棱边应倒圆，倒圆半径应符合下列规定：

图 9-9　弯芯

a. 当试样厚度小于 10 mm，倒圆半径不应超过 1 mm；

b. 当试样厚度大于或等于 10 mm 且小于 50 mm，倒圆半径不应超过 1.5 mm；

c. 当试样厚度不小于 50 mm，倒圆半径不应超过 3 mm。

棱边倒圆时不应形成影响试验结果的横向毛刺、伤痕或刻痕。如果试验结果不受影响，允许试样的棱边不倒圆。

③试样的宽度应按照相关产品标准的要求，如未具体规定，应按照以下要求：

a. 当产品宽度不大于 20 mm 时，试样宽度为原产品宽度。

b. 当产品宽度大于 20 mm 时，如果厚度小于 3 mm 时，试样宽度为(20±5) mm；如果厚度不小于 3 mm 时，试样宽度在 20～50 mm。

④试样的厚度或直径应按照相关产品标准的要求，如未具体规定，应按照以下要求：

a. 对于板材、带材和型材，试样厚度应为原产品厚度。如果产品厚度大于 25 mm，试样厚度可以机加工减薄至少不小于 25 mm，并保留一侧原表面。弯曲试验时，试样保留的原表面应位于受拉变形一侧。

b. 直径(圆形横截面)或内切圆直径(多边横截面)不大于 30 mm 的产品，其试样横截面应为原产品的横截面。对于直径或多边形横截面内切圆直径超过 30 mm 但不大于 50 mm 的产品，可以将其加工成横截面内切圆直径不小于 25 mm 的试样。直径或多边形横截面内切圆直径大于 50 mm 的原产品，应将其机加工成横截面内切圆直径不小于 25 mm 的试样，见图 9-10。试验时试样未经机加工的原表面应置于受拉变形的一侧。

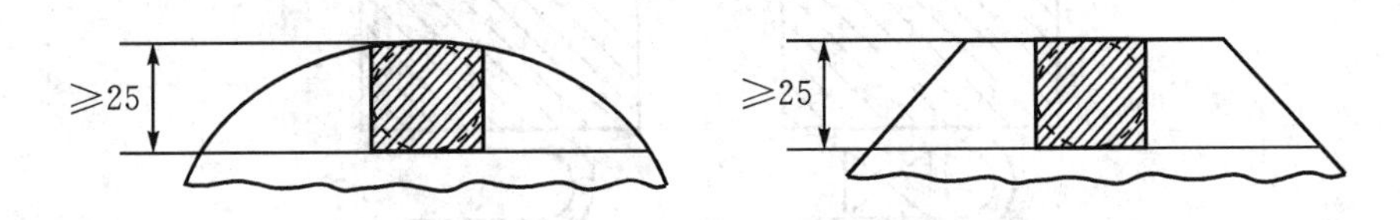

图 9-10　取样形状及位置(单位：mm)

⑤试样的长度应根据试样的厚度(或直径)和所使用的试验设备确定。

(3)试验步骤。

①试验一般在10～35 ℃的室温范围内进行,对温度要求严格的试验,试验温度应为(23±5) ℃。

②按照相关产品标准规定,采用下列方法之一完成试验:

a.试样在给定的条件和力作用下弯曲至规定的弯曲角度(见图9-11、图9-12和图9-13)。

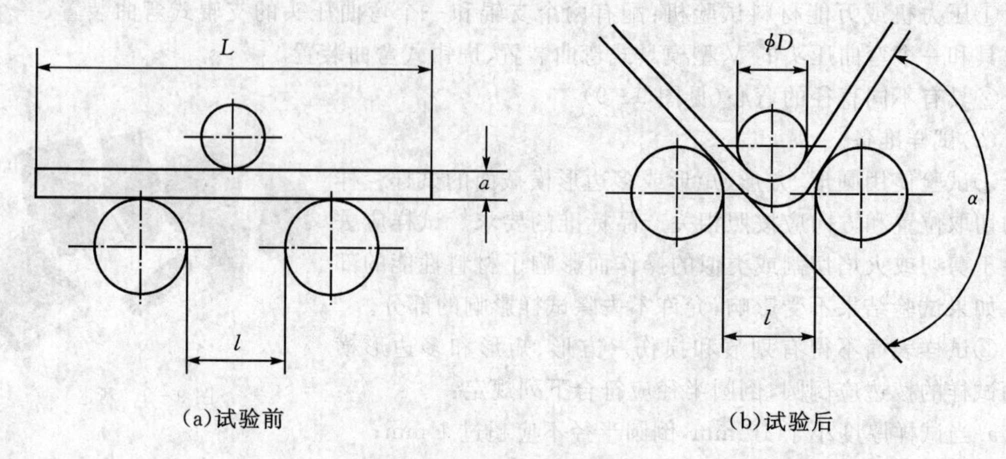

图9-11 支辊式弯曲装置

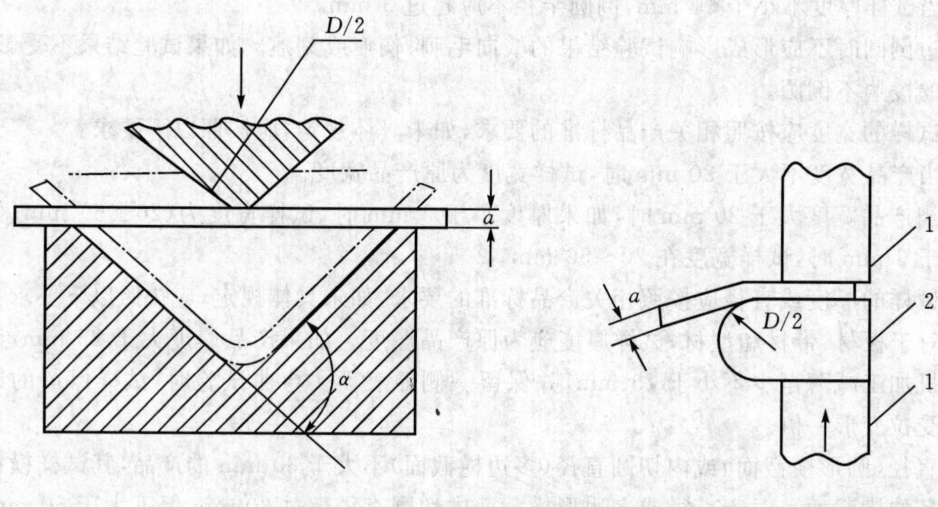

图9-12 V型模具式弯曲装置

图9-13 虎钳式弯曲装置

b.试样在力的作用下弯曲至两臂相距规定距离且相互平行(见图9-14)。

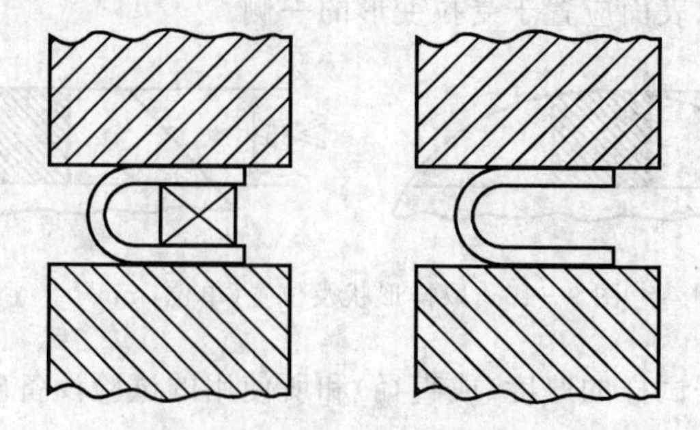

图9-14 试样弯曲至两臂平行

c.试样在力作用下弯曲至两臂直接接触(见图 9-15)。

③试样弯曲至规定弯曲角度的试验,应将试样放于两支辊(见图 9-11)或 V 形模具(见图 9-12)上,试样轴线应与弯曲压头轴线垂直,弯曲压头在两支座之间的中点处对试样连续施加力使其弯曲,直至达到规定的弯曲角度。弯曲角度 α 可以通过测量弯曲压头的位移计算得出。可以采用图 9-13 所示的方法进行弯曲试验。试样一端固定,绕弯曲压头进行弯曲,可以绕过弯曲压头,直至达到规定的弯曲角度。

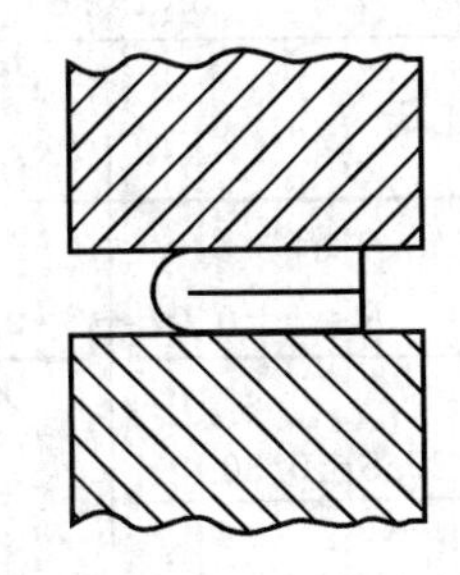

图 9-15　试样弯曲至两臂直接接触

弯曲试验时,应当缓慢地施加弯曲力,以使材料能够自由地进行塑性变形。当出现争议时,试验速率应为(1±0.2) mm/s。使用上述方法如不能直接达到规定的弯曲角度,可将试样置于两平行压板之间(见图 9-16),连续施加力压其两端使进一步弯曲,直至达到规定的弯曲角度。

④试样弯曲至两臂相互平行的试验,首先对试样进行初步弯曲,然后将试样置于两平行压板之间(见图 9-16),连续施加力压其两端使进一步弯曲,直至两臂平行(见图 9-14),试验时可以加或不加内置垫块。垫块厚度等于规定的弯曲压头直径,除非产品标准中另有规定。

⑤试样弯曲至两臂直接接触的试验,首先对试样进行初步弯曲,然后将试样置于两平行压板之间,连续施加力压其两端使其进一步弯曲,直至两臂直接接触(见图 9-15)。

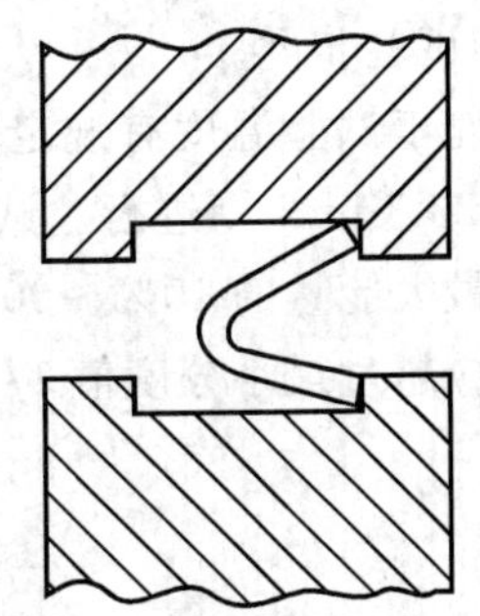

图 9-16　试样置于两平行压板之间

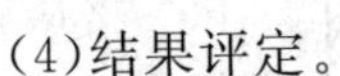

(4)结果评定。

弯曲后,按有关标准规定检查试样弯曲外表面,进行结果评定。若无裂纹、裂缝或裂断,则评定试样合格。

(5)钢材弯曲试验的结果填入表 9-5。

表 9-5　钢材弯曲试验报告

钢材样品描述:________________________________

试验编号	弯曲角度 α(°)	弯心直径 d(mm)	弯曲外表面描述	弯曲结果
1				
2				

9.4　冲击韧性

钢材抵抗冲击载荷而不破坏的能力称为冲击韧性,以试件冲断时消耗的冲击功 A_k 表示。冲击功 A_k 越大,表示冲断试件消耗的能量越大,即钢材抵抗冲击荷载的能力越强,冲击韧性就越好。冲击韧性测试采用的是夏比 V 型缺口和 U 型缺口试样(如图 9-17 所示)的冲击试验,主要适用于型钢、钢板、钢管。冲击试验依据《金属材料 夏比摆锤冲击试验方法》(GB/T 229—2007)。

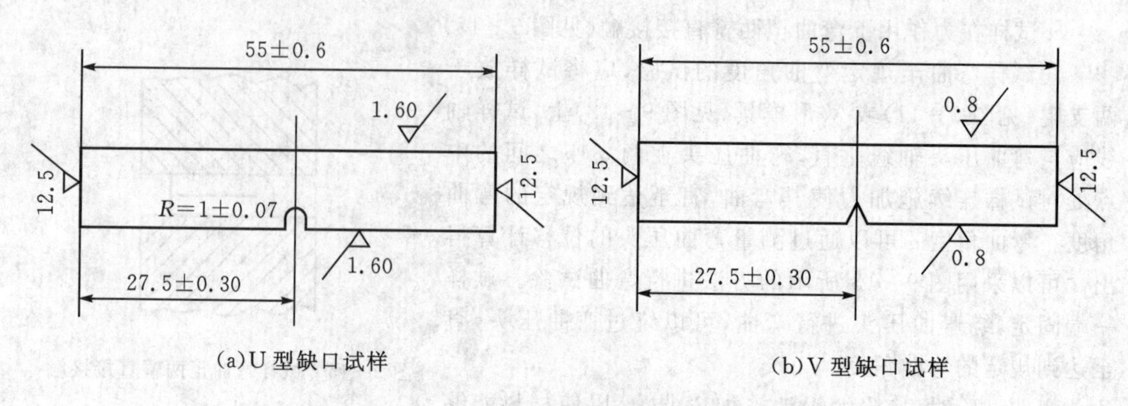

(a)U型缺口试样　　(b)V型缺口试样

图 9-17　夏比冲击试样(单位:mm)

(1)主要仪器设备。

摆锤式冲击试验机:通过冲击前后摆锤势能的变化表示冲击功,如图 9-18 所示。

(2)试验步骤。

①对于试验温度有规定的,应在规定温度±2 ℃范围内进行,如没有规定,试验温度要求控制在 23 ℃±2 ℃进行。试验前应检查摆锤空打时的回零差或空载能耗。冲击试验机一般在摆锤最大能量的 10%~90%范围内使用。试验前应检查摆锤空打时被动指针的回零差;回零差不应超过最小分度值 1/4。

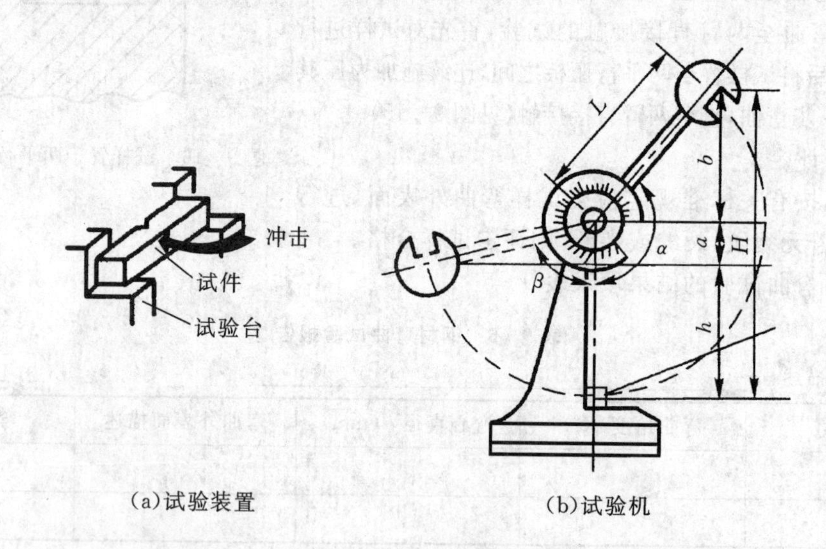

(a)试验装置　　(b)试验机

图 9-18　冲击试验机

②检查试样尺寸后放置试件。应紧贴试验机砧座,锤刃沿缺口对称面打击试样缺口的背面,试样缺口对称面偏离两砧座间的中点应不大于 0.5 mm。

③进行试件的冲击。试样吸收能量 K 不应超过实际初始势能 K_p 的 80%,如果超过此值,在试验报告中应注明超过试验机能力的 80%。如果试件未能完全断裂,可以注明冲击吸收能量或与完全断裂试样结果取平均值。由于试验机打击能量不足导致试样未完全断裂的,应注明用该试验机试验的试样未断开。如果试样卡在试验机上,试验结果无效,应彻底检查试验

机,以免试验机的损伤影响测量的准确性。

④检查断口。如断裂后检查显示出试样标记是在明显的变形部位,试验结果可能不代表材料的性能,应在报告中注明。

(3)结果评定。

读取每个试样的冲击吸收能量 A_k,应至少估读到 0.5 J 或 0.5 个标度单位(取两者之间的较小值)。试验结果至少保留两位数字。

(4)冲击韧性试验结果填入表 9-6。

表 9-6 钢材冲击韧性试验报告

试验编号	试样尺寸及类型	试验温度(℃)	试验机打击能量(J)	冲击吸收功(J/cm²)
1				
2				
3				

9.5 布氏硬度

硬度是材料表面抵抗变形或破裂的能力。测试钢材的硬度常用的方法有布氏法、洛氏法、维氏法等。布氏法是用一定大小的载荷 F(kgf),把直径为 D(mm)硬质合金球压入试样表面,保持规定时间后卸载,测量试样表面的残留压痕直径 d,求压痕的表面积 S(如图 9-19 所示)。单位压痕面积承受的平均压力定义为布氏硬度,用 HBW 表示。硬度值越高,表示材料越硬。布氏硬度试验依据《金属材料 布氏硬度试验 第 1 部分:试验方法》(GB/T 231.1—2009)。

(1)主要仪器设备。

①布氏硬度计(如图 9-20 所示):符合《金属材料 布氏硬度试验 第 2 部分:硬度计的检验与校准》(GB/T 231.2—2012)的规定。

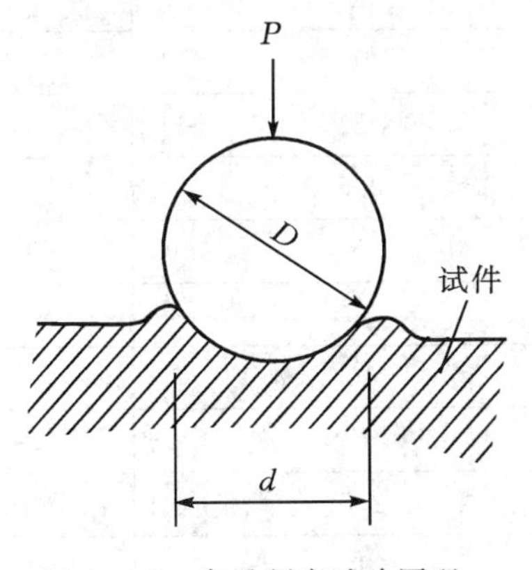

图 9-19 布氏硬度试验原理

图 9-20 布氏硬度计

②压头:硬质合金压头。

③压痕测量装置。

(2)试样要求。

①试样表面应平坦光滑,并且不应有氧化皮及外界污物,尤其不应有油脂。试样表面应能

保证压痕直径的精确测量，建议表面粗糙度参数 Ra 不大于 1.6 μm。

②制备试样时，应使过热或冷加工等因素对试样表面性能的影响减至最小。

③试验厚度至少应为压痕深度的 8 倍。试验后，试样背部出现可见变形，则表明试样太薄。

④试验一般在 10～35 ℃室温下进行，试验温度有严格要求的，温度为 23 ℃±5 ℃。

(3)试验步骤。

①不同条件下的试验力见表 9-7。如果有特殊协议，其他试验力-压头球直径平方的比率也可以用。

表 9-7　不同条件下的试验力

硬度符号	硬质合金球直径 D(mm)	试验力-压头球直径平方的比率 $0.102\times F/D^2$ (N/mm²)	试验力的标称值 F(N)
HBW10/3000	10	30	29420
HBW10/1500	10	15	14710
HBW10/1000	10	10	9807
HBW10/500	10	5	4903
HBW10/250	10	2.5	2452
HBW10/100	10	1	980.7
HBW5/750	5	30	7355
HBW5/250	5	10	2452
HBW5/125	5	5	1226
HBW5/62.5	5	2.5	612.9
HBW5/25	5	1	245.2
HBW2.5/187.5	2.5	30	1839
HBW2.5/62.5	2.5	10	612.9
HBW2.5/31.25	2.5	5	306.5
HBW2.5/15.625	2.5	2.5	153.2
HBW2.5/6.25	2.5	1	61.29
HBW1/30	1	30	294.2
HBW1/10	1	10	98.07
HBW1/5	1	5	49.03
HBW1/2.5	1	2.5	24.52
HBW1/1	1	1	9.807

②试验力的选择应保证压痕直径在 $0.24D$～$0.6D$。试验力-压头球直径平方的比率($0.102\times F/D^2$ 比值)应根据材料和硬度值选择，对于建筑钢材由于硬度较高，一般选择 30。为了保证在尽可能大的有代表性的试样区域试验，应尽可能地选取大直径压头。当试样尺寸允许时，应优先选用直径 10 mm 的球压头进行试验。

③试样应稳固地放置于试台上。试样背面和试台之间应清洁和无外界污物(氧化皮、油、灰尘等)。将试样牢固地放置在试台上,保证在试验过程中不发生位移是非常重要的。

④使压头与试样表面接触,无冲击和振动地垂直于试验面施加试验力,直至达到规定试验力值。从加力开始至全部试验力施加完毕的时间应在2~8 s。试验力保持时间为10~ 15 s。对于要求试验力保持时间较长的材料,试验力保持时间允许误差应在±2 s以内。

⑤在整个试验期间,硬度计不应受到影响试验结果的冲击和振动。

⑥任一压痕中心距试样边缘距离至少应为压痕平均直径的2.5倍;两相邻压痕中心间距离至少应为压痕平均直径的3倍。

⑦应在两相互垂直方向测量压痕直径。用两个读数的平均值计算布氏硬度,或按《金属材料 布氏硬度试验 第4部分:硬度值表》(GB/T 231.4—2009)查得布氏硬度值。对于自动测量装置,可采用等间隔多次测量的平均值。

(4)布氏硬度试验结果填入表9-8。

表9-8 钢材布氏硬度试验报告

试验编号	压头直径 D(mm)	试验力 F	$0.102\times F/D^2$ (N/mm^2)	压痕直径			硬度值 HBW
				单值		平均值	
1							
2							
3							

第10章 沥青及沥青混合料试验

沥青是一种憎水性的有机胶凝材料，是由多种有机物构成的极其复杂的碳氢化合物和碳氢化合物与氧、氮、硫的衍生物所组成的混合物。常温下呈褐色或黑褐色的固体、半固体或黏稠液体，能溶于多种有机溶剂，但几乎不溶于水，属憎水性材料。

沥青具有良好的不透水性、黏结性、塑性、抗冲击性、耐化学腐蚀性及电绝缘性等优点，在建筑、公路、桥梁、地下工程中应用广泛，采用沥青做胶凝材料的沥青混合料是公路路面、机场道路结构中的一种主要材料。本章主要介绍沥青的针入度、标准黏度、延度和软化点以及沥青混合料的相关试验，依据《公路工程沥青及沥青混合料试验规程》(JTG E20—2011)。

10.1 针入度

沥青材料在外力作用下抵抗发生黏性变形的能力称为黏滞性。沥青在常温下的状态不同，其黏滞性的指标也不同。常温呈液态的沥青的黏滞性用黏度表示，常温呈半固体或固体的沥青的黏性用针入度表示。针入度是在规定温度下，用规定质量的标准针，经历规定时间沉入沥青试样中的深度来表示(如图10-1所示)。针入度值越大，说明沥青流动性就越大，黏性越差。

本方法适用于测定道路石油沥青、聚合物改性沥青以及液体石油沥青蒸馏或乳化石油沥青蒸发后残留物等的针入度，0.1 mm称1度。其标准试验温度为25 ℃，贯入时间为5 s，荷重为100 g。

(1)主要仪器设备。

①针入度仪：如图10-2所示。其中支柱上有两个悬臂，上臂装有分度为360°的刻度盘及活动齿杆，其上下运动的同时，使指针转动；下臂装有可滑动的针连杆(其下端安装标准针)，总质量为50 g±0.05 g，针入度仪附带有50 g±0.5 g砝码一个。设有控制针连杆运动的制动按钮，基座上设有放置玻璃皿的可旋转平台及观察镜。

②标准针：应由硬化回火的不锈钢制成，洛氏硬度HRC54～60，表面粗糙度Ra0.2～0.3 μm，针及针杆总重量2.5 g±0.05 g，其尺寸应符合《公路工程沥青及沥青混合料试验规程》的规定。

③盛样皿：金属圆柱形平底容器。针入度小于200时，用小盛样皿，内径55 mm，内部深度35 mm；针入度在200～350时，用大盛样皿，内径70 mm，内部深度为45 mm。针入度大于350的试样需使用特

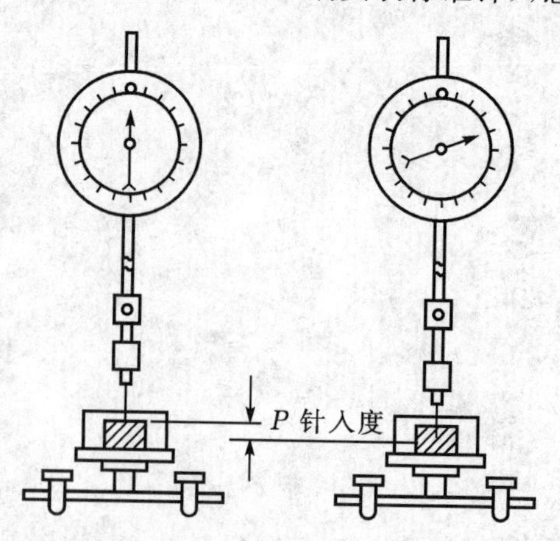

图10-1 沥青针入度示意图

殊盛样皿，其深度不小于 60 mm，容积不小于 125 mL；应带有盖子。

④恒温水槽：容量不小于 10 L，能保持温度在试验温度的±0.1 ℃范围内。水槽中设有一带孔的搁架，位于水面下不得少于 100 mm，距水槽底部不得少于 50 mm。

⑤平底玻璃皿：容量不小于 1 L，深度不小于 80 mm。内设有一不锈钢三脚支架，能使盛样皿稳定。

⑥温度计或温度传感器：精度为 0.1 ℃。

⑦秒表：精度为 0.1 s。

⑧位移计或位移传感器：精度为 0.1 mm。

⑨其他：砂浴或可控制温度的密闭电炉、石棉网、瓷把坩埚等。

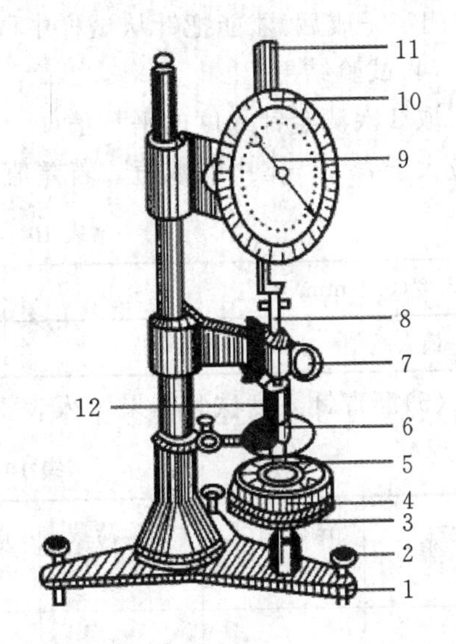

1—底座；2—调平螺丝；3—圆形平台；4—保温皿；5—标准针；6—小镜试样；7—按钮刻度盘；8—针连杆；9—指针；10—刻度盘；11—活动齿杆；12—砝码

图 10-2 针入度仪

(2)试样制备。

①将预先除去水分的试样在砂浴或密闭电炉上加热，并不断搅拌，以防止局部过热，加热至沥青样品全部熔化能够流动。加热温度不得超过估计软化点 100 ℃，加热时间不得超过 30 min，加热过程中避免试样中进入气泡。加热完毕后，用 0.6 mm 筛过滤，除去杂质。

②将试样倒入预先选好的盛样皿中，试样深度应大于预计穿入深度 10 mm，盖上盛样皿，以防止落入灰尘。

③盛样皿在 15～30 ℃的空气中冷却不少于 1.5 h(小盛样皿)、2 h(大盛样皿)或 3 h(特殊盛样皿)，防止灰尘落入盛样皿。然后将盛样皿移入保持规定试验温度的恒温水浴中，小盛样皿恒温不少于 1.5 h、2 h(大盛样皿)或 2.5 h(特殊盛样皿)。

(3)试验步骤。

①调整针入度仪基座螺丝使其成水平。检查活动齿杆自由活动情况，用三氯乙烯或其他溶剂清洗擦净标准针，将其固定在连杆上，按试验要求条件放上砝码。

②将恒温的盛样皿自槽中取出，置于水温严格控制为(25±0.1) ℃的平底保温玻璃皿中，沥青试样表面以上水层高度不小于 10 mm，再将保温玻璃皿置于针入度仪的旋转圆形平台上。

③调节标准针使针尖与试样表面恰好接触，不得刺入试样。移动活动齿杆使与标准针连杆顶端接触，并将刻度盘指针调整至“0”。

④用手紧压按钮，同时开动秒表，使标准针自由地针入沥青试样，到规定时间(5 s)放开按钮，使针停止针入。

⑤再拉下活动齿杆使与标准针连杆顶端相接触。这时，指针也随之转动，刻度盘指针读数即为试样的针入度，精确至 0.1 mm。在试样的不同点(各测点间及测点与金属皿边缘的距离不小于 10 mm)重复试验三次，每次试验后，将针取下，用浸有三氯乙烯的棉花将针端附着的沥青擦干净，再用干棉花或布擦干。

⑥测定针入度大于 200 的沥青试样时，至少用 3 根针，每次测定后将针留在试样中，直至

3 次测定完成后,才能把针从试样中取出。

(4)试验结果。

取 3 次测定针入度的平均值(0.1 mm 为 1 度),作为试验结果。3 次测定的针入度值相差不应大于表 10-1 中的数值。若差值超过表中数值,应重做试验。

表 10-1 针入度测定允许最大差值

针入度(0.1 mm)	0~49	50~149	150~249	250~350
最大差值	2	4	12	20

(5)沥青针入度试验结果填入表 10-2。

表 10-2 沥青针入度试验报告

试验编号	试验温度(℃)	试验荷载(g)	试验时间(s)	针入度(0.1 mm)			
				1	2	3	计算值
1							
2							

10.2 标准黏度

本试验用于测定液体石油沥青、煤沥青、乳化沥青等材料流动状态时的黏度。标准黏度是液体沥青在一定温度条件下,经规定直径的孔,漏下 50 mL 所需的时间(s)。测定示意图见图 10-3。标准黏度以 $C_{t,d}$ 表示,其中 t 为试验温度(℃),d 为流孔孔径(mm)。

(1)主要仪器设备。

①道路沥青标准黏度计,主要由以下几部分组成:

a. 水槽:环形槽,内径 160 mm,深 100 mm,中央有一圆井,井壁与水槽之间距离不少于(55 mm)。环槽中存放保温用液体(水或油),上下方各设有一流水管。水槽下装有可以调节高低的三脚架,架上有一圆盘承托水槽,水槽底离试验台面约 200 mm。水槽控温要精确到±0.2 ℃。

b. 盛样管:管体为黄铜,而带流孔的底板为磷青铜制成。盛样管的流孔 d 有 3 mm±0.025 mm、4 mm±0.025 mm、5 mm±0.025 mm 和 10 mm±0.025 mm 四种。根据试验需要,选择盛样管流孔的孔径。

c. 球塞:用以堵塞流孔。

d. 水槽盖:盖的中央有套筒,可套在水槽的圆井上,下附有搅拌叶。盖上有一把手,转动把手时可借搅拌叶调匀水槽内水温。盖上还有一插孔,可放温度计。

e. 接受瓶(如图 10-3 所示):开口,圆柱形玻璃容器,100 mL,在 25 mL、50 mL、75 mL、100 mL 处有刻度;也可用 100 mL 量筒。

f. 流孔检查棒。

②其他:温度计、秒表、循环恒温水槽、加热炉、大蒸发皿等。

(2)试验准备。

①根据沥青材料的种类和稠度,选择需要流孔孔径的盛样管,置于水槽圆井中。用规定的球塞堵好流孔,流孔下放蒸发皿,以备接受不慎流出的试样。除 10 mm 流孔采用 12.7 mm 球

塞外，其余流孔均采用直径为6.35 mm的球塞。

②根据试验温度需要，调整恒温水槽的水温为试验温度±0.1 ℃，并将其出口与黏度计水槽的进出口用胶管接妥，使热水流进行正常循环。

(3)试验步骤。

①将试样加热至比试验温度高2～3 ℃(当试验温度低于室温时，试样须冷却至比试验温度低2～3 ℃)时注入盛样管，其数量以液面到达球塞杆垂直时杆上的标记为准。

②试样在水槽中保持试验温度至少30 min，用温度计轻轻搅拌试样，测量试样的温度为试验温度±0.1 ℃时，调整试样液面至球塞杆的标记处，再继续保温1～3 min。

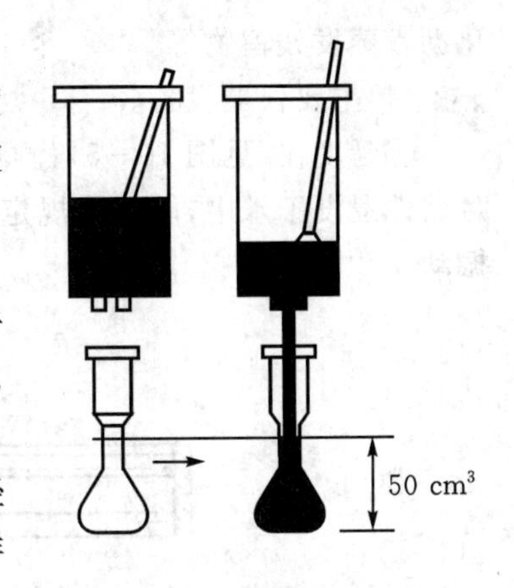

图10-3　黏度测定示意图

③将流孔下蒸发皿移去，放置接受瓶或量筒，使其中心正对流孔。接受瓶或量筒可预先注入肥皂水或矿物油25 mL，以利于洗涤或读数准确。

④提起球塞，借标记悬挂在试样管边上。待试样流入接受瓶或量筒达25 mL(量筒刻度50 mL)时，按动秒表；待试样流出75 mL(量筒刻度100 mL)时，按停秒表。

⑤记取试样流出50 mL所经过的时间，精确至s，即为试样的黏度。

(4)试验结果。

同一试样至少平行试验两次，当两次测定的差值不大于平均值的4%时，取其平均值的整数作为试验结果。

(5)沥青标准黏度试验结果填入表10-3。

表10-3　沥青标准黏度试验报告

试验编号	试验温度(℃)	流孔直径(mm)	黏度(s)		
			1	2	计算值
1					
2					

10.3　延度

延度也称延伸度，是反映沥青塑性的一个指标，表示沥青开裂后自愈能力及受机械应力作用后变形而不破坏的能力。延度试验是按标准试验方法，将沥青试样制成“8”形标准试件(试件中间最狭窄处截面积为1 cm²)，在规定温度和规定速度的条件下在延伸仪上进行拉伸，延伸度以试件拉细而断裂时的长度(cm)表示，如图10-4所示。

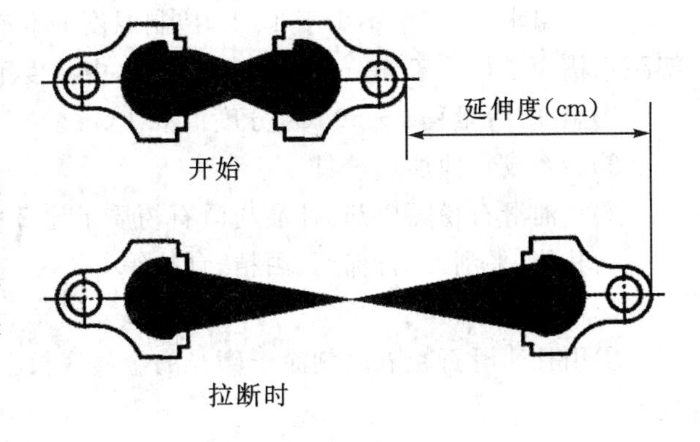

图10-4　沥青延度示意图

本试验适用于道路石油沥青、聚合物改性沥青、液体石油沥青蒸馏残留物和乳化沥青蒸发残留物等。

(1)主要仪器设备。

①延度仪(见图 10-5):测量长度不宜大于 150 mL,仪器应有自动控温、控速系统。应满足试件浸没于水中,能保持规定的试验温度及规定的拉伸速度拉伸试件,且试验时应无明显振动。

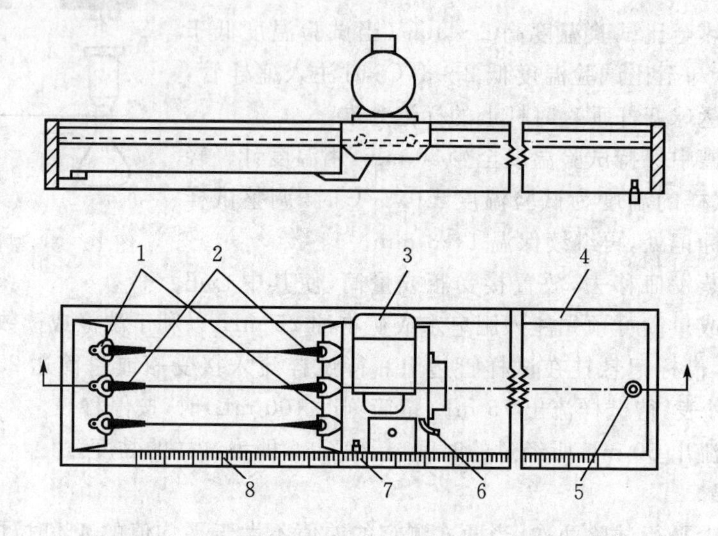

1—试模;2—试样;3—电机;4—水槽;5—泄水孔;6—开关柄;
7—指针;8—标尺

图 10-5 沥青延度仪

②试样模具(见图 10-6):用黄铜制成,由两个端模和两个侧模组成,带有玻璃、不锈钢或铜制的光滑底板。

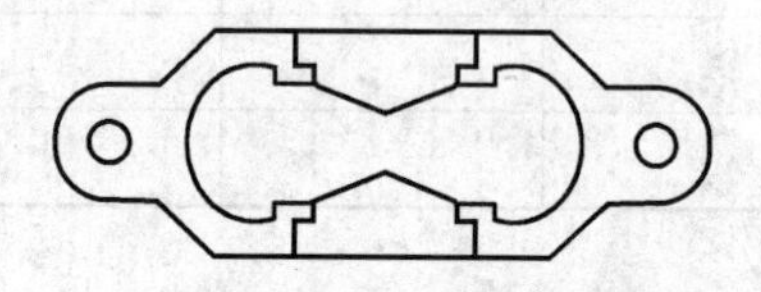

图 10-6 沥青延度试模

③恒温水槽:容量不少于 10 L,控制温度的准确度为 0.1 ℃。水槽中应设有带孔搁架,搁架距水槽底不得少于 50 mm。试件进入水中深度不小于 100 mm。

④温度计:量程 0~50 ℃,分度值 0.1℃。

⑤砂浴或其他加热炉具。

⑥甘油滑石粉隔离剂:甘油与滑石粉质量比 2∶1。

⑦其他:平刮刀、石棉网、酒精、食盐等。

(2)试验步骤。

①用甘油滑石粉隔离剂涂于磨光的金属底板上及模具侧模的内表面。将模具置于金属底板上。

②将预先除去水分的沥青试样放入金属皿,在砂浴上加热熔化、搅拌。加热温度不得比试

样软化点高100 ℃,并充分搅拌至气泡完全消除。

③将熔化的沥青试样缓缓注入模具中(自模具的一端至另一端往返多次),并略高出模具。试件在15～30 ℃的空气中冷却30 min后,放入(25±0.1) ℃的水浴中,保持30 min后取出,用热刀将高出模具的沥青刮去,使沥青面与模面齐平。沥青的刮法应自模具的中间刮向两边,表面应刮得十分光滑。将试件连同金属板再浸入(25±0.1) ℃的水槽中保持90 min。

④检查延度仪滑板的移动速度是否符合要求,然后移动滑板使指针正对标尺的零点。

⑤试件移至延度仪水槽中,将模具两端的孔分别套在滑板及槽端的金属柱上,水面距试件表面应不小于25 mm,然后去掉侧模。

⑥测得水槽中水温为25 ℃±0.5 ℃时,开动延度仪,观察沥青的拉伸情况。在测定时,如发现沥青细丝浮于水面或沉入槽底时,则应在水中加入酒精或食盐,调整水的密度至与试样的密度相近后再进行测定。

⑦试件拉断时指针所指标尺上的读数,即为试样的延度,以cm表示。在正常情况下,试件应拉伸成锥尖状,在断裂时实际横断面接近于零。如不能得到上述结果,则应报告在此条件下无测定结果。

(3)试验结果。

同一样品,每次平行试验不少于3个,如果3个测定结果均大于100 cm,试验结果记作“>100 cm”;特殊要求也可分别记录实测值。3个测定结果中,当有一个以上的测定值小于100 cm时,若最大值或最小值与平均值之差满足重复性试验要求,取3个平行测定值的平均值作为测定结果。若平均值大于100 cm,记作“>100 cm”;若最大值或最小值与平均值之差不符合重复性试验要求时,试验应重新进行。

当试验结果小于100 cm时,重复性试验的允许误差为平均值的20%,再现性试验的允许误差为平均值的30%。

(4)沥青延度试验结果填入表10-4。

表10-4　沥青延度试验报告

试验编号	试验温度(℃)	延伸速度(cm/min)	延度(cm)			
			1	2	3	计算值
1						
2						

10.4 软化点

软化点是沥青材料由固体状态转变为具有一定流动性的膏体时的温度,用来表示沥青的温度稳定性。沥青用于防水材料时,受温度作用可能发生软化,失去防水作用,温度稳定性是其重要的技术性质。软化点通常采用“环球法”试验测定。将经过熬制、已经脱水的沥青试样,装入规定尺寸的铜环中,上置规定尺寸和质量的钢球,再将置球的铜环放在有水或甘油的烧杯中,以5 ℃/min的升温速率,加热至沥青软化下垂达25.4 mm时的温度,即为沥青的软化点,如图10-7所示。

本方法适用于道路石油沥青、聚合物改性沥青、煤沥青等。

(1)主要仪器设备。

①软化点试验仪(见图 10－8),由下列部件组成:

a.钢球:直径 9.53 mm,质量 3.5 g±0.05 g。

b.试样环:黄铜或不锈钢等制成。

c.钢球定位环:黄铜或不锈钢制成。

d.金属支架:由两个主杆和三层平行的金属板组成。上层为一圆盘,直径略大于烧杯直径,中间有一圆孔,用以插放温度计。

e.耐热玻璃烧杯:容量 800～1000 mL,直径不小于 86 mm,高不小于 120 mm。

f.温度计:量程 0～100 ℃,分度值 0.5 ℃。

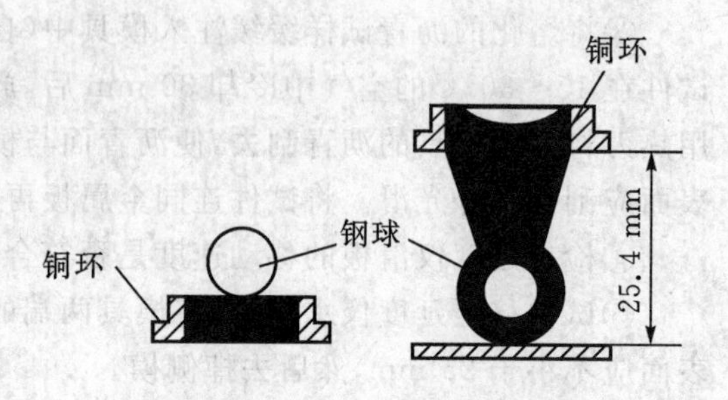

图 10－7　沥青软化点测定示意图

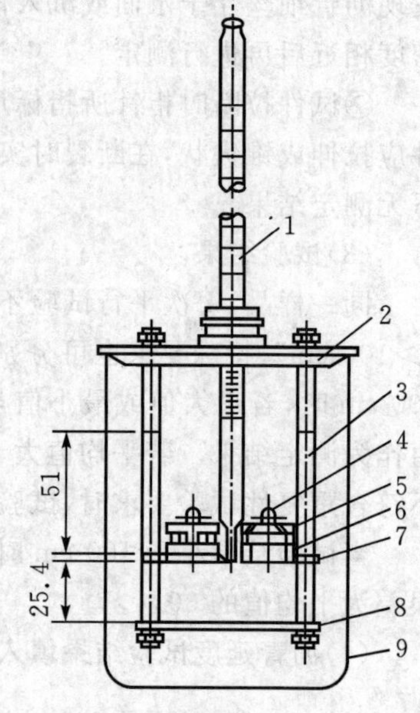

1—温度计;2—上盖板;3—立杆;4—钢球;5—钢球定位环;6—金属环;7—中层板;8—下底板;9—烧杯

图 10－8　软化点测定仪(单位:mm)

②电炉或其他加热设备:采用带有振荡搅拌器的加热电炉,振荡子置于烧杯底部。

③试样底板:金属板或玻璃板。

④恒温水槽:控温的准确度为±0.5 ℃。

⑤平直刮刀。

⑥孔径 0.3～0.5 mm 筛。

⑦其他:甘油滑石粉隔离剂、蒸馏水、石棉网等。

(2)准备工作。

①将黄铜环置于涂上甘油滑石粉隔离剂的金属板或玻璃板上。将准备好的沥青试样徐徐注入试样环内至略高出环面为止。如估计试样软化点高于 120 ℃,则试样环和试样底板均应预热至 80～100 ℃。

②试样在室温冷却 30 min 后,用热刮刀刮除环面上的试样,应使其与环面齐平。

(3)试验步骤。

①试样软化点在 80℃以下者:

a.将盛有试样的试样环及板置于盛满水的保温槽内,恒温 15 min,水温保持 5 ℃±0.5 ℃;同时将金属支架、钢球、钢球定位环等置于相同水槽中。

b.烧杯内注入新煮沸并冷却至约 5 ℃的蒸馏水,使水面或甘油液面略低于连接杆的深度标记。

c.从水槽中取出盛有试样的试样环放置在支架中层板的圆孔中,并套上定位环;然后把整个环架放入烧杯内,调整水面至深度标记,环架上任何部分均不得有气泡。将温度计由上层板中心孔垂直插入,使端部测温头底部与试样环下面齐平。

d.将盛有水和环架的烧杯移至有石棉网的三脚架上或电炉上,然后将钢球放在定位环中间的试样中央,立即开动电磁振荡搅拌器,使水微微振荡,并开始加热,使烧杯内水温度在 3 min后保持每分钟上升 5 ℃±0.5 ℃,在整个测定中如温度的上升速度超出此范围时,则试验应重做。

e.试样受热软化下坠，与下层底板面接触时的温度即为试样的软化点，立即读取温度，准确至0.5 ℃。

②试样软化点在80 ℃以上者：

a.将盛有试样的试样环及试样底板置于盛满32 ℃±1 ℃甘油的恒温槽内，恒温15 min；同时将金属支架、钢球、钢球定位环等置于甘油中。

b.烧杯内注入预加热至约32 ℃的甘油，使甘油液面略低于连接杆的深度标记。

c.从恒温槽中取出盛有试样的试样环，按与①相同的方法进行测定，精确至1 ℃。

(4)试验结果。

同一试样平行试验两次，取平行测定两个结果的算术平均值作为测定结果，精确至0.5 ℃。

(5)沥青软化点试验结果填入表10-5。

表10-5　沥青软化点试验报告

试验编号	加热介质种类	加热介质起始温度(℃)	软化点(℃)		
			1	2	计算值
1					
2					

10.5　沥青混合料试件制作

本方法适用于采用标准击实法或大型击实法制作沥青混合料试件，以供试验室进行沥青混合料物理力学性质试验使用。标准击实法适用于标准马歇尔试验、间接抗拉试验(劈裂法)等使用的ϕ101.6 mm×63.5 mm圆柱体试件的成型。大型击实法适用于大型马歇尔试验和ϕ152.4 mm×95.3 mm大型圆柱体试件的成型。当集料公称最大粒径小于或等于26.5 mm时，采用标准击实法，一组试件数量不少于4个。当集料公称最大粒径大于26.5 mm时，宜采用大型击实法，一组试件数量不少于6个。

1.主要仪器设备

(1)自动击实仪(如图10-9所示)：应具有自动记数、控制仪表、按钮设置、复位及暂停等功能，按其用途分为以下两种：

①标准击实仪：由击实锤、ϕ98.5 mm±0.5 mm平圆形压实头及带手柄的导向棒组成。用机械将压实锤提升至457.2 mm±1.5 mm高度沿导向棒自由落下连续击实，标准击实锤质量4536 g±9 g。

②大型击实仪：由击实锤、ϕ149.4 mm±0.1 mm平圆形压实头及带手柄的导向棒组成。用机械将压实锤提升至457.2 mm±2.5 mm高度沿导向棒自由落下连续击实，大型击实锤质量10210 g±10 g。

(2)试验室用沥青混合料拌和机(如图10-10所示)：能保证拌和温度并充分拌和均匀，可控制拌和时间。容量不小于10 L。搅拌叶自转速度70～80 r/min，公转速度40～50 r/min。

(3)试模：由高碳钢或工具钢制成，具体尺寸如下：

①标准击实仪试模的内径101.6 mm±0.2 mm，圆柱形金属筒高87 mm，底座直径约

120.6 mm，套筒内径 104.8 mm、高 70 mm。

②大型击实仪的试模内径 152.4 mm±0.2 mm，总高 115 mm；底座板厚 12.7 mm，直径 172 mm；套筒外径 165.1 mm，内径 155.6 mm±0.3 mm，总高 83 mm。

(4)脱模器：电动或手动，应能无破损地推出圆柱体试件，备有标准试件及大型试件尺寸的推出环。

(5)烘箱：大、中型各一台，应有温度调节器。

(6)天平或电子秤：用于称量沥青的，感量不大于 0.1 g；用于称量矿料的，感量不大于 0.5 g。

(7)布洛克菲尔德黏度计。

(8)插刀或大螺丝刀。

(9)温度计：分度值 1 ℃，量程 0～300 ℃。

图 10-9　马歇尔自动击实仪

(10)其他：电炉或煤气炉、沥青熔化锅、拌和铲、标准筛、滤纸、胶布、卡尺、秒表、粉笔、棉纱等。

2. 试件制作条件

(1)在拌和厂或施工现场采取沥青混合料制作试件时，将试样置于烘箱中加热或保温，在混合料中插入温度计测量温度，待混合料温度符合要求后成型。需要拌和时可倒入已加热的室内沥青混合料拌和机中适当拌和，时间不超过 1 min，不得在电炉或明火上加热炒拌。

(2)试验室人工配制沥青混合料时。

①将各种规格的矿料置(105±5) ℃的烘箱中烘干至恒重(一般不少于 4～6 h)。

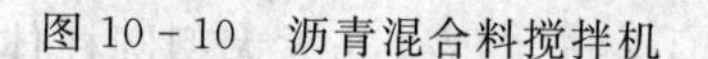

图 10-10　沥青混合料搅拌机

②将烘干分级的粗、细骨料，按每个试件设计级配要求称其质量，在一金属盘中混合均匀，矿粉单独放入小盆里；然后置烘箱中加热至沥青拌和温度以上约 15 ℃备用(采用石油沥青时通常为 163 ℃，采用改性沥青时通常为 180 ℃)。一般按一组试件(每组 4～6 个)备料，但进行配合比设计时宜对每个试件分别备料。常温沥青混合料的矿料不应加热。

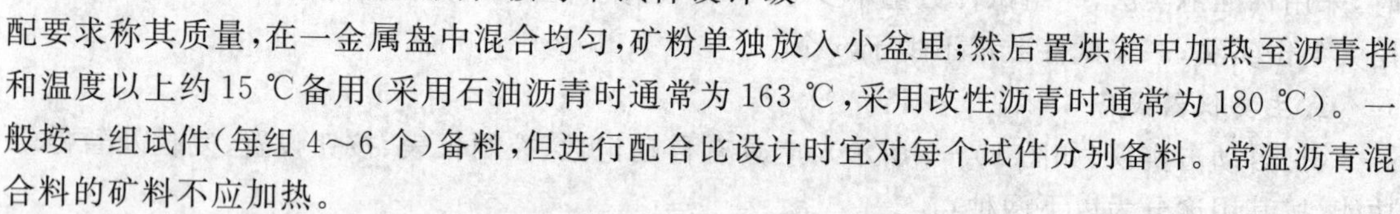

③取沥青试样，用烘箱加热至规定的沥青混合料拌和温度，但不得超过 175 ℃。当不得已采用燃气炉或电炉直接加热进行脱水时，必须使用石棉垫隔开。

3. 拌制沥青混合料

(1)黏稠石油沥青混合料。

①用蘸有少许黄油的棉纱擦净试模、套筒及击实座等，置 100 ℃左右烘箱中加热 1 h 备用。常温沥青混合料用试模不加热。

②将沥青混合料拌和机提前预热至拌和温度以上 10 ℃左右。

③将加热的粗细料置于拌和机中，用小铲子适当混合；然后加入需要数量的沥青(如沥青已称量在一专用容器内时，可在倒掉沥青后用一部分热矿粉将粘在容器壁上的沥青擦拭并一起倒入拌和锅中)，开动拌和机一边搅拌一边使拌和叶片插入混合料中拌和 1～1.5 min；暂停

拌和，加入加热的矿粉，继续拌和至均匀为止，并使沥青混合料保持在要求的拌和温度范围内。标准的总拌和时间为3 min。

(2)液体石油沥青混合料。

将每组(或每个)试件的矿料置于加热至55～100 ℃的沥青混合料拌和机中，注入要求数量的液体沥青，并将混合料边加热边拌和，使液体沥青中的溶剂挥发至50%以下。拌和时间应事先试拌决定。

(3)乳化沥青混合料。

将每个试件的粗细集料，置于沥青混合料拌和机中(不加热，也可用人工炒拌)；注入计算的用水量后(阴离子乳化沥青不加水)，拌和并均匀并使矿料表面完全润湿；再注入设计的沥青乳液用量，在1 min内使混合料拌匀；然后加入矿粉后迅速拌和，使混合料拌成褐色为止。

4.试件成型

(1)将拌好的沥青混合料，用小铲适当拌和均匀，称取一个试件所需的用量(标准马歇尔试件约1200 g，大型马歇尔试件约4050 g)。当已知沥青混合料的密度时，可根据试件的标准尺寸计算并乘以1.03得到要求的混合料数量。当一次拌和几个试件时，宜将其倒入经预热的金属盘中，用小铲适当拌和并均匀分成几份，分别取用。在试件制作过程中，为防止混合料温度下降，应连盘放在烘箱中保温。

(2)从烘箱中取出预热的试模及套筒，用蘸有少许黄油的棉纱擦拭套筒、底座及击实锤底面。将试模装在底座上，放一张圆形的吸油性小的纸，用小铲将混合料铲入试模中，用插刀或大螺丝刀沿周边插捣15次，中间捣10次。插捣后将沥青混合料表面整平。对大型击实法的试件，混合料分两次加入，每次插捣次数同上。

(3)插入温度计至混合料中心附近，检查混合料温度。

(4)待混合料温度符合要求的压实温度后，将试模连同底座一起放在击实台上固定。在装好的混合料上垫一张吸油性小的圆纸，再将装有击实锤及导向棒的压实头放入试模中。开启电机，使击实锤从457 mm的高度自由落下到击实规定的次数(75次或50次)。对大型试件，击实次数为75次(相应于标准击实的50次)或112次(相应于标准击实75次)。

(5)试件击实一面后，取下套筒，将试模翻面，装上套筒；然后以同样的方法和次数击实另一面。乳化沥青混合料试件在两面击实后，将一组试件在室温下横向放置24 h；另一组试件置温度为(105±5) ℃的烘箱中养护24 h。将养护试件取出后再立即两面锤击各25次。

(6)试件击实结束后，立即用镊子取掉上下面的纸，用卡尺量取试件离试模上口的高度并由此计算试件高度。高度不符合要求时，试件应作废，并按式(10-1)调整试件的混合料质量，以保证高度符合63.5 mm±1.3 mm(标准试件)或95.3 mm±2.5 mm(大型试件)的要求。

$$\text{调整后混合料质量}=\frac{\text{要求试件高度}\times\text{原用混合料质量}}{\text{所得试件的高度}} \tag{10-1}$$

(7)卸去套筒和底座，将装有试件的试模横向放置冷却至室温后(不少于12 h)，置脱模机上脱出试件。用于马歇尔指标检验的试件，在施工检验过程中如急需试验，允许采用电风扇吹冷1 h或浸水冷却3 min以上的方法脱模；但浸水脱模法不能用于测定密度、空隙率等各项物理指标。

(8)将试件仔细置于干燥洁净的平面上，供试验用。

10.6 沥青混合料马歇尔稳定度

本试验适用于马歇尔稳定度试验和浸水马歇尔稳定度试验，以进行沥青混合料的配合比设计或沥青路面施工质量检验。浸水马歇尔稳定度试验(根据需要，也可进行真空饱水马歇尔试验)供检验沥青混合料受水损害时抵抗剥落的能力时使用，通过测试其水稳定性检验配合比设计的可行性。本方法适用于采用标准方法成型的马歇尔试件圆柱体和大型马歇尔试件圆柱体。

1.主要仪器设备

(1)沥青混合料马歇尔试验仪(如图 10-11 所示):分为自动式和手动式。

自动式应具备控制装置、记录荷载-位移曲线、自动测定荷载与试件的垂直变形，能自动显示和存储或打印试验结果等功能。手动式由人工操作，试验数据通过操作者目测后读取数据。对于高速公路和一级公路的沥青混合料宜采用自动马歇尔试验仪。

①当集料最大粒径小于或等于 26.5 mm 时，宜采用 ϕ101.6 mm×63.5 mm 的标准马歇尔试件，试验仪最大荷载不得小于 25 kN，读数准确至 0.1 kN，加载速度应能保持 50 mm/min±5 mm/min。钢球直径 16 mm±0.05 mm，上下压头曲率半径为 50.8 mm±0.08 mm。

②当集料最大粒径大于 26.5 mm 时，宜采用 ϕ152.4 mm×95.3 mm 的大型马歇尔试件，试验仪最大荷载不得小于 50 kN，读数准确至 0.1 kN。上下压头的曲率内径为 ϕ152.4 mm±0.2 mm，上下压头间距 19.05 mm±0.1 mm。

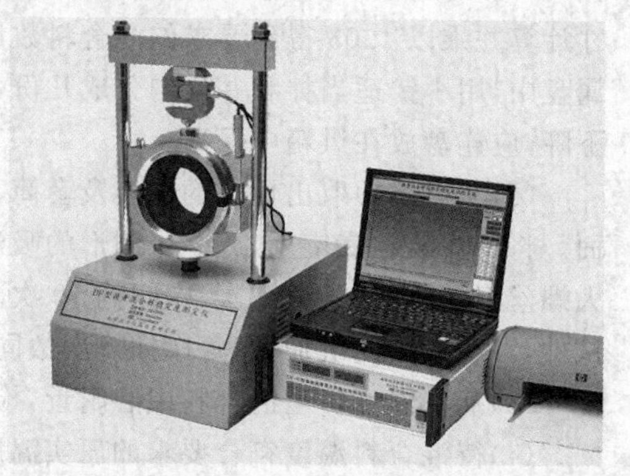

图 10-11　马歇尔试验仪

(2)恒温水槽:控温准确至 1 ℃，深度不小于 150 mm。

(3)真空饱水容器:包括真空泵及真空干燥器。

(4)烘箱。

(5)天平:感量不大于 0.1 g。

(6)温度计:分度值 1 ℃。

(7)卡尺。

(8)其他:棉纱、黄油。

2.准备工作

(1)按标准击实法成型马歇尔试件，标准马歇尔尺寸应符合直径 101.6 mm±0.2 mm、高 63.5 mm±1.3 mm 的要求。对大型马歇尔试件，尺寸应符合直径 152.4 mm±0.2 mm、高 95.3 mm±2.5 mm 的要求。一组试件的数量最少不得少于 4 个。

(2)量测试件的直径及高度:用卡尺测量试件中部的直径，用马歇尔试件高度测定器或用卡尺在十字对称的 4 个方向量测离试件边缘 10 mm 处的高度，准确至 0.1 mm，并以其平均值作为试件的高度。如试件高度不符合 63.5 mm±1.3 mm 或 95.3 mm±2.5 mm 的要求或两侧高度差大于 2 mm 时，此试件应作废。

(3)按要求测定试件的密度、空隙率、沥青体积百分率、沥青饱和度、矿料间隙率等物理指标。

(4)将恒温水槽调节至要求的试验温度，对黏稠石油沥青或烘箱养生过的乳化沥青混合料为(60±1) ℃，对煤沥青混合料为(33.8±1) ℃，对空气养生的乳化沥青或液体沥青混合料为(25±1) ℃。

3. 试验步骤

(1)将试件置于已达规定温度的恒温水槽中保温，保温时间对标准马歇尔试件需30～40 min，对大型马歇尔试件需45～60 min。试件之间应有间隔，底下应垫起，离容器底部不小于5 cm。

(2)将马歇尔试验仪的上下压头放入水槽或烘箱中达到同样温度。将上下压头从水槽或烘箱中取出并擦拭干净内面。为使上下压头滑动自如，可在下压头的导棒上涂少量黄油。再将试件取出置于下压头上，盖上上压头，然后装在加载设备上。

(3)在上压头的球座上放妥钢球，并对准荷载测定装置的压头。

(4)当采用自动马歇尔试验仪时，将自动马歇尔试验仪的压力传感器、位移传感器与计算机或X-Y记录仪正确连接，调整好适宜的放大比例。调整好计算机程序或将X-Y记录仪的记录笔对准原点。

(5)当采用压力环和流值计时，将流值计安装在导棒上使导向套管轻轻地压住上压头，同时将流值计读数调零。调整压力环中百分表，对零。

(6)启动加载设备，使试件承受荷载，加载速度为(50±5) mm/min。计算机或X-Y记录仪自动记录传感器压力和试件变形曲线并将数据自动存入计算机。

(7)当试验荷载达到最大值的瞬间，取下流值计，同时读取压力环中百分表读数及流值计的流值读数。

(8)从恒温水槽中取出试件至测出最大荷载值的时间，不得超过30 s。

(9)浸水马歇尔试验方法与标准马歇尔试验方法的不同之处在于，试件在已达规定温度恒温水槽中的保温时间为48 h，其余均与标准马歇尔试验方法相同。

(10)真空饱水马歇尔试验。试件先放入真空干燥器中，关闭进水胶管，开动真空泵，使干燥器的真空度达到97.3 kPa(730 mmHg)以上，维持15 min，然后打开进水胶管，靠负压进入冷水流使试件全部浸入水中，浸水15 min后恢复常压，取出试件再放入已达规定温度的恒温水槽中保温48 h。其余均与标准马歇尔试验方法相同。

4. 结果计算

(1)试件的稳定度及流值。

①当采用自动马歇尔试验仪时，将计算机采集的数据绘制成压力和试件变形曲线，或由X-Y记录仪自动记录的荷载-变形曲线，按图10-12所示的方法在切线方向延长曲线与横坐标相交于O_1，将O_1作为修正原点，从O_1起量取相应于荷载最大值时的变形作为流值(FL)，以mm计，准确至0.1 mm。最大荷载即为稳定度(MS)，以kN计，准确至0.01 kN。

②采用压力环和流值计测定时，根据压力环标定曲线，将压力环中百分表的读数换算为荷载值，或者由荷载测定装置读取的最大值即为试样的稳定度(MS)，以kN计，准确至0.01 kN。由流值计及位移传感器测定装置读取的试件垂直变形，即为试件的流值(FL)，以mm计，准确至0.1 mm。

(2)试件的马歇尔模数按式(10-2)计算：

$$T=\frac{MS}{FL} \qquad (10-2)$$

式中：T——试件的马歇尔模数，kN/mm；

MS——试件的稳定度，kN；

FL——试件的流值，mm。

(3)试件的浸水残留稳定度按式(10-3)计算：

$$MS_0=\frac{MS_1}{MS}\times 100 \qquad (10-3)$$

式中：MS_0——试件的浸水残留稳定度，%；

MS_1——试件浸水 48 h 后的稳定度，kN。

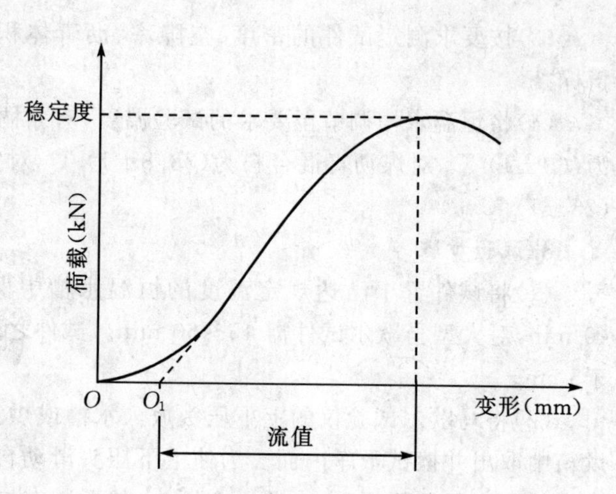

图 10-12　马歇尔试验结果的修正方法

(4)试件的真空饱水残留稳定度按式(10-4)计算：

$$MS'_0=\frac{MS_2}{MS}\times 100 \qquad (10-4)$$

式中：MS'_0——试件的真空饱水残留稳定度，%；

MS_2——试件真空饱水后浸水 48 h 后的稳定度，kN。

(5)当一组测定值中某个测定值与平均值之差大于标准差的 k 倍时，该测定值应予舍弃，并以其余测定值的平均值作为试验结果。当试件数目 n 为 3、4、5、6 个时，k 值分别为 1.15、1.46、1.67、1.82。

第11章 土工材料试验

土工实验是通过设计一系列的测试手段来确定土的物理、水理、力学等特性进而评价土的变形、强度以及稳定性的，是获得正确的土工工程性质指标的基本保证。通过土工实验，可以了解和评价土的工程性质，为建筑物地基的设计和施工提供可靠的依据和参数。随着工程和经济活动的强度和规模不断增大，在工程建设中碰到的复杂土工问题越来越多，因而土工实验的工作显得越来越重要。

土的种类繁多，分布复杂，性质各异。由于成土母岩不同和风化历史形成原因的不同，使得自然界中同一地点的地基中可能埋藏多种土层，同一土层的土质也因其所处环境的不同而有所差异，所以绝对不能认为只要有一个土名就能概括该种土的全部性质指标。这种复杂性甚至反映在各行业的规范中，如公路、铁路、水利、建筑等，各行业的规范中土的分类、定名、试验方法等至今还不统一。本章试验内容主要参照《铁路工程土工试验规程》(TB 10102—2010)和《公路土工试验规程》(JTG E40—2007)。

11.1 土样的验收与保管

(1)土样验收应符合下列规定：

①土样送达试验单位，必须同时提交试验委托书及其他必要的工程资料。试验委托书应写明工程名称、试坑(或钻孔)编号、土样编号、取土深度(原状土应有地下水位高程、土柱上下方向)、取样日期、试验项目、试验方法及要求等。

②试验单位接到土样后，应按试验委托书进行验收。在清点土样时，要仔细核对土样标签上填写的土样编号、工程名称、试坑(或钻孔)编号、取样深度等是否与委托书相符，检查土样包装是否符合要求，判定土样数量和质量能否满足试验项目和试验方法的要求。

③验收后应进行室内编号和登记。

(2)土样保管应符合下列规定：

①土样验收后交给负责试验的人员妥善保管。应将原状土样和需要保持天然含水率的扰动土样置于阴凉处，原状土样上下方向不得倒置。从取土样之日起至开始试验的时间不宜超过 20 d。

②对含放射性和有毒物质的土样，或取自瘟疫流行区和农业病虫害流行区的土样，必须按有关行业的防护规定采取严格的防护措施。

③试验后的剩余土样应装入原土样筒(或土样袋)内妥善保存，待试验报告提交一个月后仍无查询方可处理。若有疑问，可用余土复试。

11.2 试样的制备

11.2.1 扰动细粒土试样制备

(1)仪器设备。

①分析筛:孔径 5 mm、2 mm、0.5 mm。

②洗筛:孔径 0.075 mm。

③台秤:称量 10～50 kg,分度值为 10～50 g。

④天平:称量 1000 g,分度值 0.1 g;称量 200 g,分度值 0.01 g。

⑤环刀:内径 61.8 mm 和 79.8 mm,高 20 mm;内径 61.8 mm,高 40 mm。

⑥击样器:如图 11-1 所示。

⑦压样器:如图 11-2 所示。

⑧抽气机(附真空压力表)。

⑨其他:烘箱、干燥器、保湿器、研钵木碾、橡皮板、玻璃瓶、切土刀、钢丝锯、凡士林、土样标签及盛土器皿等。

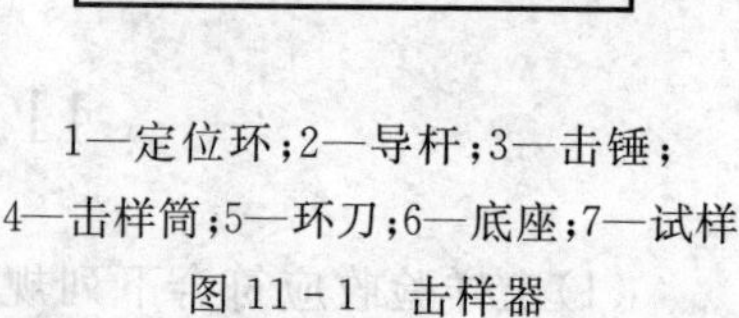

1—定位环;2—导杆;3—击锤;4—击样筒;5—环刀;6—底座;7—试样

图 11-1 击样器

(2)试样制备步骤。

①对土样的颜色、土类、气味及夹杂物等进行描述。如有需要,应将土样充分拌匀,取代表性土样测含水率。

②将团、块状扰动土样风干后,在橡皮板上用木碾碾散(切勿破坏土粒天然结构)。

③根据试验所需土样数量,将碾散后的土样过筛。物理性试验土样如液限、塑限、缩限等试验,过 0.5 mm 筛;水理性及力学性试验土样,过 2 mm 筛;击实试验土样,过 5 mm 筛。筛下土样充分拌匀后,用四分对角取样法取出试验用的土样,则

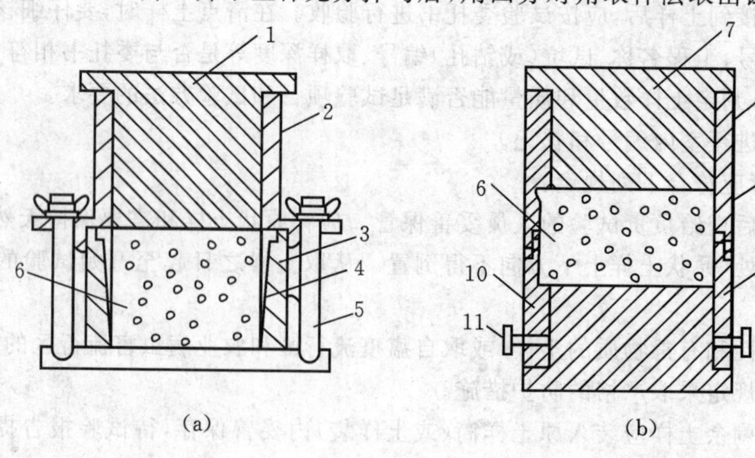

1—活塞;2—导筒;3—护环;4—环刀;5—拉杆;6 —试样;
7—上活塞;8—上导筒;9—下导筒;10—下活塞;11—销钉

图 11-2 压样器

为制得供试验备用的扰动土试样。

④当配制一定含水率的试样时，应取过 2 mm 筛的风干土 1～5 kg，按式(11－2)计算所需加水量。将试样平铺于搪瓷盘内，用喷雾器喷洒所需加水量充分拌匀，然后装入保湿器内浸润一昼夜备用。砂类土浸润时间可酌情缩短。

⑤测定浸润后试样的含水率与要求的含水率差值不得大于±1%，若大于±1%时应适当减少或增加试样中的加水量。

⑥对不同土层的土样制备混合试样时，应根据各土层厚度，按比例计算相应的取土量，然后按第①至第④步进行制备。

⑦根据工程对试验项目的要求，将扰动细粒土制备成所需状态试样，供水理、物理、力学等试验用。

⑧试样制备数量视需要而定，一般应多制备 1～2 个备用。扰动土制成同一组试样的密度、含水率与要求的密度、含水率之差值应分别在±0.02 g/m³、±1%范围之内，且各试样之间的差值也应满足这一规定。

⑨试样制备可采用击实法、击样法和压样法。

(3)击实法应符合下列规定：

①根据试样所要求的干密度、含水率，按式(11－1)和式(11－2)计算结果，制备湿土样，然后按击实程序将土样击实到所需的密度，用推土器推出。

②将环刀的内壁涂一薄层凡士林，刀口向下放在土样上，用切土刀将土样削成略大于环刀直径的土柱。边垂直下压环刀边削土柱至伸出环刀为止。

③用钢丝锯或切土刀将环刀与土柱分离，削去两端余土并修平。擦净环刀外壁，称量环刀与土的总质量，准确至 0.1 g。取环刀两端削下的土样测含水率，试样制备应迅速。

(4)击样法应符合下列规定：

①根据环刀容积及要求的干密度、含水率，按式(11－3)和(11－4)的计算结果，制备湿土试样。

②将称出的湿土试样全部倒入装有环刀的击样器内，用击实方法将试样全部击入环刀内。

③取出带试样的环刀，称环刀和试样总质量，准确到 0.1 g。

(5)压样法应符合下列规定：

①按(4)条第①款要求计算称取所需湿土试样质量，将湿土试样倒入装有环刀的压样器内，以静压力将试样全部压入环刀内。

②取出环刀，称环刀和试样总质量，准确至 0.1 g。

(6)扰动细粒土试样制备按式(11－1)、(11－2)、(11－3)和(11－4)计算：

①干土质量。

$$m_d=\frac{m_0}{1+0.01w_0} \tag{11-1}$$

式中：m_d——干土质量，g；

m_0——湿土(或风干土)质量，g；

w_0——湿土(或风干土)含水率，%。

②制备试样所需加水量。

$$m_w=\frac{m_0}{1+0.01w_0}\times 0.01(w_1-w_0) \tag{11-2}$$

式中：m_w——试样所需加水量，g；

w_1——试样所要求的含水率，%。

③制备试样所需湿土质量。

$$m_0=(1+0.01w_0)\rho_d V \tag{11-3}$$

式中：ρ_d——试样干密度，g/cm³；

V——试样体积(环刀容积)，cm³。

④制备试样应增加的水量。

$$\Delta m_w=(0.01w_1-w_0)\rho_d V \tag{11-4}$$

式中：Δm_w——制备试样应增加的水量，g。

(7)扰动细粒土试样制备记录填入表11-1。

表11-1　扰动细粒土试样制备记录

	试样编号	含水率(%)	干密度(g/cm³)
制备标准	1		
	2		
	3		
	4		
	5		

	试样编号	试样体积 V(cm³)	干土质量 m_d(g)	风干或天然状态土质量 m_0(g)	加水质量 m_w(g)	湿土质量 m_0(g)
计算所需土质量及加水质量	1					
	2					
	3					
	4					
	5					

	试样编号	制备方法	环刀与湿土质量(g)	环刀质量(g)	湿土质量(g)	湿土密度(g/cm³)	含水率(%)	干土密度(g/cm³)
试样制备	1							
	2							
	3							
	4							
	5							

续表 11-1

	试样编号	含水率(%)	干密度(g/cm³)
与制备标准之差	1		
	2		
	3		
	4		
	5		

11.2.2 粗粒土土样试样制备

(1)仪器设备。

①分析筛:孔径 200 mm、150 mm、100 mm、75 mm、60 mm、40 mm、20 mm、10 mm、5 mm、2 mm、0.5 mm、0.075 mm。

②台秤:称量 500 kg,分度值为 200 g;称量 100 kg 或 50 kg,分度值为 50 g。

③案秤:称量 10 kg,分度值为 5 g。

④天平:称量 5000 g,分度值 1 g;称量 200 g,分度值 0.01 g。

(2)土样制备步骤。

①黏性粗粒土土样制备应符合下列规定:

a. 全部土样置于橡皮板上风干,用木锤将土块及附着在粗颗粒表面上的细粒土锤散,锤击时不应破坏土的天然颗粒。全部土依次过筛,按大于 100 mm、100～75 mm、75～60 mm、60～40 mm、40～20 mm、20～10 mm、10～5 mm 以及不大于 5 mm,分粒组称其质量,计算各粒组含量百分数。分别测定大于 5 mm 部分和不大于 5 mm 部分土的风干含水率。土样应按粒组分别存放。

b. 天然含水状态土样制备应在保持天然含水率的情况下,全部土样拌和均匀。根据含砾量多少,取代表性土样,测定其天然含水率。根据各项试验所需总量,分别取所需土样质量进行存放,装入保湿器或塑料袋中扎紧袋口存放,防止含水率变化。

②制备无黏性粗粒土土样时,应将全部土样按第①步依次过粗筛,分组称量,必要时取不大于 5 mm 粒组过筛,计算各粒组含量百分数。按粒组分别存放。

③描述粗粒的岩性、形状、风化程度及细粒特性。

④根据天然级配或人工级配或工程要求的级配进行试样配制,试样中含有超过试样允许的最大粒径颗粒时,可按下列方法处理:

a. 剔除法:剔除超粒径颗粒。

b. 等量代替法:根据试样允许的最大粒径以下的大于 5 mm 各粒组含量,按比例等质量替换超粒径颗粒。

c. 相似级配法:根据原级配曲线的粒径,分别按照几何相似条件等比例地将原样粒径缩小。缩小后的土样级配应保持不均匀系数和曲率系数不变。

d. 结合法:先用相似级配法以较适宜的比例缩小粒径,控制不大于 5 mm 粒径符合试验要求的含量,超粒径颗粒再用等量代替法处理。

⑤根据确定的试验级配,称取各粒组的土样,将土样平铺在不吸水的垫板上拌和均匀,按

控制含水率均匀施加所需的水量后，充分拌和，浸润 24 h。实测含水率与控制含水率之差不应大于1%。

(3)处理超粒径颗粒的计算应符合下列规定：

①剔除法级配应按式(11-5)计算：

$$P_i=\frac{P_{0i}}{100-P_{d\max}}\times 100 \tag{11-5}$$

式中：P_i——剔除后某粒组含量，%；

P_{0i}——原级配某粒组含量，%；

$P_{d\max}$——超粒径颗粒含量，%。

②等量替代法级配应按式(11-6)计算：

$$P_i=\frac{P_5}{P_5-P_{d\max}}\times P_{0i} \tag{11-6}$$

式中：P_i——替代后粗粒某粒组含量，%；

P_5——原级配大于 5 mm 粒组含量，%。

③相似级配法粒径和级配应按式(11-7)、(11-8)和(11-9)计算：

$$d_{ni}=\frac{d_{0i}}{n} \tag{11-7}$$

$$n=\frac{d_{0\max}}{d_{\max}} \tag{11-8}$$

$$P_{dn}=\frac{P_{d0}}{n} \tag{11-9}$$

式中：d_{ni}——原级配某粒径缩小后的粒径，mm；

n——粒径缩小系数；

P_{dn}——粒径缩小 n 倍后相应的不大于某粒径含量百分数，%；

d_{0i}——原级配某粒径，mm；

$d_{0\max}$——原级配最大粒径，mm；

$d_{\max}$——试样允许最大粒径，mm；

P_{d0}——原级配相应的不大于某粒径含量百分数，%。

(4)配制土样时，各粒组质量及所需加水量计算应符合下列规定：

①所需风干土或天然含水状态土质量和某粒组风干土或天然含水状态土质量应按式(11-10)、(11-11)、(11-12)和(11-13)计算：

$$m=m_1+m_2 \tag{11-10}$$

$$m_1=V\rho_d(1+0.01w_1)0.01P_5 \tag{11-11}$$

$$m_2=V\rho_d(1+0.01w_2)(1-0.01P_5) \tag{11-12}$$

$$m_i=\frac{P_i}{P_5}m_1 \tag{11-13}$$

式中：m——风干土或天然土总质量，g；

m_1——大于 5 mm 粗粒风干土或天然土质量，g；

m_2——小于 5 mm 细粒风干土或天然土质量，g；

m_i——粗粒某粒组中风干土质量，g；

V——试样体积，cm^3；

ρ_d——试样控制干密度，g/cm^3；

P_5——制样时大于 5 mm 颗粒含量，%；

w_1——大于 5 mm 粗粒风干或天然含水率，%；

w_2——小于 5 mm 粗粒风干或天然含水率，%；

P_i——粗粒某粒组含量，%。

②土样所需加水量式(11-14)和(11-15)计算：

$$m_w = \frac{m}{1+0.01w_0} 0.01(w-w_0) \tag{11-14}$$

$$w_0 = 0.01w_1P_5 + w_2(1-0.01P_5) \tag{11-15}$$

式中：m_w——土样所需加水量，g；

w_0——风干土或天然土总含水率，%；

w——试样控制含水率，%。

11.2.3　原状土试样制备

根据力学试验项目要求，制备同一组试样的密度差值不应大于 0.03 g/cm^3，含水率差值不应大于 2%。原状土试样制备应符合下列规定：

(1)将土样筒按标明的上、下方向放置，剥去蜡皮和胶带，开启土样筒取出土样。检查土样情况，当确定土样已扰动或取土质量不符合规定(如土样结构受到破坏、土样直径小于制样要求尺寸等)时，不应制备力学试验的试样。

(2)制备直接剪切的试样，应将土样上、下方向颠倒放置，其他力学试验项目制样切土方向应与土样的天然沉积方向一致。

(3)按第 11.2.1 节第(3)步②～③条步骤切削土样。切削过程中应细心观察土样的情况，并描述试样的层次、气味、颜色、有无夹杂物、土质是否均匀等。

(4)切取软塑的细粒土，土样竖直放置易产生堆瘫时，可将土样水平放置，切成略大于环刀高度的土样段，用环刀一次压入制成试样。

(5)切取试样后剩余的原状土样，应装入原筒并在周围用碎土填紧，或用蜡纸包好放在保湿器内，以备补作试验时使用。切好的试样如不立即进行试验和无需饱和时，则应将试样暂存于保湿器内。

11.2.4　试样饱和

(1)试样饱和宜根据土样的透水性能，可分别采用下列方法：

①砂类土可直接在仪器内浸水饱和。

②渗透系数大于 10^{-4} cm/s 的较易透水的黏性土，可采用毛细管饱和法；渗透系数小于 10^{-4} cm/s 的黏性土，可采用真空饱和法，但土的结构性较差，抽气可能发生试样扰动者不宜采用。

(2)毛细管饱和法应符合下列规定：

①选用框架式饱和器(见图 11-3)，在装有试样的环刀两面贴放滤纸和直径略大于环刀的透水石，装入饱和器内，旋紧固定螺母。

②将装好试样的饱和器放入水箱中，注清水入箱，水面不宜将试样淹没，使土中气体得以排出。

③关上箱盖，防止水分蒸发，借土的毛细管作用使试样饱和，饱和时间约需 3 d。

④取出饱和器，松开螺丝，取出环刀，擦干外壁，吸去试样表面积水，取下试样上、下滤纸，称环刀和试样的总质量，准确至 0.1 g，并计算试样的饱和度。如果饱和度小于 95%时，应按①～③步骤继续进行饱和。

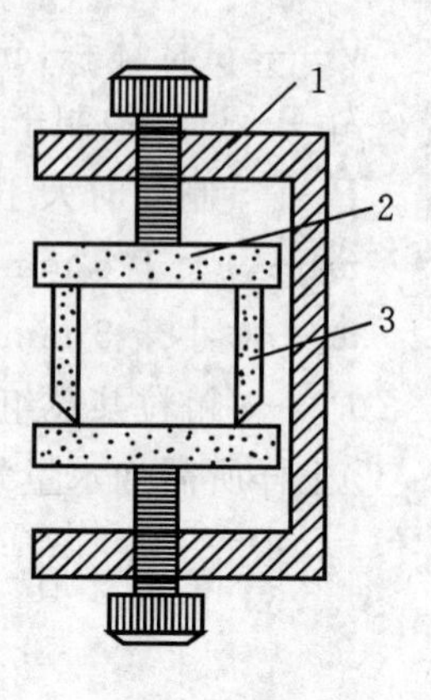

1—平板；2—透水石；3—环刀

图 11-3　框架式饱和器

(3)真空饱和法应符合下列规定：

①选用框架式或重叠式饱和器(见图 11-4)和真空饱和装置(见图 11-5)。在重叠式饱和器下夹板的正中，依次放置透水石、滤纸、带试样的环刀、滤纸、透水石，如此顺序重复，由下向上重叠到拉杆高度，将饱和器上夹板盖好后，拧紧拉杆上端的螺丝，将各个环刀在上、下夹板间夹紧。

②将装有试样的饱和器放入真空缸内，真空缸和盖之间应涂一层凡士林以防漏气。

③关闭管夹，打开二通阀，将真空缸与抽气机接通，开动抽气机，当真空压力表读数接近 1 个大气负压力值后，继续抽气不少于 1 h，然后开启管夹，使清水由引水管徐徐注入真空缸内，在注水过程中，应调节管夹，使真空压力表上的数值基本保持不变。

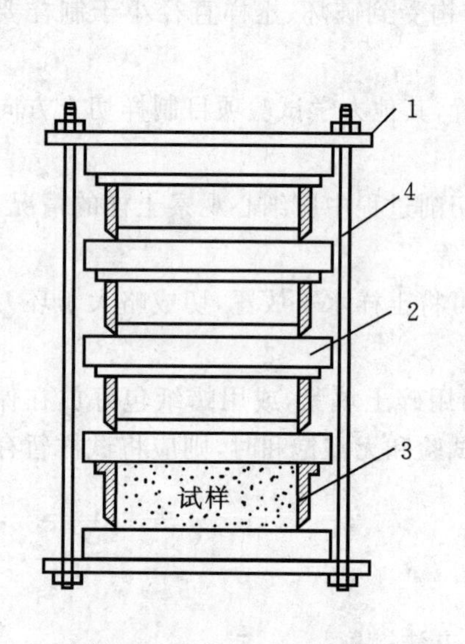

1—夹板；2—透水板；3—环刀；4—拉杆

图 11-4　重叠式饱和器

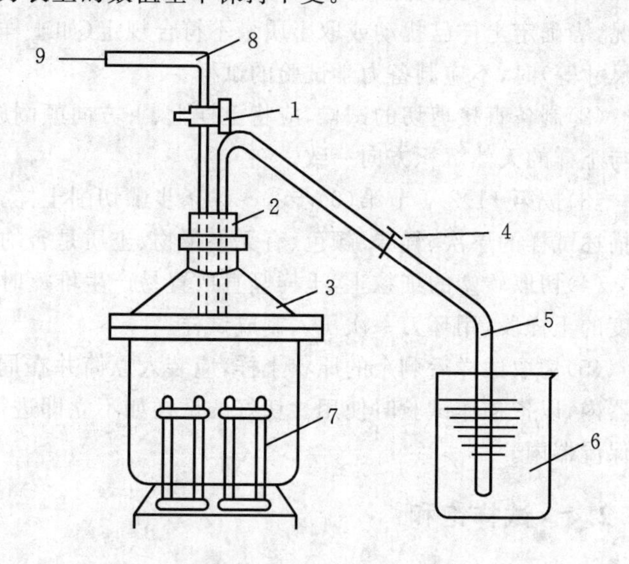

1—二通阀；2—橡皮塞；3—真空缸；4—管夹；5—引水管；6—水缸；7—重叠式饱和器；8—排气管；9—接抽气机

图 11-5　真空饱和装置

④待饱和器完全被水淹没后停止抽气，将引水管自水缸中提出，使空气由引水管进入真空缸内，静置一定时间，借大气压力使试样饱和。

⑤取出带环刀的试样，称环刀和土总质量，准确至 0.1 g，并计算饱和度。如饱和度小于 95%，应继续进行饱和。

(4)试样的饱和度应按式(11-16)计算：

$$S_r=\frac{w_{sr}\rho_s}{e\rho_w} \tag{11-16}$$

式中：S_r——试样的饱和度，%；

w_{sr}——试样饱和后的含水率，%；

ρ_s——土的颗粒密度，g/cm^3；

e——试样的孔隙比；

ρ_w——水的密度，g/cm^3。

11.3　含水率(烘干法)

土的含水率是土在 105～110 ℃温度下烘至恒量时所失去水的质量与恒量后干土质量的比值，以百分数表示。本试验采用的烘干法为测定含水率的标准方法，适用于各类土，当需要快速测定含水率时，可依土的性质和工程情况选用酒精燃烧法(适用于不含有机质的砂类土、粉土和黏性土)、碳化钙减量法(适用于各类土)和核子射线法(适用于现场原位测定填料为细粒土和粗粒土)等。

烘干法测定含水率，当土中有机质含量即灼失量超过 5%或土中含石膏和硫酸盐时，应控制温度在 65～70 ℃将试样烘至恒量。

(1)仪器设备。

①电热干燥箱：应能控制温度为 105～110 ℃。

②真空干燥箱：应能控制温度为 65～70 ℃。

③天平：称量 200 g，分度值 0.01 g；称量 1000 g，分度值 0.2 g。

④称量盒：直径 50 mm，高 30 mm；长 200 mm，宽 100 mm，高 40 mm，可采用等质量称量盒。

⑤干燥箱：内用硅胶干燥剂。

(2)试验步骤。

①根据不同土类按表 11－2 确定称取代表性试样质量，放入称量盒内，立即盖好盒盖，将盒外附着的土擦净后称量。称量时可在天平放砝码的盘内放上等质量的称量盒(采用电子天平，先放一等质量称量盒去皮)，即可直接称得湿土质量。

表 11－2　烘干法测定含水率所需试样质量

分类		取样质量(g)
细粒土	粉土、黏性土	15～30
	有机土	30～50
粗粒土	砂类土	30～50
	砾石类	500～1000
巨粒土	碎石类	1500～3000

②打开盒盖，将装有试样的称量盒放入干燥箱，在 105～110 ℃温度下烘干。烘干时间对粉土、黏性土不少于 8 h，砂类土不少于 6 h，砾石、碎石类土不少于 4 h。

③将称量盒从干燥箱中取出，盖上盒盖，放入干燥器中冷却至室温，称干土质量。

④本试验称量小于 200 g，准确至 0.01 g；称量大于 200 g，准确至 0.2 g。

⑤对含有机质大于 5%的土，烘干温度应控制在 65～70 ℃，在真空干燥箱中烘 7 h 或在电热干燥箱中烘 18 h。

(3)结果处理。

①土的含水率试验结果应按式(11－17)计算：

$$w=\left(\frac{m_0}{m_d}-1\right)\times 100 \tag{11-17}$$

式中：w——含水率，%，精确至 0.1%；

m_d——干试样质量，g；

m_0——湿试样质量，g。

②本试验应进行平行测定，平行测定的差值应符合表 11－3 的规定，取其算术平均值。平均测定的差值大于允许差值时，应重新进行试验。

表 11－3　含水率平行测定允许差值

土的类别	含水率平行差值(%)		
	$w\leqslant 10$	$10<w\leqslant 40$	$w>40$
砂类土、有机土、粉土、黏性土	0.5	1.0	2.0
卵石类、碎石类	1.0	2.0	—

(4)含水率试验结果填入表 11－4。

表 11－4　土的含水率试验报告

试样编号	称量盒号	盒重(g)	盒＋湿土质量 (g)	盒＋干土质量(g)	湿土质量 m_0(g)	干土质量 m_d(g)	含水率 w (%)	平均含水率 (%)

11.4　密度

土的密度是指土的单位体积质量，即土的总质量与其体积之比。对土试样密度的测定可以了解土结构的密实程度，同时也是进行地基计算及路基路面施工时进行压实度控制不可缺少的指标。

密度测试的核心是测定试样的体积，对于不同试样由于形状结构不同，体积测定的方法也就不同。常用的方法包括：室内有环刀法、蜡封法，工地现场检测有灌水法、灌砂法。其中环刀法适用于测定粉土和黏性土的密度，蜡封法适用于测定环刀难以切削并易破裂的土的密度；灌砂法适用于现场测定最大粒径小于 75 mm 的土的密度，灌水法适用于现场测定最大粒径小于 200 mm 的土的密度。

11.4.1　环刀法

环刀法是利用已知质量及内径和高度的环刀，按原状土样制样方法制取试样，称取试样质量，再根据环刀容积计算土的密度。室内用环刀切土时，为避免土样扰动，应边压边削，直至土样伸出环刀，将两端修平。现场取土可采用直接压入法。

(1)仪器设备。

①取土环刀(如图 11－6 所示)：环刀内径 61.8 mm 或 79.8 mm，高 20 mm，壁厚 2 mm，刃口厚 0.3 mm。

②天平：称量 500 g，分度值 0.1 g；称量 200 g，分度值 0.01 g。

③其他：切土刀、钢丝锯、直尺、凡士林等。

图 11－6　取土环刀

(2)试验步骤。

①本试验应按工程需要取原状土或扰动土制备击实试样，试样切削和称量按 11.2.1 第(3)条击实法第②～③步骤规定进行。

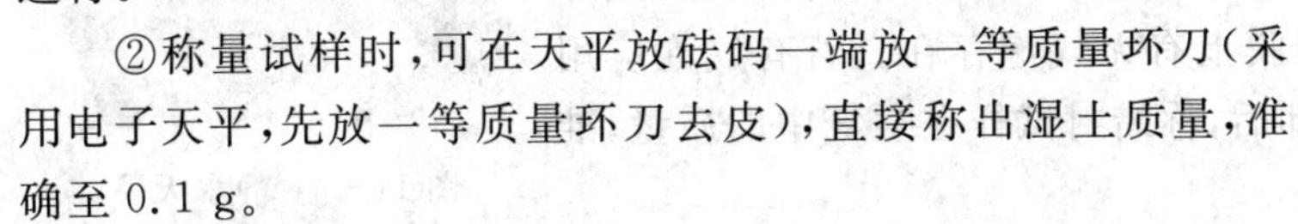

②称量试样时，可在天平放砝码一端放一等质量环刀(采用电子天平，先放一等质量环刀去皮)，直接称出湿土质量，准确至 0.1 g。

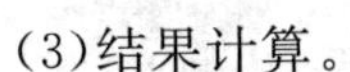

(3)结果计算。

①试验结果应按式(11－18)和式(11－19)计算：

$$\rho=\frac{m_0}{V} \tag{11-18}$$

$$\rho_d=\frac{\rho}{1+0.01w} \tag{11-19}$$

式中：ρ——试样的湿密度，g/cm^3，计算至 0.01 g/cm^3；

ρ_d——试样的干密度，g/cm^3；

m_0——湿试样质量，g；

V——环刀容积，cm^3；

w——试样含水率，%。

②本试验应进行平行测定，平行测定的差值不得大于 0.03 g/cm^3，取算术平均值。平行测定的差值大于允许差值时，应重新进行试验。

(4)环刀法试验结果填入表 11－5。

表 11－5　土的密度(环刀法)试验报告

试样编号	环刀号	湿土质量 m_0 (g)	环刀容积 V(cm^3)	湿密度 ρ(g/cm^3)	含水率 w (%)	干密度 ρ_d(g/cm^3)	
						单值	计算值

11.4.2 蜡封法

蜡封法是将不规则土样称取质量，随后缓慢放入刚过熔点的石蜡溶液中(以石蜡达到熔后不出现气泡为准)，使土样被完全包裹，称取蜡封后土样在空气中及水中的质量，从而计算试样体积。根据蜡封前后试样的质量差和石蜡的密度可确定试样表面石蜡的体积，即知土样的体积。由土样的质量和体积，并已知含水率的情况下可确定土样的湿密度和干密度。

(1)仪器设备。

①静水天平(或普通电子天平)：称量 500 g，分度值 0.1 g，可称量试样在水中的质量，如图 11-7 所示。

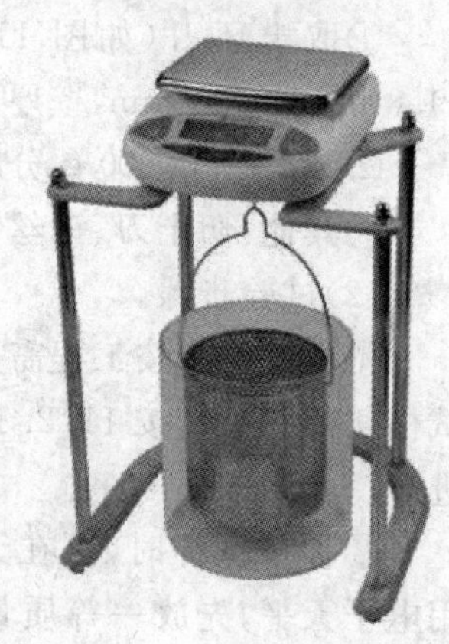

图 11-7 静水天平

②其他：切土刀、石蜡、烧杯、温度计、细线、针及熔蜡加热器等。

(2)试验步骤。

①切取约 30 cm^3 的代表性试样，削去表面浮松土及尖锐棱角，系于细线上称其质量，准确至 0.1 g，并取切削余土测定含水率。

②持线将试样缓缓浸入刚过熔点的蜡液中，待全部浸没后立即提出。仔细检查试样四周的蜡膜上有无气泡存在。若有气泡应用热针刺破，并涂平孔口。待冷却后，称蜡封试样在空气中的质量，准确至 0.1 g。

③持线将蜡封试样吊在静水天平下方的吊钩上，蜡封的土样浸没于水中，且勿与容器壁接触，称蜡封试样在水中的质量，准确至 0.1 g，并测记水的温度，准确至 1 ℃。

④取出试样，擦干表面水分后再称一次质量，与第一次所称质量相比较，若质量增加，则证明试样中有水浸入，应另取试样重作试验。

⑤当用电子天平或电子秤测定时，先将盛水的烧杯放在秤盘上，当显示稳定后，按清零键。再将蜡封试样吊在固定支架上浸没于水中，勿与杯壁接触，称量准确至 0.1 g。该质量即为蜡封试样排开液体的质量。

(3)试验结果应按式(11-20)和(11-21)计算。

①采用吊盘天平测定时：

$$\rho=\frac{m_0}{\dfrac{m_n-m_{nw}}{\rho_{wT}}-\dfrac{m_n-m_0}{\rho_n}} \tag{11-20}$$

式中：m_0——试样质量，g；

m_n——蜡封试样质量，g；

m_{nw}——蜡封试样在水中的质量，g；

ρ_{wT}——纯水在 T ℃时的密度，g/cm^3，见表 11-6；

ρ_n——蜡的密度，约 0.92 g/cm^3。

表 11-6 不同温度下水的密度

水温(℃)	15	16	17	18	19	20	21	22	23	24	25
ρ_{wT}(g/cm^3)	0.9991	0.9989	0.9988	0.9986	0.9984	0.9982	0.9980	0.9978	0.9975	0.9973	0.9970

②采用电子天平测定时：

$$\rho=\frac{m_0}{\frac{m_{nf}}{\rho_{wT}}-\frac{m_n-m_0}{\rho_n}} \tag{11-21}$$

式中：m_{nf}——蜡封试样排开水的质量，g。

③试样干密度按式(11－19)进行计算。本试验应进行平行测定，平行测定的差值不得大于 0.03 g/cm³，取算术平均值。平行测定的差值大于允许差值时，应重新进行试验。

(4)蜡封法试验结果填入表 11－7。

表 11－7　土的密度(蜡封法)试验报告

试样编号	试样质量(g)	蜡封试样质量(g)	蜡封试样在水中的质量(g)	水温(℃)	水的密度(g/cm³)	蜡封试样体积(cm³)	蜡体积(cm³)	试样体积(cm³)	湿密度(g/cm³)	含水率(%)	干密度(g/cm³)	
											单值	计算值

11.4.3　灌砂法

灌砂法是在现场根据试样最大粒径确定试坑大小，将试坑内试样挖出，称取挖出土样的质量，并测定含水率。通过灌砂筒将已知密度的标准砂注满试坑，由灌入砂的质量除以砂的堆积密度即可确定试坑体积。由土样的质量和体积，并已知含水率的情况下可确定土样的湿密度和干密度。

(1)仪器设备。

①密度测定器(灌砂筒)：由容砂瓶、灌砂漏斗和底盘组成，如图 11－8 所示为铁路工程用灌砂筒。容砂瓶的容积为 4 L；灌砂漏斗高 135 mm、直径 165 mm，颈部有孔径为 13 mm 的圆柱形阀门；容砂瓶和灌砂漏斗之间用螺纹接头连接。底盘承托灌砂漏斗和容砂瓶。填料最大粒径大于 60 mm 时，采用边长 400 mm 的底盘。公路工程用灌砂筒如图 11－9 所示，原理基本一致。

②天平：称量 10 kg、分度值 5 g 和称量 500 g、分度值 0.1 g 各一台。

③分析筛：孔径 0.25 mm、0.50 mm。

④其他：小铁锹、小铁铲、盛土容器等。

(2)测定砂的密度。

①将容砂瓶与灌砂漏斗经螺纹接头接紧，并作以标记，以后每次拆卸再衔接时都要接在这一位置。称组装好的密度测定器的质量(m_{r1})，准确至 5 g。

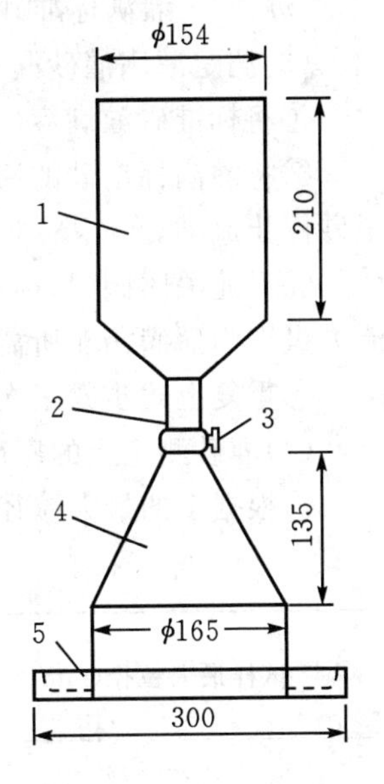

1—容砂瓶；2—螺纹接头；3—阀门；4—灌砂漏斗；5—底盘

图 11－8　灌砂筒 1(单位：mm)

②将干燥的密度测定器竖立(灌砂漏斗口向上)在工作台上，打开阀门，往密度测定器内注水，直至水面高出阀门，关闭阀门，倒掉漏斗中多余的水，称注满水的密度测定器总质量(m_{r2})，准确至 5 g，同时测定水温，准确至 0.5 ℃。再重复测定两次，将

三次测值之间的差值换算为该温度下水的体积，不得大于3 mL，取三次测定值的平均值。

③将干燥的密度测定器竖立(灌砂漏斗口向上)在工作台上，关阀门，向漏斗中灌满标准砂。打开阀门使漏斗中的砂漏入容砂瓶内，边漏边继续向漏斗中补充砂，当标准砂停止流动时迅速关闭阀门。倒掉漏斗内多余的砂，称灌满标准砂的密度测定器总质量(m_{r3})，准确至5 g。测定过程中应避免震动。

④容砂瓶容积按式(11-22)计算：

$$V_r = \frac{m_{r2} - m_{r1}}{\rho_{wT}} \tag{11-22}$$

式中：V_r——容砂瓶容积，cm^3；

m_{r2}——注满水的密度测定器的总质量，g；

m_{r1}——密度测定器的质量，g；

ρ_{wT}——纯水在 T ℃时的密度，g/cm^3，见表11-6。

图 11-9　灌砂筒 2

⑤标准砂的密度按式(11-23)计算，精确至0.01 g/cm^3：

$$\rho_{sr} = \frac{m_{r3} - m_{r1}}{V_r} \tag{11-23}$$

式中：ρ_{sr}——标准砂的密度，g/cm^3；

m_{r3}——灌满标准砂的密度测定器的总质量，g。

(3)测定灌满灌砂漏斗所需标准砂的质量。

①将标准砂灌满容砂瓶，并称取灌满标准砂的密度测定器的总质量 m_{r3}。

②将灌满标准砂的密度测定器倒置(即灌砂漏斗口向下)在一洁净的平面上，打开阀门，直至砂停止流动。

③迅速关闭阀门，称取剩余标准砂和密度测定器的总质量，计算流失的标准砂的质量，该流失量即为灌满漏斗所需标准砂的质量 m_{r4}。

④重复上述步骤三次，取其平均值。

(4)灌砂测定土的密度。

①根据土的最大粒径，按表11-8确定试坑尺寸。

表 11-8　灌砂法试坑尺寸

试样最大粒径(mm)	试坑尺寸(mm)	
	直径	深度
5～20	150	200
40	200	250
60	250	300
75	300	400

②在选定的试坑位置处铲平，面积略大于试坑直径，按确定的试坑直径划出坑口轮廓线，在轮廓线内下挖至要求深度。边挖边将坑内的试样装入盛土容器内，称土的质量 m_p，准确至10 g，并取代表性土样测定含水率。

③向容砂瓶内灌满标准砂，关闭阀门，称灌满标准砂的灌砂筒的总质量 m_{r3}，准确至 5 g。

④将密度测定器倒置(灌砂漏斗口向下)于挖好的坑口上，打开阀门，使密度测定器内的标准砂流入坑内，当密度测定器内标准砂停止流动时关闭阀门。

⑤称量灌砂筒和剩余砂的质量 m_{r5}，准确至 5 g，并计算灌满试坑所用标准砂的质量($m_{sr}=m_{r3}-m_{r4}-m_{r5}$)。

⑥取出试坑内的标准砂，以备下次试验时使用。若标准砂的湿度发生变化或混有杂质，则应风干、过筛后再用。

⑦试验完毕，应将试坑回填，并夯实。

(5)试验结果应按式(11－24)和(11－25)计算：

$$\rho=\frac{m_p}{m_{sr}/\rho_{sr}} \tag{11-24}$$

$$\rho_d=\frac{m_p/(1+0.01w_0)}{m_{sr}/\rho_{sr}} \tag{11-25}$$

式中：m_{sr}——灌满试坑所用标准砂的质量，g；

m_p——取自试坑内土的质量，g。

(6)灌砂法试验结果填入表 11－9。

表 11－9　土的密度(灌砂法)试验报告

测点位置	试样编号	灌满砂的灌砂筒总质量(g)	灌砂漏斗所需砂的质量(g)	灌砂筒和剩余砂的质量(g)	灌满试坑所用砂的质量(g)	标准砂的密度(g/cm³)	试坑容积(cm³)	土和容器质量(g)	容器质量(g)	土的质量(g)	土的湿密度(g/cm³)	土的含水率(%)	干密度(g/cm³)

11.4.4　灌水法

灌水法是在现场根据试样最大粒径确定试坑大小，将试坑内试样挖出，称取挖出土样的质量，并测定含水率。用塑料薄膜袋放入试坑并注水(薄膜袋的尺寸应与试坑大小相适应)，测定薄膜袋内水的质量，除以水的密度即可确定试坑体积。由土样的质量和体积，并已知含水率的情况下可确定土样的湿密度和干密度。

(1)仪器设备。

①储水筒：直径应均匀，并附有刻度及出水管(如图 11－10 所示)。

②电子秤或台秤：称量 50 kg，分度值 10 g。

③塑料薄膜袋：由聚氯乙烯塑料薄膜制成。

④其他：盛土容器、水准尺、钢卷尺、挖土工具等。

图 11－10　灌水法测试仪

(2)试验步骤。

①在选定的试坑位置处铲平略大于试坑直径的地面，并根据土的最大粒径，按表 11－10 确定试坑尺寸。

表 11-10　灌水法试坑尺寸

试样最大粒径(mm)	试坑尺寸(mm)	
	直径	深度
5～20	150	200
40	200	250
60	250	300
75	300	400
150	600	750
200	800	1000

②按确定的试坑直径划出坑口轮廓线，在轮廓线内下挖至要求深度。边挖边将坑内的试样装入盛土容器内，称土的质量 m_p，准确至 10 g，并取代表性土样测定含水率。

③试坑挖好后，将略大于试坑容积的塑料薄膜袋沿坑底、坑壁紧密相贴，到地面后翻开袋口，袋口周围用重物压牢固定。

④记录储水筒内初始水位高度，打开储水筒的注水管，让水缓缓流入坑内塑料薄膜袋内。当袋内水面上升到接近坑口地面时将水流调小，待水面与坑口地面齐平时立即关闭注水管，持续 3～5 min，记录储水筒内水位的高度。如袋内出现水面下降时，应另取塑料薄膜袋重做试验。

⑤试验完毕，应将试坑回填，并夯实。

(3)结果计算。

$$\rho=\frac{m_p}{V_p} \tag{11-26}$$

$$V_p=(H_1-H_2)\times A_w \tag{11-27}$$

式中：V_p——试坑容积，cm^3；

H_1——储水筒内初始水位高度，cm；

H_2——储水筒内注水终止时水位高度，cm；

A_w——储水筒横断面面积，cm^2。

(4)灌水法试验结果填入表 11-11。

表 11-11　土的密度(灌水法)试验报告

测点位置	试样编号	储水筒水位(cm)		储水筒截面积(cm^2)	试坑容积(cm^3)	土的质量(g)	土的含水率(%)	土的湿密度(g/cm^3)	干密度(g/cm^3)
		初始	终止						

11.5　颗粒密度

土的颗粒密度是指土的固体部分质量与不含孔隙体积的土样体积之比，颗粒密度可用于计算土的孔隙比、空隙率、饱和度等指标。

土的颗粒密度试验分为比重瓶法、浮称法、虹吸筒法等，根据土粒的粗细不同选用下列方法进行测定：

①粒径小于 5 mm 的土用比重瓶法测定。

②粒径等于大于 5 mm 的土，其中大于 20 mm 的颗粒含量少于 10％时用浮称法，多于 10％时用虹吸筒法。

③当土中含有小于和大于 5 mm 的颗粒，则分别用比重瓶法、浮称法或虹吸筒法测定不同粒径的颗粒密度，平均颗粒密度应按式(11－28)计算(精确至 0.01 g/cm^3)：

$$\rho_{sm}=\frac{1}{\frac{P_1}{\rho_{s1}}+\frac{P_2}{\rho_{s2}}} \tag{11-28}$$

式中：ρ_{sm}——平均颗粒密度，g/cm^3；

ρ_{s1}，ρ_{s2}——大于和小于 5 mm 粒径的颗粒密度，g/cm^3；

P_1，P_2——大于和小于 5 mm 粒径的土粒质量占总质量的质量分数。

11.5.1　比重瓶法

(1)仪器设备。

①比重瓶：容积 100(或 50) mL，分长颈和短颈两种。

②天平：称量 200 g，分度值 0.001 g。

③恒温水槽：准确度应为±1 ℃。

④砂浴：应能调节温度。

⑤温度计：测量范围 0～50 ℃，分度值 0.5 ℃。

⑥真空抽气设备：包括真空泵、抽气缸、真空压力表等。

⑦其他：电热干燥箱、纯水、中性液体(如煤油等)、孔径 20 mm 及 5 mm 筛、漏斗、滴管等。

(2)试验步骤。

①一般土的颗粒密度应采用纯水测定；当土中含有可溶盐、亲水性胶体或有机质，应采用中性液体(如煤油)测定。

②比重瓶在使用前必须进行比重瓶和水(或中性液体)总质量的校正。将煮沸冷却后的纯水注满比重瓶(长颈比重瓶注至刻度处，短颈比重瓶注至瓶口)，塞紧瓶塞，放入恒温槽，调节恒温水槽温度，测定不同温度下比重瓶加水的质量，绘制温度与瓶、水总质量的关系曲线，如图 11－11 所示。

③将比重瓶烘干，取烘干土 15 g 装入 100 mL比重瓶内(若用 50 mL 短颈比重瓶，宜取 10 g)，称比重瓶和土的总质量，准确至 0.001 g。

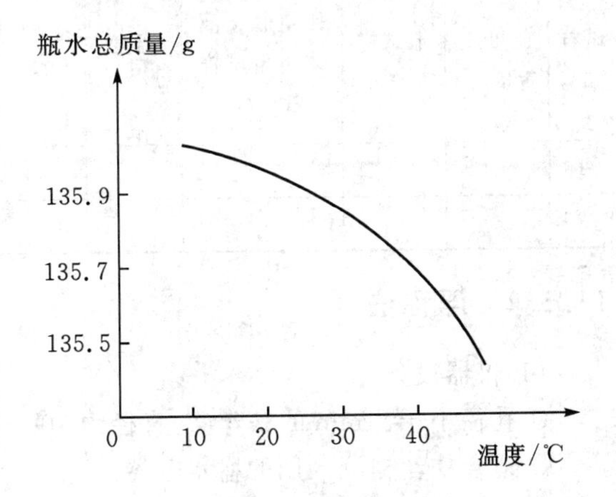

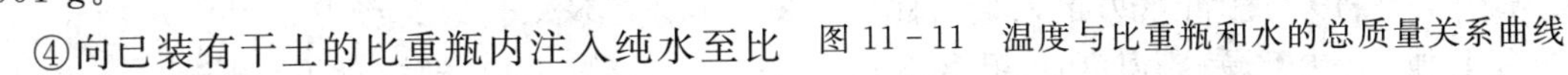

图 11－11　温度与比重瓶和水的总质量关系曲线

④向已装有干土的比重瓶内注入纯水至比

重瓶的一半处，摇动比重瓶，然后将比重瓶放在砂浴上煮沸。煮沸时间自悬液沸腾时算起，砂土及粉土不少于 30 min，黏土及粉质黏土不少于 1 h。

⑤煮沸完毕，取下比重瓶，冷却至接近室温，将事先煮沸并冷却的纯水注入比重瓶至近满（有恒温水槽时，可将比重瓶放于恒温水槽内）。待瓶内悬液温度稳定及悬液上部澄清时，塞好瓶塞，使多余水分自瓶塞毛细管中溢出，将瓶外壁上的水分擦干后，称比重瓶、水和土总质量，准确至 0.001 g，并测定比重瓶内水的温度，准确至 0.5 ℃。

⑥根据测得的温度，从已绘制的"温度与比重瓶和水的总质量关系曲线"中查得比重瓶和水的总质量。

⑦用中性液体（如煤油）测定含有可溶盐、亲水性胶体或有机质土的颗粒密度时，可用真空抽气法代替煮沸法排除土中空气。对砂土，为了防止煮沸时颗粒跳出，也可采用真空抽气法。抽气时真空压力表读数须接近 100 kPa，抽气时间 1～2 h，直至悬液内无气泡逸出时为止。其余步骤同③～⑤。根据测得的温度，从已绘制的"温度与比重瓶和水的总质量关系曲线"中查得比重瓶和水的总质量。

(3)结果计算。

①土的颗粒密度按式(11－29)计算，精确至 0.01 g/cm³：

$$\rho_s=\frac{m_d}{m_{pw}+m_d-m_{pws}}\times\rho_{wT} \tag{11-29}$$

式中：ρ_s——颗粒密度，g/cm³；

m_{pw}——比重瓶和水（中性液体）的总质量，g；

m_{pws}——比重瓶、水（中性液体）和土的总质量，g；

m_d——干试样质量，g；

ρ_{wT}——T ℃时水（中性液体）的密度，cm。

②本试验取两次平行试验的算术平均值，且平行测定的差值不得大于 0.02 g/cm³，平行测定的差值大于允许差值时，应重新进行试验。

(4)比重瓶法测试土的颗粒密度试验结果填入表 11－12。

表 11－12 土的颗粒密度(比重瓶法)试验报告

试样编号	比重瓶质量(g)	干试样质量(g)	比重瓶＋液体＋干试样质量(g)	温度 T(℃)	T℃时比重瓶＋液体质量(g)	与干试样同体积的液体质量(g)	T℃时液体密度(g/cm³)	颗粒密度(g/cm³)	
								单值	计算值
1									
2									

11.5.2 浮称法

(1)仪器设备。

①孔径小于 5 mm 的铁丝筐，直径约 100～150 mm，高约 100～200 mm。

②适合铁丝框沉入用的盛水容器。

③浮称天平(可用静水力学天平)：称量 2 kg，分度值不大于 0.1 g。

④其他：电热干燥箱、温度计、孔径 5 mm 及 20 mm 筛、毛巾、搪瓷盘等。

(2)试验步骤。

①取粒径大于 5 mm 的代表性试样不少于 1000 g,用清水洗净后,将试样浸在 15～25 ℃的水中,浸泡 24 h 后取出,将试样放在湿毛巾上滚擦或擦干(以颗粒表面无发亮水膜为准),即得饱和面干试样,称饱和面干试样质量(m_b)。

②将铁丝筐浸入水中,称铁丝筐在水中的质量(m_1)。

③将已知质量的饱和面干试样全部放入铁丝筐中,缓缓浸没于水中,并在水中摇晃至无气泡逸出为止,称铁丝筐和试样在水中总质量(m_2),并测定盛水容器内水温,准确至 0.5 ℃。

④取出铁丝筐中的全部试样放于瓷盘中,吸去盘中余水,置于 105～110 ℃烘箱中烘 4～6 h,取出冷却至室温,称烘干试样的质量(m_d)。

⑤本试验称量应准确至 0.2 g。

(3)结果计算。

①土的颗粒密度按式(11-30)计算,精确至 0.01 g/cm³:

$$\rho_s=\frac{m_d}{m_d-(m_2-m_1)}\times\rho_{wT} \tag{11-30}$$

式中:m_1——铁丝筐在水中的质量,g;

m_2——铁丝筐和试样在水中总质量,g;

ρ_{wT}——纯水在 T ℃时的密度,g/cm³,见表 11-6。

②土颗粒的饱和面干密度和毛体积密度按式(11-31)和(11-32)计算:

$$\rho_b=\frac{m_b}{m_b-(m_2-m_1)}\times\rho_{wT} \tag{11-31}$$

$$\rho_a=\frac{m_d}{m_b-(m_2-m_1)}\times\rho_{wT} \tag{11-32}$$

式中:ρ_b——土颗粒的饱和面干密度,g/cm³;

ρ_a——土颗粒的毛体积密度,g/cm³;

m_b——饱和面干试样质量,g;

m_d——烘干试样质量,g。

③土的吸着含水率按式(11-33)计算,精确至 0.1%:

$$w_x=\left(\frac{m_b}{m_d}-1\right)\times 100 \tag{11-33}$$

式中:w_x——吸着含水率,%。

④土的孔隙率按式(11-34)计算:

$$n=\left(1-\frac{\rho_d}{\rho_s}\right)\times 100 \tag{11-34}$$

式中:n——孔隙率,%;

ρ_d——土颗粒的干密度,g/cm³;

ρ_s——土的颗粒密度,g/cm³;

⑤本试验取两次平行试验的算术平均值,且平行测定的差值不得大于 0.02 g/cm³。平行测定的差值大于允许差值时,应重新进行试验。

(4)浮称法测试土的颗粒密度试验结果填入表 11-13。

表 11－13　土的颗粒密度(浮称法)试验报告

试样编号	烘干试样质量(g)	饱和面干试样质量(g)	筐＋试样在水中的质量(g)	筐在水中的质量(g)	试样在水中的质量(g)	温度 T(℃)	T ℃时水的密度(g/cm³)	颗粒密度(g/cm³)	
								单值	计算值
1									
2									

11.5.3　虹吸筒法

(1)仪器设备。

①虹吸筒:见图 11－12。

②天平:称量 10 kg,分度值不大于 1 g。

③量筒:容积大于 200 mL。

④其他:电热干燥箱、温度计、孔径 5 mm 及 20 mm 筛、毛巾、搪瓷盘等。

(2)试验步骤。

①取粒径大于 5 mm 具代表性的试样 1～7 kg,将试样彻底冲洗,直至颗粒表面无尘土和其他污物。

②再将试样浸没水中浸泡 24 h 后取出,用湿毛巾滚擦颗粒表面水分,即得饱和面干试样,称其质量。

③注清水入虹吸筒,至管口有水溢出时为止。待管中水流停止后,关闭管夹。将已称量的饱和面干试样缓缓放入筒中,边放边搅,直至无气泡逸出为止。注意搅动时勿使水溅出虹吸筒外。

④待虹吸筒中水面平静后,开启管夹,让试样排开的水从虹吸管中流入量筒内。

⑤测量筒内水的温度,准确至 0.5 ℃,称量筒质量及量筒和水的总质量。

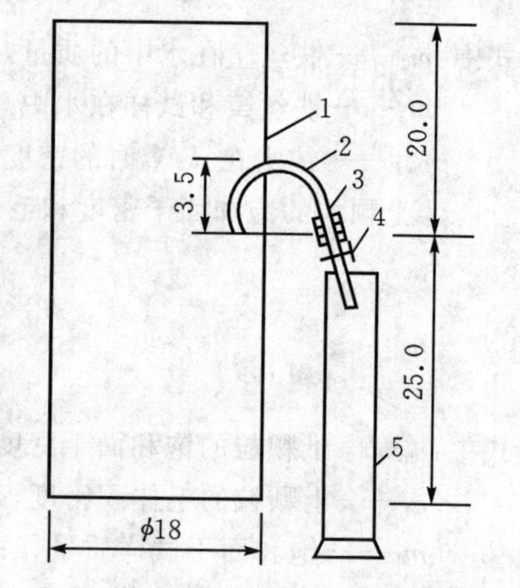

1—虹吸筒;2—虹吸管;
3—橡皮管;4—管夹;5—量筒

图 11－12　虹吸筒(单位:mm)

⑥取出虹吸筒内全部试样放于瓷盘中,吸去余水,置于 105～110 ℃的电热干燥箱内烘干,称其质量。

⑦本试验称量应准确至 1 g。

(3)结果计算。

①土的颗粒密度按式(11－35)计算,精确至 0.01 g/cm³:

$$\rho_s=\frac{m_d}{(m_{cw}-m_c)-(m_b-m_d)}\times\rho_{wT} \tag{11-35}$$

式中:m_c——量筒质量,g;

m_{cw}——量筒和水的总质量,g;

m_b——饱和面干试样质量,g;

m_d——烘干试样质量,g;

ρ_{wT}——纯水在 T ℃时的密度，g/cm³，见表 11－6。

②土颗粒的饱和面干密度和毛体积密度按式(11－36)和(11－37)计算：

$$\rho_b = \frac{m_b}{m_{cw} - m_c} \times \rho_{wT} \tag{11-36}$$

$$\rho_a = \frac{m_d}{m_{cw} - m_c} \times \rho_{wT} \tag{11-37}$$

式中：ρ_b——土颗粒的饱和面干密度，g/cm³；

ρ_a——土颗粒的毛体积密度，g/cm³。

③此外还可按 11.5.2 第(3)条中③～④步骤的方法计算土颗粒的吸着含水率和空隙率。

④本试验取两次平行试验的算术平均值，且平行测定的差值不得大于 0.02 g/cm³。平行测定的差值大于允许差值时，应重新进行试验。

(4)虹吸筒法测试土的颗粒密度试验结果填入表 11－14。

表 11－14　土的颗粒密度(虹吸筒法)试验报告

试样编号	烘干试样质量(g)	饱和面干试样质量(g)	量筒和排开水的总质量(g)	排开水的质量(g)	吸着水的质量(g)	温度 T(℃)	T ℃时水的密度(g/cm³)	颗粒密度(g/cm³)	
								单值	计算值
1									
2									

11.6　颗粒分析

土都是由各种不同粒径的颗粒组成的，不同大小土粒的相对百分含量称为颗粒级配或土的粒度成分。颗粒分析试验是将土试样按粒径不同，分成不同粒组并测定其相对含量的试验方法，以百分数表示。确定土的颗粒级配可以用于土的分类及判断土的结构特征和工程性质，同时也可作为土工材料选材的依据。

颗粒分析试验根据不同的粒组采用不同的分析方法，目前常用的方法有筛析法、密度计法和移液管法。筛析法适用于粒径小于或等于 200 mm，大于 0.075 mm 的土；密度计法和移液管法适用于粒径小于 0.075 mm 的土；当土中含有粒径大于和小于 0.075 mm 的颗粒，各超过总质量的 10%时，应联合使用筛析法及密度计法或移液管法。

11.6.1　筛析法

筛析法是利用一套孔径不同的标准筛来分离一定量的砂土中与筛孔径相应的粒组，而后称量，计算各粒组的相对含量，确定砂土的粒度成分。

(1)仪器设备。

①分析筛。

a. 粗筛：孔径为 200 mm、150 mm、100 mm、75 mm、60 mm、40 mm、20 mm、10 mm、5 mm、2 mm。

b. 细筛：孔径为 2 mm、1 mm、0.5 mm、0.25 mm、0.075 mm。

②电子秤或台秤:称量 100 kg 或 50 kg,分度值 50 g。

③天平或案秤:称量 10 kg,分度值 5 g;称量 5 kg,分度值 1 g。

④天平:称量 1000 g,分度值 0.1 g;称量 200 g,分度值 0.01 g。

⑤筛析机:上下振动正常。

⑥其他:电热干燥箱、搪瓷盘、研钵(带橡皮头的杵、钢丝刷)、橡皮板、木碾等。

(2)试验步骤。

①筛析法的取样数量,应符合表 11-15 的规定。

表 11-15　土的筛析取样数量

土的粒径(mm)	取样数量(g)
<2	100～300
<10	300～1000
<20	1000～2000
<40	2000～4000
<60	≥5000
<75	≥6000
<100	≥8000
<150	≥10000
<200	≥10000

②无凝聚性土的试验。

a.根据土样颗粒大小,用四分对角线法按表 11-15 的规定取样数量,取代表性风干试样。当称量小于 500 g 时,应准确至 0.1 g;当称量大于 500 g 时,应准确至 1 g;当称量大于 5 kg 时,应准确至 5 g;当称量大于 10 kg 时,应准确至 50 g。

b.将试样过 2 mm 筛,称筛上或筛下的试样质量。当筛下的试样质量小于试样总质量的 10%时,不作细筛分析;当筛上的试样质量小于试样总质量的 10%时,不作粗筛分析。

c.取过 2 mm 筛上的试样倒入依次叠好的粗筛最上层筛中;筛下的试样倒入依次叠好的细筛最上层筛中,进行筛析。细筛宜置于筛析机上振筛,振筛时间为 10～15 min。

d.按由上而下的顺序将各筛取下,置于白瓷盘上用手拍叩摇晃,检查各筛,直至筛净为止,筛下的试样应收放入下一级筛内,最后称各级筛上及底盘内试样的质量,应准确至 0.1 g。

e.筛后各级筛上和底盘内试样质量的总和与筛前试样总质量的差值,不得大于试样总质量的 1%。

③含有黏土粒的砂类土的试验。

a.先将土样放在橡皮板上,用木碾充分碾散黏结的土团块,然后按表 11-15 要求称取试样,置于盛有清水的容器内充分搅拌,使试样中的粗细颗粒完全分离。

b.将容器中的试样悬液通过 2 mm 筛,边翻动、边冲洗、边过筛,直到筛上仅留大于 2 mm 的土粒为止。取筛上的试样风干后称量,准确至 0.1 g,然后按②第 c 至 e 步骤进行粗筛分析。

c.取过 2 mm 筛下的悬液,用带橡皮头的研杵研磨,使其通过 0.075 mm 筛,筛上土粒反复加清水研磨过筛,直至悬液澄清为止,将筛上的试样烘干称量,准确至 0.1 g,然后按②第 c

至 e 步骤进行细筛分析。

d. 当小于 0.075 mm 试样质量超过试样总质量的 10%时，应按密度计法或移液管法测定小于 0.075 mm 的颗粒组成。

(3)结果计算。

①小于某粒径的试样占总质量的百分数(精确至 0.1%)：

$$X=\frac{m_A}{m_B}\times d_x \tag{11-38}$$

式中：X——小于某粒径的试样占总质量的百分数，%；

m_A——小于某粒径的试样质量，g；

m_B——细筛(或密度计)分析时为所取试样质量，粗筛分析时为所取试样总质量，g；

d_x——粒径小于 2 mm 或粒径小于 0.075 mm 的试样质量占试样总质量的百分数，%，若土中无大于 2 mm(或无大于 0.075 mm)的颗粒时，计算细筛(或密度计)及粗筛分析土质量百分数 d_x=100%。

②以小于某粒径的试样质量占试样总质量的百分数为纵坐标，颗粒粒径为横坐标，在半对数坐标纸上绘制颗粒大小分布曲线，见图 11－13 中 03 号线。当粗筛与细筛或筛析法与密度计法联合分析时，应将分段曲线接绘成一平滑曲线。

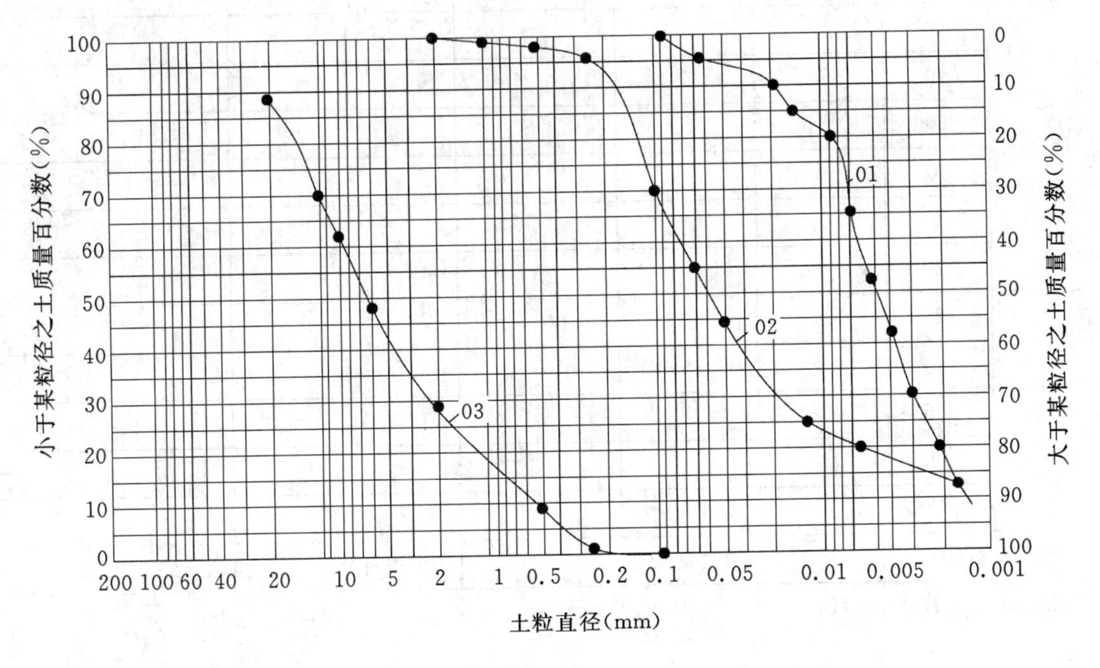

图 11－13　颗粒大小分布曲线图

③级配指标。

a. 不均匀系数(精确至 0.01)：

$$C_u=\frac{d_{60}}{d_{10}} \tag{11-39}$$

式中：C_u——不均匀系数；

d_{60}——限制粒径，即在分布曲线上小于该粒径的试样含量占总试样质量的 60%的粒径；

d_{10}——有效粒径，在分布曲线上小于该粒径的试样含量占总试样质量的10%的粒径。

b. 曲率系数(精确至0.01)：

$$C_c = \frac{d_{30}^2}{d_{10} \cdot d_{60}} \tag{11-40}$$

式中：C_c——曲率系数；

d_{30}——在分布曲线上，小于该粒径的试样含量占总试样质量的30%的粒径。

(4)筛析法试验结果填入表11-16。

表11-16　土的颗粒分析(筛析法)试验报告

样品状态描述						
风干试样总质量(g)			小于0.075 mm的试样占试样总质量百分数(%)			
2 mm筛上试样质量(g)			小于2 mm的试样占试样总质量百分数(%)			
2 mm筛下试样质量(g)			细筛分析时所取试样质量(g)			
分析筛类别	孔径(mm)	分计留筛试样质量(g)	累计留筛试样质量(g)	小于该孔径的试样质量 m_A(g)	小于该孔径的试样质量百分数 m_A/m_B(%)	小于该孔径占试样总质量百分数 $X=[m_A/m_B]\times d_x$(%)
粗筛	60					
	40					
	20					
	10					
	5					
	2					
细筛	2					
	1					
	0.5					
	0.25					
	0.075					
筛底存留(g)			散失量(g)		散失百分数(%)	

颗粒大小单对数分布曲线：

11.6.2 密度计法

密度计法是依据斯托克斯(Stokes)定律进行测定的。当土粒在液体中靠自重下沉时，较大的颗粒下沉较快，而较小的颗粒下沉则较慢。一般认为，对于粒径为0.2～0.002 mm的颗粒，在液体中靠自重下沉时，作等速运动，这符合斯托克斯定律。

密度计法是静水沉降分析法的一种，只适用于粒径小于0.075 mm的土样。将一定量的土样(粒径<0.075 mm)放在量筒中，然后加纯水，经过搅拌，使土的大小颗粒在水中均匀分布，制成一定量的均匀浓度的土悬液(1000 mL)。静置悬液，让土粒沉降，在土粒下沉过程中，用密度计测出在悬液中对应于不同时间的不同悬液密度，根据密度计读数和土粒的下沉时间，就可计算出粒径小于某一粒径d(mm)的颗粒占土样的百分数。

(1)仪器设备。

①密度计。目前通常采用的密度计有甲、乙两种，这两种密度计的制造原理及使用方法基本相同，但密度计的读数所表示的含义则是不同的，甲种密度计读数所表示的是一定量悬液中的干土质量，乙种密度计读数所表示的是悬液比重。

a. 甲种密度计，刻度单位以在20 ℃时每1000 mL悬液内所含土质量的克数来表示，刻度为－5～50，最小分度值为0.5。

b. 乙种密度计，刻度单位以在20 ℃时悬液的比重来表示，刻度为0.995～1.020，最小分度值为0.0002。

②量筒：高约420 mm，内径约60 mL，容积1000 mL。

③分析筛：孔径为2 mm、0.5 mm、0.25 mm、0.075 mm。

④漏斗式洗筛：孔径0.075 mm。

⑤搅拌器：轮径50 mm，孔径3 mm，杆长约3 mm，带旋转叶。

⑥煮沸设备：电热器、锥形烧瓶，附冷凝管装置。

⑦天平：称量1000 g，分度值0.1 g；称量200 g，分度值0.01 g。

⑧分散剂：4%六偏磷酸钠、5%酸性硝酸银或5%酸性氯化钡溶液。

⑨其他：温度计、研钵、秒表、烧杯、锥形瓶等。

(2)试验步骤。

①取风干的代表性试样200～300 g(当风干试样中易溶盐含量大于0.5%时，应进行洗盐处理)，过2 mm筛，求出筛上试样占试样总质量的百分数，取筛下试样测定风干含水率。

②称风干试样30 g，倒入500 mL锥形瓶，注入纯水200 mL，浸泡过夜。

③将盛土液的锥形瓶稍加摇晃后放在煮沸设备上进行煮沸，煮沸时间宜为40 min。

④将冷却后的悬液全部冲入烧杯中，用带橡皮头研棒研磨；静止约1 min，将上部悬液倒在0.075 mm洗筛上，经漏斗注入1000 mL的大量筒内，遗留杯底沉淀物用橡皮头研棒研散，再加适量纯水搅拌，倒出上部悬液过筛入量筒内。如此反复，直至悬液澄清后将烧杯中全部试样过筛，冲洗干净；将筛上砂粒移入蒸发皿内，烘干后进行细筛分析，并计算各粒组颗粒的百分含量。

⑤在大量筒中加入4%浓度的六偏磷酸钠10 mL，再注入纯水至1000 mL。对于加入六偏磷酸钠后仍不能完全分散的试样应选用其他分散剂。

⑥将搅拌器放入量筒中，沿悬液深度上下搅拌1 min，使土粒完全均布到整个悬液中。注

意搅拌时勿使悬液溅出量筒外。

⑦取出搅拌器，同时立即开动秒表，将密度计放入悬液中，测记 0.5 min、1 min、5 min、30 min、120 min 和 1440 min 时的密度计读数。根据试验情况或实际需要，可增加密度计读数次数，或缩短最后一次读数时间。

⑧每次读数时均应在预定时间前 10～20 s 将密度计徐徐放入悬液中部，不得贴近筒壁，并使密度计竖直，还应在近似于悬液密度的刻度处放手，以免搅动悬液。

⑨密度计读数以弯液面上缘为准。甲种密度计应准确至 0.5，估读至 0.1；乙种密度计应准确至 0.0002，估读至 0.0001。每次读数完毕，立即取出密度计，放入盛有清水的量筒中，并测定其相应的悬液温度，准确至 0.5 ℃。

(3)结果处理。

①小于某粒径试样质量占总试样的百分数(计算至 0.1%)：

a. 甲种密度计：

$$X=\frac{100}{m_d}C_s(R+m_T+n-C_D) \tag{11-41}$$

式中：X——小于某粒径试样质量百分数，%；

m_d——试样干密度，g；

C_s——颗粒密度校正值，查表 11-17；

m_T——温度校正值，查表 11-18；

C_D——分散剂校正值；

n——弯液面校正值；

R——甲种密度计读数。

表 11-17　颗粒密度校正值

土粒比重(g/cm³)		2.50	2.52	2.54	2.56	2.58	2.60	2.62	2.64	2.66
校正值	甲种密度计	1.038	1.032	1.027	1.022	1.017	1.012	1.007	1.002	0.998
	乙种密度计	1.666	1.658	1.649	1.641	1.632	1.625	1.617	1.609	1.603
土粒比重(g/cm³)		2.68	2.70	2.72	2.74	2.76	2.78	2.80	2.82	2.84
校正值	甲种密度计	0.993	0.989	0.985	0.981	0.977	0.973	0.969	0.965	0.961
	乙种密度计	1.595	1.588	1.581	1.575	1.568	1.562	1.556	1.549	1.543

表 11-18　温度校正值

悬液温度(℃)	甲种密度计温度校正值	乙种密度计温度校正值	悬液温度(℃)	甲种密度计温度校正值	乙种密度计温度校正值	悬液温度(℃)	甲种密度计温度校正值	乙种密度计温度校正值
10.0	−2.0	−0.0012	17.0	−0.8	−0.0005	24.0	1.3	0.0008
10.5	−1.9	−0.0012	17.5	−0.7	−0.0004	24.5	1.5	0.0009
11.0	−1.9	−0.0012	18.0	−0.5	−0.0003	25.0	1.7	0.0010

续表 11 - 18

悬液温度（℃）	甲种密度计温度校正值	乙种密度计温度校正值	悬液温度（℃）	甲种密度计温度校正值	乙种密度计温度校正值	悬液温度（℃）	甲种密度计温度校正值	乙种密度计温度校正值
11.5	−1.8	−0.0011	18.5	−0.4	−0.0003	25.5	1.9	0.0011
12.0	−1.8	−0.0011	19.0	−0.3	−0.0002	26.0	2.1	0.0013
12.5	−1.7	−0.0010	19.5	−0.1	−0.0001	26.5	2.2	0.0014
13.0	−1.6	−0.0010	20.0	0	0	27.0	2.5	0.0015
13.5	−1.5	−0.0009	20.5	0.1	0.0001	27.5	2.6	0.0016
14.0	−1.4	−0.0009	21.0	0.3	0.0002	28.0	2.9	0.0018
14.5	−1.3	−0.0008	21.5	0.5	0.0003	28.5	3.3	0.0019
15.0	−1.2	−0.0008	22.0	0.6	0.0004	29.0	3.3	0.0021
15.5	−1.1	−0.0007	22.5	0.8	0.0005	29.5	3.5	0.0022
16.0	−1.0	−0.0006	23.0	0.9	0.0006	30.0	3.7	0.0023
16.5	−0.9	−0.0006	23.5	1.1	0.0007			

b. 乙种密度计：

$$X=\frac{100V_X}{m_d}C'_s[(R'-1)+m'_T+n'-C'_D]\rho_{W20} \tag{11-42}$$

式中：V_X——悬液体积（=1000 mL）；

C'_s——颗粒密度校正值，查表 11 - 17；

m'_T——温度校正值，查表 11 - 18；

C'_D——分散剂校正值；

n'——弯液面矫正值；

R'——乙种密度计读数；

ρ_{W20}——20 ℃时纯水的密度，为 0.998232 g/cm^3。

②密度计的校正。

密度计在制造过程中，其浮泡体积及刻度往往不易准确，况且，密度计的刻度是以 20 ℃的纯水为标准的。由于受实验室多种因素的影响，密度计在使用前应对刻度、弯液面、土粒沉降距离、温度、分散剂等的影响进行校正。

a. 颗粒密度校正。

密度计刻度系假定悬液内土粒的密度为2.65 g/cm^{3}制作的，若试验时颗粒密度不是2.65 g/cm^3，则必须加以校正，甲、乙两种密度计的颗粒密度校正值可由表 11 - 17 查得。

b. 温度校正。

密度计刻度是在 20 ℃时刻制的，但试验时的悬液温度不一定恰好等于 20 ℃，而水的密度变化及密度计浮泡体积的膨胀，会影响到密度计的准确读数，因此需要加以温度校正。密度计读数的温度校正值可从表 11 - 18 查得。

c. 分散剂校正。

为了使悬液充分分散，常加一定量的分散剂，悬液的密度则比原来的增大，因此应考虑分散剂对密度计读数的影响。具体方法是：将量筒内 1000 mL 的纯水恒温至 20 ℃，先测出密度计在 20 ℃纯水中的读数，然后再加试验时采用的分散剂，用搅拌器在量筒内沿整个深度上下搅拌均匀，并将密度计放入溶液中测记密度计读数，两者之差，即为分散剂校正值。

d. 刻度及弯液面校正。

试验时密度计的读数应以弯液面的上缘为准，而密度计制造时其刻度是以弯液面的下缘为准(见图 11－14)，因此应对密度计刻度及弯液面进行校正。将密度计放入 20 ℃纯水中，此时密度计上弯液面的上、下缘的读数之差即为弯液面的校正值。因弯液面上缘刻度永远大于下缘刻度，故此值永远为正。某些密度计出厂时已注明以弯液面上缘为准，即校正值为零。

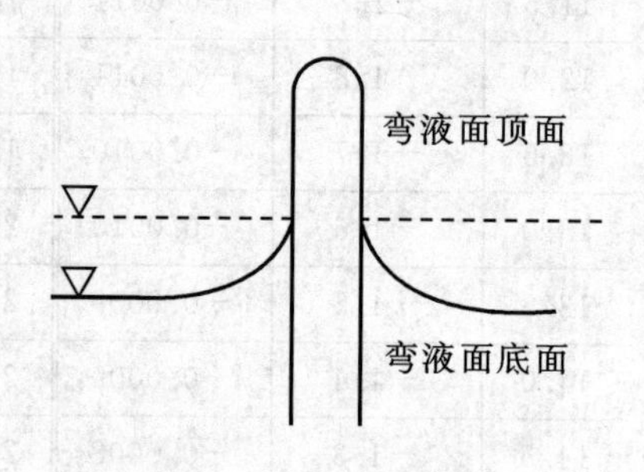

图 11－14　弯液面校正

③土粒粒径按式(11－43)计算(计算精确至 0.001 mm)：

$$d=\sqrt{\frac{1800\eta L}{\left(\frac{\rho_s-\rho_{wT}}{\rho_w}\right)\gamma_w t}}=\sqrt{\frac{18\times 10^4\eta L}{\left(\frac{\rho_s-\rho_{wT}}{\rho_w}\right)9.81t}} \quad (11-43)$$

式中：d——土粒粒径，mm；

η——水的动力黏度，取 10^{-6} kPa·s，查表 11－19；

ρ_s——颗粒密度，g/cm³；

ρ_{wT}——T ℃时水的密度，g/cm³，查表 11－19；

ρ_w——4 ℃时水的密度，g/cm³；

γ_w——4 ℃时水的容重，取 9.81kN/m³；

L——某一时间内土粒的沉降距离，cm；

t——沉降时间，s。

以小于某粒径试样质量百分数为纵坐标，土粒直径的对数值为横坐标，绘制颗粒大小分布曲线。如与筛分法联合分析，应将两段曲线绘成一平滑曲线。

表 11－19　不同温度下水的动力黏度和密度

水温/℃	15	16	17	18	19	20	21	22
η(10^{-6}kPa·s)	1.144	1.115	1.088	1.061	1.035	1.010	0.986	0.963
ρ_{wT}(g/cm³)	0.9991	0.9989	0.9988	0.9986	0.9984	0.9982	0.9980	0.9978
水温/℃	23	24	25	26	27	28	29	30
η(10^{-6}kPa·s)	0.941	0.919	0.899	0.879	0.860	0.841	0.823	0.806
ρ_{wT}(g/cm³)	0.9975	0.9973	0.9970	0.9968	0.9965	0.9963	0.9960	0.9957

(4)密度计法试验结果填入表 11－20。

表 11－20　土的颗粒分析(密度计法)试验报告

样品状态描述									
小于 2 mm 试样占试样总质量百分数(%)			干试样质量 m_d(g)			风干含水率 ω_0(%)			
风干试样质量 m_0(g)			易溶盐含量 DT(%)			土颗粒密度 ρ_s(g/cm^3)			
弯液面校正值 n			颗粒密度校正值 C_s			T ℃时水的密度 ρ_{wT}(g/cm^3)			
试验时间	下沉时间 t(min)	悬液温度 T(℃)	密度计测试结果			土粒沉降距离 L(cm)	土粒粒径 d(mm)	小于某粒径试样质量百分数(%)	小于某粒径占试样总质量百分数 X(%)
			密度计读数 R	温度校正值 m_T	分散剂校正值 C_D				
	0.5								
	1								
	2								
	5								
	30								
	120								
	1440								

颗粒大小单对数分布曲线：

11.6.3　移液管法

移液管法是根据各种粒径土粒下沉距离与时间的关系来计算确定吸取悬液的时间和距离，标准采用的是固定粒径和吸取深度来计算吸取时间。

(1)仪器设备。

①移液管：容积为 25 mL。

②小烧杯：容积 50 mL，称量准确至 0.001 g。

③分析天平：称量 200 g，分析值 0.001 g。

④恒温水槽：量程 0～100 ℃，分度值 0.5 ℃。

⑤其他同密度计试验用仪器设备。

(2)试验步骤。

①取代表性试样(黏性土 10～15 g、砂土 20 g)，准确至 0.001 g，并按密度计法试验步骤①～⑤

来制备悬液。

②将装置悬液的量筒置于恒温水槽中至悬液温度稳定，测记悬液温度，准确至0.5 ℃。

③按式(11-43)计算粒径小于0.05 mm、0.01 mm、0.005 mm、0.002 mm和其他所需粒径下沉一定深度需要静置的时间，也可事先制成土粒在不同温度静水中某一深度沉降的时间表。

④用搅拌器沿悬液深度上下搅拌1 min，取出搅拌器并开动秒表，将移液管的二通阀置于关闭位置，三通阀置于移液管和吸球相通位置，根据各粒径所需的静置时间，提前10 s将移液管放入悬液中，浸入深度10 cm处，用吸球吸取悬液。吸取量不得少于25 mL。

⑤旋转三通阀，使吸球与放液口相通，让多余的悬液从放液口流出，并收集倒回原悬液中。

⑥将移液管下口放入烧杯内，旋转三通阀，使吸球与移液管相通，用吸球将悬液挤入烧杯中，从上口倒入少量水，旋转二通阀，使上下口连通，水则通过移液管将悬液流入烧杯中。

⑦将烧杯内悬液蒸干，并在105～110 ℃温度下烘至恒重，准确至0.001 g。

(3)结果处理。

①小于某粒径的试样质量占总试样质量的百分数按式(11-44)计算，精确至0.1%：

$$X=\frac{m_x \cdot V_X}{V \cdot m_d}\times 100 \tag{11-44}$$

式中：X——小于某粒径的试样质量占总试样质量的百分数，%；

V_X——悬液总体积(=1000 mL)；

V——吸取悬液的体积(=25 mL)；

m_x——吸取25 mL悬液中的干试样质量，g；

m_d——干试样总质量，g。

②颗粒大小分布曲线应按照筛析法绘制。当移液管法与筛析法联合分析时，应将试样总质量折算后再绘制颗粒大小分布曲线，并将两端曲线连成一条平滑的曲线。

(4)移液管法试验结果填入表11-21。

表11-21 土的颗粒分析(移液管法)试验报告

样品状态描述								
干试样质量 m_d(g)				小于2 mm试样占试样总质量百分数(%)				
土颗粒密度 ρ_s(g/cm³)				小于0.075 mm试样占试样总质量百分数(%)				
粒径 d (mm)	吸取悬液体剂 V(mL)	悬液总体积 V_X(mL)	杯号	杯质量(g)	杯加吸取悬液中干试样总质量(g)	吸取悬液中干试样质量 m_x(g)	小于某粒径试样质量百分数(%)	小于某粒径占试样总质量百分数 X(%)
0.05	25	1000						
0.01								
0.005								
0.002								

续表 11－21

颗粒大小单对数分布曲线：

11.7　界限含水率

黏性土由于土中水含量的变化，明显地表现出不同的性质和物理状态，如含水率的增大使黏性土可由固态、半固态的脆性状态变为可塑状态，最后变为流动状态或液体状态。黏性土这种因含水率变化而表现出的各种不同物理状态，称为黏性土的稠度，界限含水率就是度量黏性土从液态过渡到固态的过程各阶段的数值。

在工程实际中，最具有实用性的界限含水率为液限、塑限及缩限。液限是黏性土从可塑状态过渡到流动状态时的含水率；塑限是黏性土从可塑状态过渡到半固体状态时的含水率；当黏性土进一步干燥至体积不再收缩时的含水率称为缩限。

11.7.1　液、塑限联合测定法

(1)仪器设备。

①液塑限测定仪，如图 11－15 所示。

(a)光电式

(b)数显式

图 11－15　液塑限测定仪

a. 圆锥质量 76 g,锥角 30°;

b. 读数显示:宜采用光电式、游标式或百分表式;

c. 试样杯:直径 40～50 mm,高 30～40 mm。

②天平:称量 200 g,分度值 0.01 g。

③其他:电热干燥箱、干燥器、称量盒、调土刀、凡士林等。

(2)试验步骤。

①本试验应采用保持天然含水率的土样制备试样,在无法保持土的天然含水率情况下,也可用风干土制备试样。

②当采用天然含水率的土样时,应剔除大于 0.5 mm 的颗粒,然后分别按下沉深度为 3～5 mm、9～11 mm 及 16～18 mm(或分别按接近液限、塑限和二者的中间状态)制备不同稠度的土膏,静置湿润。静置时间可根据含水率的大小而定。

③当采用风干土样时,取过 0.5 mm 筛的代表性试样约 200 g,分成 3 份,分别放入 3 个盛土皿中,加入不同数量的纯水,使分别达到步骤②中所述的 3 种稠度状态,调成均匀土膏,然后用玻璃和湿毛巾盖住或放在密封的保湿器中,静置 24 h。

④将制备好的土膏用调土刀加以充分调拌均匀,密实地填入试样杯中,尽量使土中空气逸出。高出试样杯的余土用调土刀刮平,将试样杯安放在仪器升降座上。

⑤在圆锥仪锥体上涂以薄层凡士林。接通电源,使电磁铁吸稳圆锥仪(对于游标式或百分表式,提起锥杆,用旋钮固定)。

⑥调节屏幕准线,使初始读数为零(游标尺或百分表读数调零)。调整升降台,使圆锥仪锥尖刚好接触土面,指示灯亮时圆锥仪在自重作用下沉入试样中(游标式或百分表式用手扭动旋钮,放开锥杆)。约经 5 s 后立即测读圆锥下沉深度。取出试样杯,取 10 g 以上的试样 2 个装入称量盒内,测定其含水率。

⑦重复上述步骤测试其余两个试样的圆锥下沉深度和含水率。

(3)结果计算。

①按本章 11.3 节规定的方法计算土的含水率。

②以含水率为横坐标,圆锥下沉深度为纵坐标,在双对数坐标纸上绘制如图 11-16 的关系曲线。三点应连成一条直线,如图中 A 线所示。当三点不在一条直线上,则通过高含水率这一点与其余两点连成两条直线,在圆锥下沉深度为 2 mm 处可查得相应的两个含水率。当这两个含水率的差值小于 2%时,应以这两点的含水率平均值与高含水率的点连成一条直线,如图中 B 线所示。当这两个含水率之差值大于或等于 2%时,则应再补做试验。

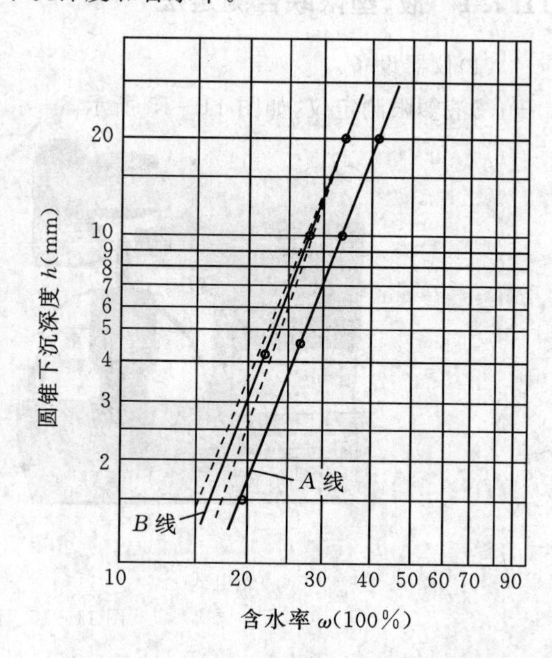

图 11-16 圆锥下沉深度与含水率关系曲线

③在图 11-16 中,圆锥下沉深度为 17 mm 所对应的含水率为液限;圆锥下沉深度为 10 mm所对应的含水率为 10 mm 液限;圆锥下

沉深度为 2 mm 所对应的含水率为塑限。取值以百分数表示，准确至 0.1%。

④塑性指数按式(11－45)计算：

$$I_p = w_L - w_p \tag{11-45}$$

式中：I_p——塑性指数；

w_L——液限，%；

w_p——塑限，%。

⑤液性指数按式(11－46)计算：

$$I_L = \frac{w - w_p}{I_p} \tag{11-46}$$

式中：I_L——液性指数，精确至 0.01；

w——天然含水率，%。

⑥含水比按式(11－47)计算：

$$\alpha_w = \frac{w}{w_L} \tag{11-47}$$

式中：α_w——含水比。

(4)液、塑限联合试验结果填入表 11－22。

表 11－22　液、塑限联合试验报告

试样编号	圆锥下沉深度 h (mm)	称量盒号	湿试样质量 m_0(g)	干试样质量 m_d (g)	测定含水率 ω'(%) $(m_0/m_d-1)\times100$		试样天然含水率 ω (%)	液限 ω_L (%)	液限 ω_{10} (%)	塑限 ω_p (%)	塑性指数 I_P	液性指数 I_L
					单值	均值						

圆锥下沉深度 h 与联合测定含水率 ω' 双对数关系曲线：

11.7.2 搓条法塑限试验

土样在脆性固体即固态半固态状态下含水率低于塑限黏性土揉搓时将破碎，因此可以根据揉搓小土条达一定尺寸，土条开始断裂时的含水率确定塑限。

(1)仪器设备。

①毛玻璃板：约 200 mm×300 mm。

②直径 3 mm 的金属丝或卡尺。

③天平：称量 200 g，分度值 0.01 g。

④其他：电热干燥箱、干燥器、称量盒、调土刀等。

(2)试验步骤。

①取 0.5 mm 筛下的代表性试样 100 g，加纯水拌和均匀，湿润过夜或者直接从液限试验制备好的试样中取约 30 g 土备用。

②为使试样的含水率接近塑限，可先将试样在手中捏揉至不黏手，或用吹风机稍微吹干，然后将试样捏扁，出现裂缝，表示试样已接近塑限。

③取接近塑限的试样 8～10 g，用手搓成椭圆形，然后用手掌在毛玻璃板上搓滚。搓滚时要均匀施加压力于土条上，不得使土条在毛玻璃板上做无力滚动，土条长度不宜超过手掌宽度，土条不得产生空心现象。

④土条搓成直径 3 mm 时未产生裂缝或断裂，表示试样的含水率高于塑限，应将土条捏成一团，重新搓滚，直至土条直径达到 3 mm 时产生裂缝并开始断裂为止。土条直径大于 3 mm 时即断裂，表示试样含水率低于塑限，应弃掉重新取样进行试验。如果土条在任何含水率下始终搓不到 3 mm 即开始断裂，则该土样无塑性。

⑤取直径符合 3 mm 断裂土条 3～5 g 放入称量盒内，盖紧盒盖，测定其含水率，此含水率即土的塑限。取值以百分数表示，准确至 0.1%。

(3)结果计算。

①搓条法测试土的塑限按式(11-48)进行计算(精确至 0.1%)：

$$w_p=\left(\frac{m}{m_d}-1\right)\times 100 \tag{11-48}$$

式中：w_p——塑限，%；

m——湿试样的质量，g；

m_d——烘干后试样的质量，g。

②本试验应进行两次平行测定，允许平行差值应符合表 11-23 规定，取其算术平均值。平行测定的差值大于允许差值时，应重新进行试验。

表 11-23　含水率平行测定允许差值

天然含水率(%)	$w\leqslant 10$	$10<w\leqslant 40$	$w>40$
含水率平行差值(%)	0.5	1.0	2.0

(4)搓条法试验结果填入表 11-24。

表 11-24 搓条法试验报告

试样编号	湿试样质量 m_0(g)	干试样质量 m_d(g)	试样天然含水率 ω(%)	塑限 $\omega_p=(m/m_d-1)\times100$(%)	
				单值	计算值

11.7.3 收缩皿法缩限试验

(1)仪器设备。

①收缩皿:金属制成,直径为 45～50 mm,高度 20～30 mm。

②天平:称量 500 g,分度值 0.01 g。

③其他:电热干燥箱、干燥器、称量盒、调土刀、蜡、烧杯、细线、针等。

(2)试验步骤。

①取 0.5 mm 筛下的代表性试样 200 g,搅拌均匀,加纯水制备成含水率等于或略大于 10 mm液限的试样。

②在收缩皿内涂一薄层凡士林,将试样分层填入收缩皿中,每次填入后,将收缩皿底拍击试验桌桌面,直至驱尽气泡,在收缩皿内填满试样后刮平表面。

③擦净收缩皿外部,称收缩皿和试样的总质量,准确至 0.01 g。

④将填满试样的收缩皿放在通风处晾干,当试样颜色变淡时,放入烘箱内烘至恒量,取出置于干燥器内冷却至室温,称收缩皿和干试样的总质量,准确至 0.01 g。

⑤用蜡封法测定干试样的体积。

(3)结果计算。

①收缩皿法测试土的缩限按式(11-49)进行计算(精确至 0.1%):

$$w_s=w-\frac{V_0-V_d}{m_d}\cdot\rho_w\times100 \tag{11-49}$$

式中:w_s——土的缩限,%;

w——湿试样的含水率,%;

V_0——湿试样的体积,cm^3;

V_d——干试样的体积,cm^3;

m_d——烘干后试样的质量,g;

ρ_w——水的密度,取 $1g/cm^3$。

②本试验应进行两次平行测定,允许平行差值应符合表 11-23 规定,取其算术平均值。平行测定的差值大于允许差值时,应重新进行试验。

(4)收缩皿法试验结果填入表 11-25。

表 11-25 收缩皿法试验报告

试样编号	收缩皿质量 m_0(g)	收缩皿和湿试样总质量 m_1(g)	湿试样质量 m (g)	收缩皿和干试样总质量 m_2(g)	干试样质量 m_d(g)	含水率 ω(%)	湿试样体积 V_0(cm^3)	干试样体积 V_d(cm^3)	缩限 w_s(%)	
									单值	计算值

11.8 相对密度

相对密度是无黏性土处于最松散状态的孔隙比与天然状态(或给定)的孔隙比之差和最松散态孔隙比与最紧密状态孔隙比之差的比值。

测定砂的最小干密度采用漏斗法或量筒法,测定最大干密度采用振动锤击法;测定碎石类土的最小和最大干密度分别采用固定体积法和振动台振动加重物法。砂的相对密度试验适用于颗粒粒径小于 5 mm,且粒径 2~5 mm 的试样质量不大于试样总质量的 15%及粒径小于 0.075 mm 的颗粒质量不大于总土质量的 12%;砾和碎石类土的相时密度试验适用于最大粒径为 60 mm,且粗颗粒中小于 0.075 mm 的颗粒含量不得大于 12%。

11.8.1 砂的相对密度

(1)仪器设备。

①量筒:容积 500 mL 和 1000 mL,后者内径应大于 60 mm。

②长颈漏斗:颈管内径约 12 mm,颈口磨平,见图 11-17。

③锤形塞:直径约 15 mm 的圆锥体镶于铁杆上。

④砂面拂平器,见图 11-17。

⑤金属容器:容积 250 mL,内径 50 mm,高 127 mm;容积 1000 mL,内径 100 mm,高 127 mm。

⑥振动叉,见图 11-18。

⑦击锤:锤质量 1.25 kg,落高 150 mm;锤底直径 50 mm,见图 11-18。

⑧天平:称量 5000 g,分度值 1 g。

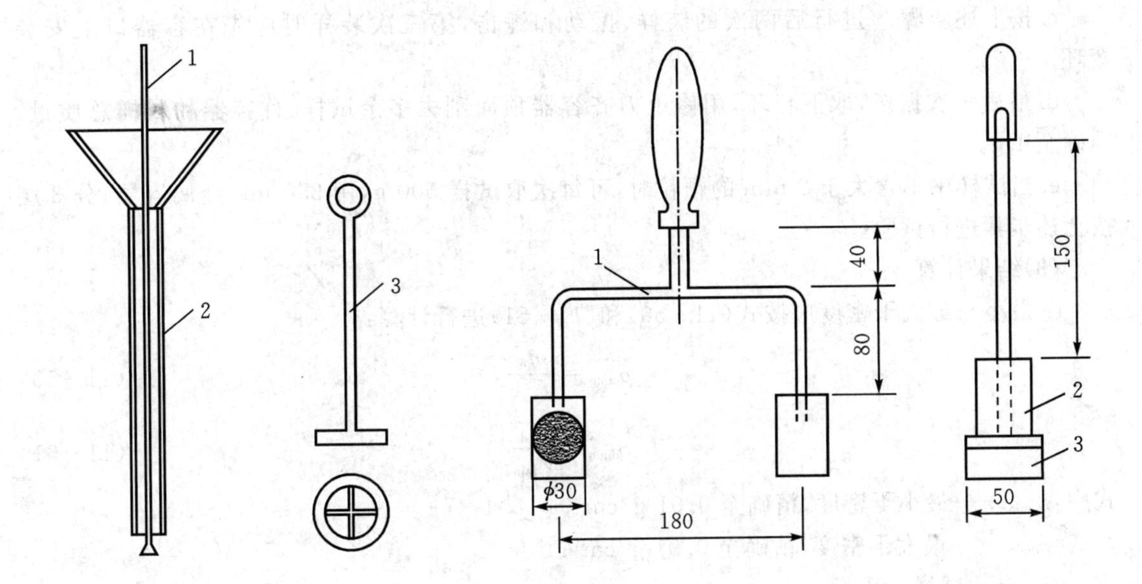

1—锥形塞；2—长颈漏斗；3—砂面拂平器

图 11-17　漏斗及拂平器

1—振动叉；2—击锤；3—锤座

图 11-18　振动叉及击锤(单位：mm)

(2)试验步骤。

①测定最小干密度。

a. 取代表性的烘干或充分风干的土样，用手搓匀或用圆木棍在橡皮板上碾散，然后过 5 mm筛，并剔除大于 5 mm 的颗粒。拌和均匀后取 1500 g 试样进行试验。

b. 将锥形塞杆自漏斗下口穿入，并向上提起，使锥体堵住漏斗管口，一并放入容积 1000 mL 的量筒中，使其下端与筒底接触。

c. 称取试样 700 g，准确至 1 g，均匀倒入漏斗中，将漏斗与塞杆同时提高，移动塞杆使锥体略离开管口，管口应经常保持高出砂面约 10～20 mm，使试样缓慢且均匀地落入量筒中。

d. 待试样全部落入量筒后，取出漏斗与锥形塞，用砂面拂平器将砂面拂平，勿使量筒振动，然后测读砂样的体积，估读至 5 mL。

e. 用手掌或橡皮板堵住量筒口，将量筒倒转，然后缓慢地转回到原来位置，如此重复几次，记下试样在量筒内所占体积的最大值，估读至 5 mL。

f. 取上述两种方法测得的较大体积值，计算最小干密度。

g. 当试样中不含大于 2 mm 的颗粒时，可取试样 400 g，采用 500 mL 的量筒，按上述步骤进行试验。

②测定最大干密度。

a. 取代表性试样约 4 kg，按测定最小干密度第一步进行处理。

b. 将试样分三次倒入金属容器内进行振击。第一次取试样 600～800 g(其数量应控制在振击后试样体积略大于容器容积的 1/3)倒入 1000 mL 的容器内，用振动叉以每分钟各 150～200 次的速度敲打容器两侧，并在同一时间内用击锤锤击试样表面，每分钟 30～60 次，直至试样体积不变为止(一般约 5～10 min)，敲打时要用足够的力量使试样处于振动状态；锤击时，粗砂可用较少击数，细砂应用较多击数。

c. 按上述步骤 b 进行后两次的装样、振动和锤击，第三次装样时应先在容器口上安装套环。

d. 最后一次振毕，取下套环，用修土刀齐容器顶面刮去多余试样，称容器和试样总质量，准确至 1 g。

e. 当试样中不含大于 2 mm 的颗粒时，可每次取试样 500 g，用 250 mL 金属容器，分 3 层按上述步骤进行试验。

(3)结果计算。

①最小与最大干密度应按式(11－50)和(11－51)进行计算：

$$\rho_{dmin}=\frac{m_d}{V_{max}} \tag{11-50}$$

$$\rho_{dmin}=\frac{m_d}{V_{min}} \tag{11-51}$$

式中：ρ_{dmin}——最小干密度，精确至 0.01 g/cm^3；

ρ_{dmax}——最大干密度，精确至 0.01 g/cm^3；

m_d——试样干质量，g；

V_{max}——最松散状态的试样体积，cm^3；

V_{min}——最紧密状态的试样体积，cm^3。

②最大与最小孔隙比按式(11－52)和(11－53)计算：

$$e_{max}=\frac{\rho_s}{\rho_{dmin}}-1 \tag{11-52}$$

$$e_{min}=\frac{\rho_s}{\rho_{dmax}}-1 \tag{11-53}$$

式中：e_{max}——最大孔隙比；

e_{min}——最小孔隙比；

ρ_s——土的颗粒密度，g/cm^3。

③相对密度按式(11－54)和(11－55)计算：

$$D_r=\frac{e_{max}-e_0}{e_{max}-e_{min}} \tag{11-54}$$

$$D_r=\frac{\rho_{dmax}(\rho_d-\rho_{dmin})}{\rho_d(\rho_{dmax}-\rho_{dmin})} \tag{11-55}$$

式中：D_r——相对密度，精确至 0.01；

e_0——天然孔隙比或填土的孔隙比；

ρ_d——天然干密度或填土的干密度，g/cm^3。

④最小干密度与最大干密度均应进行平行测定，平行差值不得大于 0.03 g/cm^3，取其算术平均值。平行测定的差值大于允许的差值时，应重新进行试验。

(4)砂类土的相对密度试验结果填入表 11－26。

表11－26　砂类土的相对密度试验报告

样品状态描述						
粒径2～5 mm颗粒质量____g			粒径2～5 mm颗粒质量占试样总质量百分比____%			
小于0.075 mm颗粒质量____g			小于0.075 mm颗粒质量占试样总质量百分比____%			
天然干密度 ρ_d____g/cm³			天然孔隙比 e_0____		颗粒密度 ρ_s____g/cm³	
试验项目	最小干密度 ρ_{dmin}				最大干密度 ρ_{dmax}	
试验方法	漏斗法		量筒法		锤击法	
干试样＋容器质量(g)						
容器质量(g)						
干试样质量(g)						
干试样松散、紧密体积(cm³)						
最小、最大干密度(g/cm³) 单值						
最小、最大干密度(g/cm³) 计算值						
最大、最小孔隙比	$e_{max}=\rho_s/\rho_{dmin}-1=$				$e_{min}=\rho_s/\rho_{dmax}-1=$	
相对密度	$D_r=[\rho_{dmax}(\rho_d-\rho_{dmin})]/[\rho_d(\rho_{dmax}-\rho_{dmin})]=$ 或 $D_r=(e_{max}-e_0)/(e_{max}-e_{min})=$					

11.8.2　砾石类土的相对密度

(1)仪器设备。

①最大干密度试验装置，如图11－19所示。它由振动台、试样筒、套筒、加重盖板及加重物组成。

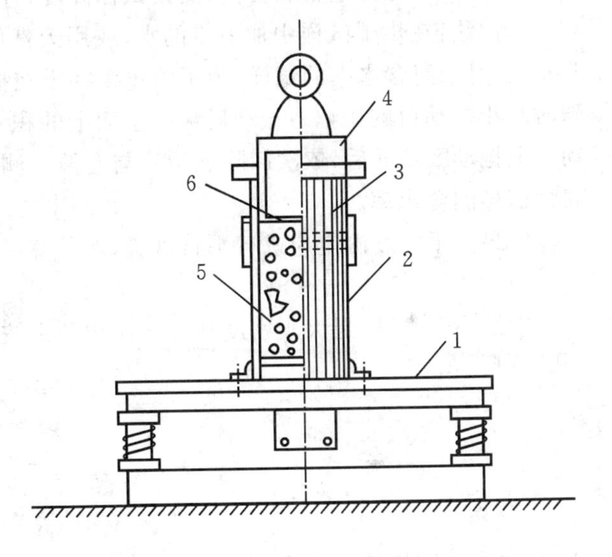

1—振动台；2—试样筒；3—套筒；4—加重物；5—试样；6—加重盖板

图11－19　最大干密度试验装置

②测针架及测针：测针的分度值为0.1 mm。

③灌注设备：带管嘴的漏斗。管嘴直径10～20 mm，漏斗喇叭口径 ϕ100～150 mm，管嘴长度视套筒长度而定。

④分析筛。

a.粗筛：孔径分别为60 mm、40 mm、20 mm、10 mm、5 mm；

b.细筛：孔径分别为5 mm、2 mm、1 mm、0.5 mm、0.25 mm、0.125 mm、0.075 mm。

⑤台秤：称量50 kg，分度值50 g；称量10 kg，分度值5 g。

⑥其他设备：搅拌盘、提吊设备、铁铲、

毛刷、秒表、钢尺、卡尺、称料筒、大瓷盘等。

(2)最小干密度应按下列步骤进行:

①试样制备应选用代表性试样在105～110 ℃下烘干,并分级过筛贮存。筛分过程中应使弱胶结的土样能充分剥落。

②根据试样的最大粒径,选用灌注设备及试样筒,称筒质量。

③对粒径小于10 mm的烘干试样,采用固定体积法。将拌匀的试样,从漏斗管嘴均匀徐徐地注入试样筒。注入时随时调整漏斗管口的高度,使自由下落的距离保持在20～50 mm之间。同时要从外侧向中心呈螺旋线移动,使土层厚度均匀增高而不产生大小颗粒分离。当充填到高出筒顶约25 mm时,用钢直刀沿筒口刮去余土,注意在操作时不得扰动试样筒。称筒及试样总质量。

④对粒径大于10 mm的烘干试样,采用固定体积法。用大勺或小铲将试样填入试样筒内。装填时小铲应贴近筒内土面,使铲中试样徐徐滑入筒内,直至填土高出筒顶,余土高度不应超过25 mm为止。然后将筒面整平,当有大颗粒露顶时,凸出筒顶的体积应能近似地与筒顶水平面以下的大凹隙体积相抵消,称筒及试样总质量。

⑤最小干密度测定应按上述步骤进行平行试验,取其算术平均值。

⑥对于超径料含量较多的粗颗粒土,为求得原级配的相对密度值,应进行最大粒径以下不同模型比的最小干密度系列试验。

(3)最大干密度试验可采用干法或湿法,按下列步骤进行:

①干法:先拌匀烘干试样,将试样装填于试样筒内,称筒与试样总质量。装填方法与最小干密度方法相同。通常情况是直接用最小干密度试验时装好的试样筒,放在振动台上,加上套筒,把加压盖板放在土上面依次安放好加重物。随即将振动台调整至最优振幅0.64 mm,振动8 min后,卸除加重物和套筒,测读试样高度,计算试样体积。

②湿法:在烘干试样中加适量的水,或用天然的湿土进行装样。装完试样后,应立即振动6 min。对于高含水率的试样,为了防止某些土在振动过程中产生颗粒跳动,振动6 min时,应随时减小振动台的振幅。振动后吸除土面上的积水,依次装上套筒,施加重物,然后固定在振动台上振动8 min后,依次卸除加重物与套筒。测读试样高度,称试样筒与试样总质量。取代表性试样测含水率。

③最大干密度测定应进行平行试验,取其算术平均值。

(4)结果计算。

①最小干密度、最大干密度和试样体积分别按式(11-56)、(11-57)和(11-58)计算:

$$\rho_{\mathrm{dmin}}=\frac{m_{\mathrm{d}}}{V_{\mathrm{c}}} \tag{11-56}$$

$$\rho_{\mathrm{dmax}}=\frac{m_{\mathrm{d}}}{V_{\mathrm{s}}} \tag{11-57}$$

$$V_{\mathrm{s}}=V_{\mathrm{c}}-(R_{\mathrm{i}}-R_{\mathrm{t}})\times A \tag{11-58}$$

式中:V_c——试样筒的容积,cm^3;

V_s——试样体积,cm^3;

R_t——振动后加压盖板上百分表的读数,cm;

R_i——起始读数,cm;

A——试样筒断面积，cm^2。

②相对密度按式(11-59)和(11-60)计算：

$$D_r=\frac{e_{max}-e_0}{e_{max}-e_{min}} \tag{11-59}$$

$$D_r=\frac{\rho_{dmax}(\rho_d-\rho_{dmin})}{\rho_d(\rho_{dmax}-\rho_{dmin})} \tag{11-60}$$

③压实度按式(11-61)计算：

$$K=\frac{\rho_d}{\rho_{dmax}} \tag{11-61}$$

式中：K——压实度，计算精确至0.001。

④密度指数按式(11-62)计算：

$$I_D=\frac{\rho_d-\rho_{dmin}}{\rho_{dmax}-\rho_{dmin}}\times 100 \tag{11-62}$$

式中：I_D——密度指数。

(5)碎石类土的相对密度试验结果填入表11-27。

表11-27 碎石类土的相对密度试验报告

样品状态描述						
试样说明	粗颗粒中小于0.075 mm颗粒质量______g					
	粗颗粒中小于0.075 mm颗粒质量占试样总质量百分比______%					
	天然干密度 ρ_d______g/cm³		天然孔隙比 e_0______		颗粒密度 ρ_s______g/cm³	
试验项目	最小干密度		最大干密度			
试验方法	固定体积法		干法		湿法	
干试样+容器质量(kg)						
容器质量(kg)						
干试样质量(kg)						
干试样松散、紧密体积(cm³)						
最小、最大干密度(g/cm³)						
最大、最小孔隙比	$e_{max}=\rho_s/\rho_{dmin}-1=$				$e_{min}=\rho_s/\rho_{dmax}-1=$	
相对密度	$D_r=[\rho_{dmax}(\rho_d-\rho_{dmin})]/[\rho_d(\rho_{dmax}-\rho_{dmin})]=$ 或 $D_r=(e_{max}-e_0)/(e_{max}-e_{min})=$					
压实度	$K=\rho_d/\rho_{dmax}=$					
密度指数	$I_D=(\rho_d-\rho_{dmin})/(\rho_{dmax}-\rho_{dmin})\times 100=$					

11.9 击实试验

击实试验的目的是用标准的击实方法测定土的干密度与含水率的关系，从而确定土的最大干密度与最优含水率，了解土的压实特性，为工程设计及现场碾压提供土的压实性资料。

土的压实程度与含水率、压实功能和压实方法都有密切关系，当压实功能和压实方法不变时，土的干密度随含水率增加而增加，当干密度达到某一最大值之后，含水率的继续增加反而使干密度减小。这一最大值就称为最大干密度，相应的含水率称为最优含水率。

击实试验常用的标准方法有轻型击实和重型击实法，应根据工程要求和试样最大粒径按表 11－28 选用。

表 11－28　击实试验标准技术参数

试验类型	编号	标准技术参数										
		击实仪规格							试验条件			
		击锤			击实筒			护筒				
		质量(kg)	锤底直径(mm)	落距(mm)	内径(mm)	筒高	容积(cm³)	高度(mm)	击实功(kJ/m³)	层数	每层击数	最大粒径(mm)
轻型	Q1	2.5	51	305	102	116	947.4	50	592	3	25	5
	Q2				152		2103.9		597		56	20
重型	Z1	4.5	51	457	102	116	947.4	50	2659	5	25	5
	Z2				152		2103.9		2682	5	56	20
	Z3				152		2103.9		2701	3	94	40

(1)仪器设备。

①电动击实仪：如图 11－20 所示。

②击实筒：钢制圆柱形筒，配有钢护筒、底板和垫块。

③推土器：用于脱模。

④分析筛：孔径为 40 mm、20 mm、5 mm。

⑤电子秤：称量 200 g 和称量 15 kg 的各一台。

⑥其他：碾土设备、喷水设备、切土刀、称量盒、土铲、干燥箱等。

图 11－20　电动击实仪

(2)试样制备。

①干法试样制备应按下列步骤进行：

a. 将代表性试样风干或在低于 50 ℃温度下进行烘干。烘干后以不破坏试样的基本颗粒为准。将土碾碎，过 5 mm、20 mm 或 40 mm 筛，拌和均匀备用。试样数量，小直径击实筒最少 20 kg，大直径击实筒最少 50 kg。

b. 按烘干法测定试样的风干含水率。按试样的塑限估计最优含水率，在最优含水率附近选择依次相差约 2%的含水率制备一组试样至少 5 个，其中 2 个含水率大于塑限、2 个小于塑限、1 个接近塑限。加水量可用式(11－63)计算：

$$m'_w=\frac{m_0}{1+w_0}(w'-w_0) \tag{11-63}$$

式中：m'_w——所需加水量，g；

m_0——风干试样质量,g;

w_0——风干试样含水率,%;

w'——要求达到的含水率,%。

c. 按预定的含水率制备试样。根据击实筒容积大小,每个试样取 2.5 kg 或 6.5 kg,平铺于不吸水的平板上,洒水拌和均匀,然后分别放入有盖的容器里静置备用。高塑性黏性土静置时间不得小于 24 h;低塑性黏性土静置时间可缩短,但不应小于 12 h。

②湿法试样制备。将天然含水率的试样碾碎过 5 mm、20 mm 或 40 mm 筛,混合均匀后,按选用击实筒容积取 5 份试样,其中 1 份保持天然含水率,其余 4 份分别风干或加水达到所要求的不同含水率。制备好的试样要完全拌匀,保证水分均匀分布。

(3)试验步骤。

①称取击实筒质量,并作记录。

②将击实仪放在坚实的地面上,安装好击实筒及护筒(大直径击实筒内还要放入垫块),内壁涂少许润滑油。每个试样应根据选用试验类型,按表 11-28 规定分层击实。每层高度应近似,两层交界处层面刨毛,所用试样的总量应使最后的击实面超出击实筒顶不大于 6 mm。击实时要保持导筒垂直平稳,并按表 11-28 规定相应试验类型的层数和击数,以均匀速度作用到整个试样上,击锤应沿击实筒周围锤击一遍后,中间再加一击。

③击实完成后拆去护筒,用切土刀修平击实筒顶部的试样,拆除底板,当试样底面超出筒外时,也应修平,擦净筒的外壁,称筒和试样的总质量,准确至 5 g。

④用推土器将试样从筒中推出,从其中心取 2 个代表性试样用烘干法测定含水率。

⑤按以上步骤进行不同含水率试样的击实,试样不宜重复使用。

(4)结果计算。

①击实后试样的湿密度按式(11-64)进行计算(精确至 0.01 g/cm³):

$$\rho=\frac{m_2-m_1}{V} \tag{11-64}$$

式中:ρ——击实后试样的湿密度,g/cm³;

m_2——击实后击实筒和湿试样质量,g;

m_1——击实筒质量,g;

V——击实筒容积,cm³。

②击实后试样干密度按式(11-65)进行计算(精确至 0.01 g/cm³):

$$\rho_d=\frac{\rho}{1+0.01w} \tag{11-65}$$

式中:ρ_d——击实后试样的干密度,g/cm³;

w——含水率,%。

③以干密度为纵坐标,含水率为横坐标,绘制干密度与含水率的关系曲线,见图 11-21。曲线上峰值点的纵横坐标分别表示该击实试样的最大干密度和最优含水率。若曲线不能绘出正确的峰值点,应进行补点。

④当试样中超粒径颗粒质量占总质量的 5%～30%时,其最大干密度和最优含水率应按式(11-66)和(11-67)进行校正:

a. 校正后试样的最大干密度(精确至 0.01 g/cm³)。

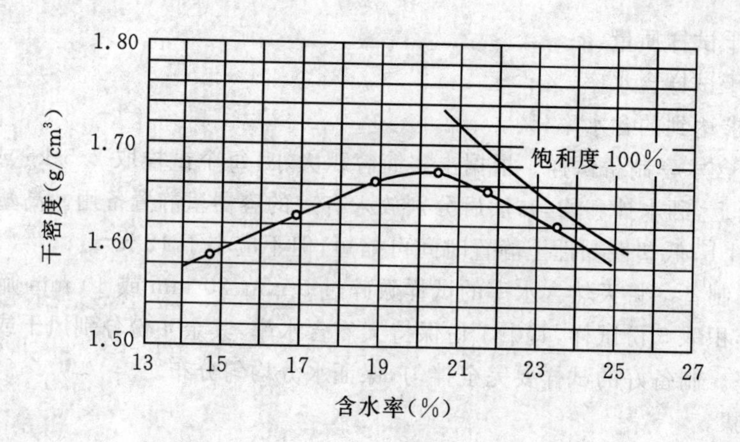

图 11-21　干密度—含水率关系曲线

$$\rho'_{dmax}=\frac{1}{\frac{1-P_s}{\rho_{dmax}}+\frac{P_s}{\rho_s}} \tag{11-66}$$

式中：ρ'_{dmax}——校正后试样的最大干密度，g/cm³；

ρ_{dmax}——粒径小于 5 mm、20 mm 或 40 mm 的试样试验所得的最大干密度，g/cm³；

P_s——试样中粒径大于 5 mm、20 mm 或 40 mm 的颗粒含量的质量百分数；

ρ_s——粒径大于 5 mm、20 mm 或 40 mm 的颗粒毛体积密度，g/cm³。

b. 校正后试样的最优含水率(精确至 0.01%)。

$$w'_{opt}=w_{opt}(1-P_s)+P_s w_x \tag{11-67}$$

式中：w'_{opt}——校正后试样的最优含水率，%；

w_{opt}——粒径小于 5 mm、20 mm 或 40 mm 的试样试验所得的最优含水率，%；

w_x——粒径大于 5 mm、20 mm 或 40 mm 的颗粒吸着含水率，%。

⑤饱和含水率按式(11-68)进行计算(精确至 0.1%)：

$$w_{sat}=\left(\frac{\rho_w}{\rho_d}-\frac{\rho_w}{\rho_s}\right)\times 100 \tag{11-68}$$

式中：w_{sat}——饱和含水率，%；

ρ_s——试样颗粒密度，g/cm³，对于粗粒土，则为试样中粗细颗粒的混合密度；

ρ_w——4 ℃时水的密度，为 1 g/cm³。

⑥计算数个干密度下试样的饱和含水率，以干密度为纵坐标，含水率为横坐标，绘制出饱和曲线，见图 11-21 所示。

⑦压实系数按式(11-69)计算：

$$K=\frac{\rho_d}{\rho_{dmax}} \tag{11-69}$$

式中：K——压实度，计算精确至 0.001；

ρ_d——试样的干密度，g/cm³；

ρ_{dmax}——最大干密度，g/cm³。

(5)击实试验结果填入表 11-29。

表11-29 击实试验报告

样品状态描述												
试样编号____		土的分类____		土的密度 ρ(g/cm^3)____				风干试样含水率 ω_0(%)____				
击实层数____		每层击数____		试样制备方法____				估计最优含水率(%)____				
试验点号			1		2		3		4		5	
含水率	盒号											
	盒和湿试样总质量(g)											
	盒和干试样总质量(g)											
	盒质量(g)											
	水质量(g)											
	干试样质量(g)											
	含水率 ω(%)	单值										
		平均值										
干密度	筒和试样总质量 m_2(g)											
	筒质量 m_1(g)											
	湿试样质量(g)											
	筒体积 V(cm^3)											
	湿密度 ρ(g/cm^3)											
	干密度 ρ_d(g/cm^3)											
最大干密度 ρ_d(g/cm^3)____				最优含水率 ω(%)____				饱和度 ω_{sat}(%)____				
大于5 mm、20 mm或40 mm颗粒含量(%)____								校正后最大干密度(g/cm^3)____				
校正后最优含水率(%)____												
ρ_d-ω 关系曲线：												

11.10 标准固结试验

饱和土体受到外力后，孔隙中的部分水逐渐从土体中排除，土中孔隙水压力逐渐减小，作用在土骨架上的有效应力逐渐增加，土体积随之压缩，直到变形达到稳定为止。土体这一变形的全过程称为固结。固结过程的快慢取决于土中水排出的速度，它是时间的函数。非饱和土体在外力作用下的变形通常是由孔隙中气体排出或压缩所引起的，主要取决于有效应力的改变。土体的这种变形称为压缩。

固结试验的目的是测定试样在侧限与轴向排水条件下的变形和压力，或孔隙比与压力的关系、变形和时间的关系，以便计算土的压缩系数、压缩指数、回弹指数、压缩模量、固结系数及原状土的先期固结压力等。

固结试验有标准固结、12 h 快速固结和 1 h 快速压缩试验。一般情况下应优先采用标准固结试验，该方法适用于饱和的黏性土，当只进行压缩试验时，允许用于非饱和土。12 h 快速固结试验适用于测定一般黏性土的先期固结压力和压缩指数的试验；1 h 快速压缩试验适用于渗透性较大、沉降计算要求精度不高的非饱和土。

(1)仪器设备。

①固结仪(如图 11－22 所示)。

a. 固结容器：由环刀护环、透水板、加压上盖和水槽等构成；

b. 加压设备：能垂直施加各级规定的压力，无冲击影响。

②变形量测设备：百分表量程 10 mm，分度值为 0.01 mm 或准确度为全量程 0.2%的位移传感器。

③天平：称量 500 g，分度值 0.1 g；称量 100 g，分度值 0.01 g。

④其他：切土刀、钢丝锯、称量盒、土铲、电热干燥箱等。

图 11－22　固结仪

(2)试验步骤。

①根据工程需要，切取原状土试样或制备给定密度与含水率的扰动土试样。需要饱和时按规定方法进行抽气饱和。

②在固结容器内放入护环、透水板、滤纸，将带有环刀的试样装入护环内，在试样上再放入滤纸、透水板、加压盖板，置于加压框架下(如图 11－23 所示)，对准加压框架的中心，安装百分表或位移传感器。当试样为饱和土时，上、下透水板应事先浸水饱和；对非饱和状态的试样，透水板和滤纸的湿度应与试样湿度相接近。

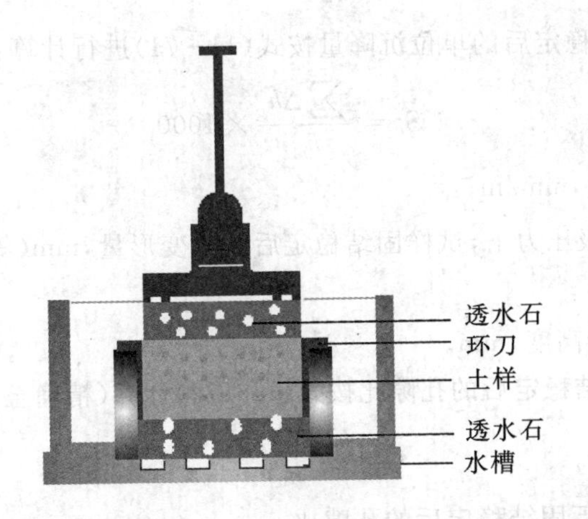

图 11-23　固结试验示意图

③施加 1 kPa 的预压力，使试样与仪器上下各部件之间接触良好，将百分表或位移传感器调整到零位或测读初始值。

④记录初始读数后，卸除预压力，开始施加第一级压力。第一级压力的大小应根据土的软硬程度而定，可分别为 12.5 kPa、25 kPa 或 50 kPa。

⑤饱和试样或工程上要求浸水的试样，在施加第一级压力后，立即向容器内注水，使试样在水下进行试验。非饱和试样，用湿棉纱围住加压盖板四周，以避免试验过程中水分的蒸发。加压等级一般为 12.5 kPa、25 kPa、50 kPa、100 kPa、200 kPa、400 kPa、800 kPa、1600 kPa、3200 kPa，最后一级的压力应大于上覆土层计算压力的 100～200 kPa。

⑥需要测定先期固结压力时，加压率宜小于 1.0，可采用 0.5 或 0.25 的加压率，最后一级压力应使 $e-\lg p$ 曲线的下段出现较长的直线段。

⑦当需测定沉降速率、固结系数时，加压后应按下列时间顺序测记量表读数：6 s、15 s、1 min、2 min15 s、4 min、6 min15 s、9 min、12 min15 s、16 min、20 min15 s、25 min、30 min15 s、36 min、42 min15 s、49 min、64 min、100 min、200 min、400 min 及 23 h、24 h 直至稳定为止。当不需要测定沉降速率时，稳定标准为每级压力下固结 24 h。只测定压缩系数时，每级压力下的稳定标准为：黏土每小时试样的变形量不大于 0.005 mm，粉土和粉质黏土不大于 0.01 mm。

⑧当需作回弹试验时，可在某级压力下固结稳定后逐级卸荷，直到卸至第一级压力为止。每次卸荷后的回弹稳定标准与加压时相同，并测记每级压力及最后一级压力时的回弹稳定读数。

⑨试验结束后，迅速拆除仪器各部件，取出带环刀的试样，擦干试样两端和环刀壁上的水分，并测定整块试样试验后的含水率。

(3)结果计算。

①初始孔隙比按式(11-70)进行计算(精确至 0.01)：

$$e_0=\frac{\rho_s(1+0.01w_0)}{\rho_0}-1 \tag{11-70}$$

式中：ρ_s——颗粒密度，g/cm³；

w_0——试样初始含水率，%；

ρ_0——试样初始密度，g/cm³。

②各级压力下固结稳定后的单位沉降量按式(11-71)进行计算：

$$S_i=\frac{\sum \Delta h_i}{h_0}\times 1000 \tag{11-71}$$

式中：S_i——单位沉降量，mm/m；

$\sum \Delta h_i$——在某级压力下，试样固结稳定后的总变形量，mm(等于该压力下固结稳定后的读数减去仪器变形量)；

h_0——试样的初始高度，mm。

③第 i 级压力下固结稳定后的孔隙比按式(11-72)计算(精确至0.01)：

$$e_i=\frac{h_i(1+e_0)}{h_0}-1 \tag{11-72}$$

式中：e_i——第 i 级压力下固结稳定后的孔隙比；

h_i——第 i 级压力下，试样固结稳定后的高度，mm。

④某一压力范围内的压缩系数按式(11-73)计算(精确至0.01 MPa^{-1})：

$$a_v=\frac{e_i-e_{i+1}}{P_{i+1}-P_i} \tag{11-73}$$

式中：a_v——某一压力范围内的压缩系数，MPa^{-1}；

e_{i+1}——第 $i+1$ 级压力下固结稳定后的孔隙比；

P_i——第 i 级压力，kPa；

P_{i+1}—第 $i+1$ 级压力，kPa。

⑤某一压力范围内的压缩模量和体积压缩系数按式(11-74)和(11-75)计算：

$$E_s=\frac{1+e_i}{a_v} \tag{11-74}$$

$$m_v=\frac{1}{E_s}=\frac{a_v}{1+e_i} \tag{11-75}$$

式中：E_s——压缩模量，MPa，计算精确至0.1 MPa；

m_v——体积压缩系数，MPa^{-1}，计算精确至0.01 MPa^{-1}。

⑥压缩指数和回弹指数按式(11-76)计算：

$$C_c \text{ 或 } C_s=\frac{e_i-e_{i+1}}{\lg P_{i+1}-\lg P_i} \tag{11-76}$$

式中：C_c——压缩指数，即 $e-\lg p$ 曲线直线段的斜率，精确至0.001；

C_s——回弹指数，即曲线上某一压力范围内的平均斜率，精确至0.001。

⑦以单位沉降量 S_i 或孔隙比 e 为纵坐标，压力 p 为横坐际，绘制单位沉降量或孔隙比与压力的关系曲线。以孔隙比 e 为纵坐标，$\lg p$ 为横坐标，绘制 $e-\lg p$ 关系曲线。

(4)标准固结试验结果填入表11-30。

表 11－30　标准固结试验报告

试样面积______cm²　颗粒密度______g/cm³　初始孔隙比____　试验前试样高度______cm

试验前饱和度______%　试验后饱和度______%　试验前试样密度______g/cm³

试验前试样含水率______%　试验后试样密度______g/cm³　试验后试样含水率______%

压力(kPa) 经过时间	P=		P=		P=		P=	
	日期	百分表读数 (mm)	日期	百分表读数 (mm)	日期	百分表读数 (mm)	日期	百分表读数 (mm)
0								
6 s								
15 s								
1 min								
2.25 min								
4 min								
6.25 min								
9 min								
12.25 min								
16 min								
20.25 min								
25 min								
30.25 min								
36 min								
42.25 min								
49 min								
64 min								
100 min								
200 min								
400 min								
23 h								
24 h								
总变形量(mm)								
仪器变形量(mm)								
试样总变形量(mm)								

续表 11-30

加压历时	压力 P_i(kPa)	试样总变形量 $\sum \Delta h_i$(mm)	压缩后的试样高度 $h_i = h_0 - \sum \Delta h_i$(mm)	孔隙比 $e_i = [h_i(1+e_0)/h_0]-1$	压缩系数 $\alpha_v = (e_i - e_{i+1})/(p_{i+1} - p_i)$(MPa^{-1})	压缩模量 $E_s = (1+e_i)/\alpha_v$ (MPa)

11.11 直接剪切试验

直接剪切试验是利用盒式剪切仪，在试样上施加竖向压力，直接测定的总抗剪强度指标的一种方法，它是最古老却又是最简单的试验方法，适用于砂土及渗透系数 $k<10^{-6}$ cm/s 的黏土，不适于测定软黏土的不排水剪强度。这类指标在工程上用于土体稳定的总应力分析。

直接剪切试验分为快剪、固结快剪、慢剪三种方法。本试验适用于测定黏性土和粉土的抗剪强度参数 e、φ，以及土颗粒粒径小于 2 mm 砂类土的 φ。渗透系数 $k>10^{-6}$ cm/s 的土不宜做快剪试验。

(1)仪器设备。

①应变控制直剪仪：由剪切盒、垂直加压设备、剪切传动装置、测力计、位移量测系统等构成，如图 11-24 所示。

图 11-24 直剪仪

②位移计：可用量程为 10 mm、分度值为 0.01 mm 的百分表，或准确度为全量程 0.2%的传感器。

③环刀：内径 61.8 mm，高 20 mm。

④透水板或不透水板：直径比环刀略小约 0.2～0.5 mm。

⑤天平：称量 500 g，分度值 0.1 g。

⑥其他：切土刀、滤纸、保湿器等。

(2)试验步骤。

①根据工程需要，制备原状土试样或给定密度与含水率的扰动土试样。需要饱和时按规定方法进行抽气饱和。

②对准剪切容器的上下盒，插入固定销，在下盒内放入不透水板，将带有试样的环刀刃口向上，对准剪切盒口，快剪试

验应在试样上面放不透水板(或透水板加薄膜塑料),然后将试样缓缓推入剪切盒内,再移去环刀;固结快剪与慢剪试验应在试样上下两面放透水板,并贴放湿滤纸。

③转动传动装置,使上盒的前端钢珠刚好与测力计接触,调整测力计读数为零。顺次加上传压板、钢珠、加压框架。如需观测垂直变形,可安装垂直位移计,并记录初始读数。

④施加垂直压力的大小应根据工程要求和土的软硬状态决定,一般可按 25 kPa、50 kPa、100 kPa、200 kPa 或 100 kPa、200 kPa、300 kPa、400 kPa 施加压力。固结快剪和慢剪试验应在施加垂直力后,每隔 1 h 测定垂直位移一次。待试样每小时变形量,黏性土不大于 0.005 mm,粉土和砂类土不大于 0.01 mm 时,则固结已趋稳定。

⑤立即拔去固定销,将测力计调零后,开动秒表,以 0.8～1.2 mm/min 的剪切速度对试样进行剪切,控制在 3～5 min 内破坏。慢剪试验的剪切速度为 0.02 mm/min。当测力计的读数不变或出现后退时,表示试样已被破坏,一般应剪切至剪切变形达 4 mm 为止。如测力计读数随剪切变形继续加大,则剪切变形应达到 6 mm 为止。试样每产生 0.2～0.4 mm 位移时,应测记测力计和位移读数一次,直到剪损为止,记下破坏值。

⑥剪切结束后应立即吸去剪切盒内积水,退去剪切力和垂直压力,移去加压框架,取出试样,测定试样剪切面上的含水率。

(3)结果计算。

①剪应力及剪切位移按式(11－77)和(11－78)进行计算:

$$\tau=(CR/A_0)\times10 \tag{11-77}$$

$$\Delta L=\Delta L'\cdot n-R \tag{11-78}$$

式中:τ——剪应力,kPa,精确至 1 kPa;

C——测力计率定系数,N/0.01 mm;

R——测力计读数,0.01 mm;

A_0——试样面积,cm^2;

10——单位换算因数;

ΔL——剪切位移位移,0.01 mm;

n——手轮转数;

$\Delta L'$——手轮每转的位移,0.01 mm。

②以剪应力 τ 为纵坐标,剪切位移 ΔL 为横坐标,绘制 τ－ΔL 关系曲线,见图 11－25。选取 τ－ΔL 关系曲线上剪应力的峰值或稳定值作为抗剪强度 S,如图 11－25 中曲线上的箭头所示。如无明显峰值时,取剪切位移所对应的剪应力作为抗剪强度。

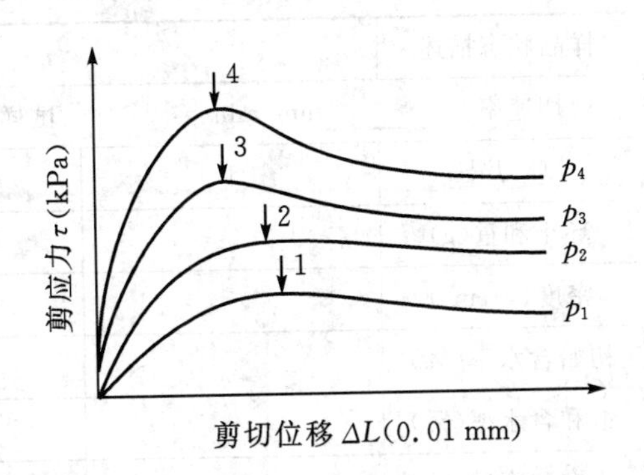

图 11－25　剪应力与剪切位移关系曲线

③以抗剪强度 S 为纵坐标,垂直压力 p 为横坐标,绘制 S－p 关系曲线,见图 11－26。根据图上各实测点,绘制一条视测直线(各实测点与直线上对应点的抗剪强度之差,不得超过直线上对应点抗剪强度的±5%)。直线在纵坐标上的截距为土的黏聚力 c,直线的倾角为土的内摩擦角 φ。

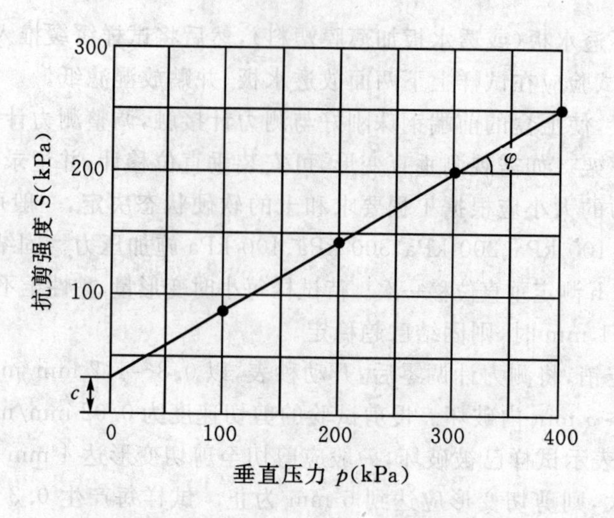

图 11-26 抗剪强度与垂直压力关系曲线

④不绘制抗剪强度与垂直压力关系曲线时，内摩擦角及黏聚力应按式(11-79)、(11-80)和(11-81)计算：

$$\varphi=\arctan\left[\frac{1}{\Delta}\left(n\sum p\tau-\sum p\sum \tau\right)\right] \tag{11-79}$$

$$c=\frac{\sum \tau}{n}-\frac{\sum p}{n}\tan\varphi \tag{11-80}$$

$$\Delta=n\sum p^2-\left(\sum p\right)^2 \tag{11-81}$$

式中：c——剪应力，kPa，精确至 1 kPa；

φ——内摩擦角，°，精确至 0.1°；

p——垂直压力，kPa；

n——每组试样数。

(4)直接剪切试验结果填入表 11-31。

表 11-31　直接剪切试验报告

样品状态描述			试验方法	
剪切速率＿＿＿＿mm/min		试样面积 A_0＿＿＿＿cm^2		颗粒密度＿＿＿＿g/cm^3
环刀号	1	2	3	4
环土和重(g)				
密度(g/cm^3)				
初始含水率(%)				
饱和含水率(%)				
饱和度(%)				
剪后含水率(%)				
钢环号				

续表 11－31

垂直压力（kPa）								
垂直变形（mm）								
时间（min）								
剪切过程	时间（s）	测力计读数（0.01 mm）	时间（s）	测力计读数（0.01 mm）	时间（s）	测力计读数（0.01 mm）	时间（s）	测力计读数（0.01mm）
测力计率定系数（N/0.01 mm）								
抗剪强度（kPa）								

黏聚力 $c=$ ＿＿＿＿＿ kPa　　　　内摩擦角 $\varphi=$ ＿＿＿＿＿（°）

参考文献

[1]陈志源,李启令. 土木工程材料[M]. 武汉:武汉理工大学出版社,2012.
[2]曹亚玲. 建筑材料[M]. 北京:化学工业出版社,2010.
[3]王敖杰,许丽丽. 建筑材料试验实训[M]. 西安:西北工业大学出版社,2012.
[4]宋岩丽,周仲景. 建筑材料与检测[M]. 北京:人民交通出版社,2013.
[5]张松榆,刘祥顺. 建筑材料质量检测与评定[M]. 武汉:武汉理工大学出版社,2007.
[6]金耀华. 土力学土力学与地基基础[M]. 武汉:华中科技大学出版社,2013.
[7]施惠生,等. 混凝土外加剂技术大全[M]. 北京:化学工业出版社,2013.
[8]王晓丽. 金属材料与热处理[M]. 北京:机械工业出版社,2012.
[9]罗相杰,宋勇军. 土工试验[M]. 北京:北京理工大学出版社,2012.
[10]王辉. 建筑材料与检测试验指导[M]. 北京:北京大学出版社,2012.
[11]陈远吉,宁平. 住房和城乡建设领域专业技术管理人员培训教材——试验员[M]. 南京:江苏人民出版社,2012.
[12]俞伟辉,吴贻猛. 土木建筑类职业技能岗位培训系列教材:试验工[M]. 南京:武汉理工大学出版社,2012.
[13]葛新亚. 混凝土材料技术[M]. 北京:化学工业出版社,2006.

高职高专“十二五”建筑及工程管理类专业系列规划教材

> 建筑设计类

(1)素描
(2)色彩
(3)构成
(4)人体工程学
(5)画法几何与阴影透视
(6)3dsMAX
(7)Photoshop
(8)CorelDraw
(9)Lightscape
(10)建筑物理
(11)建筑初步
(12)建筑模型制作
(13)建筑设计原理
(14)中外建筑史
(15)建筑结构设计
(16)室内设计基础
(17)手绘效果图表现技法
(18)建筑装饰设计
(19)建筑装饰制图
(20)建筑装饰材料
(21)建筑装饰构造
(22)建筑装饰工程项目管理
(23)建筑装饰施工组织与管理
(24)建筑装饰施工技术
(25)建筑装饰工程概预算
(26)居住建筑设计
(27)公共建筑设计
(28)工业建筑设计
(29)城市规划原理

> 土建施工类

(1)建筑工程制图与识图
(2)建筑识图与构造
(3)建筑材料
(4)建筑工程测量
(5)建筑力学
(6)建筑 CAD
(7)工程经济
(8)钢筋混凝土与砌体结构
(9)房屋建筑学
(10)土力学与基础工程
(11)建筑设备
(12)建筑结构
(13)建筑施工技术
(14)土木工程施工技术
(15)建筑工程计量与计价
(16)钢结构识图
(17)建设工程概论
(18)建筑工程项目管理
(19)建筑工程概预算
(20)建筑施工组织与管理
(21)高层建筑施工
(22)建设工程监理概论
(23)建设工程合同管理
(24)工程材料试验
(25)无机胶凝材料项目化教程

> 建筑设备类

(1)电工基础
(2)电子技术基础
(3)流体力学
(4)热工学基础
(5)自动控制原理
(6)单片机原理及其应用
(7)PLC 应用技术
(8)电机与拖动基础
(9)建筑弱电技术
(10)建筑设备
(11)建筑电气控制技术

(12)建筑电气施工技术
(13)建筑供电与照明系统
(14)建筑给排水工程
(15)楼宇智能化技术

> 工程管理类

(1)建设工程概论
(2)建筑工程项目管理
(3)建筑工程概预算
(4)建筑法规
(5)建设工程招投标与合同管理
(6)工程造价
(7)建筑工程定额与预算
(8)建筑设备安装
(9)建筑工程资料管理
(10)建筑工程质量与安全管理
(11)建筑工程管理
(12)建筑装饰工程预算
(13)安装工程概预算
(14)工程造价案例分析与实务
(15)建筑工程经济与管理
(16)建筑企业管理
(17)建筑工程预算电算化

> 房地产类

(1)房地产开发与经营
(2)房地产估价
(3)房地产经济学
(4)房地产市场调查
(5)房地产市场营销策划
(6)房地产经纪
(7)房地产测绘
(8)房地产基本制度与政策
(9)房地产金融
(10)房地产开发企业会计
(11)房地产投资分析
(12)房地产项目管理
(13)房地产项目策划
(14)物业管理

欢迎各位老师联系投稿!

联系人:祝翠华
手机:13572026447　办公电话:029-82665375
电子邮件:zhu_cuihua@163.com　37209887@qq.com
QQ:37209887(加为好友时请注明“教材编写”等字样)

图书在版编目(CIP)数据

工程材料试验/高鹤主编.—西安:西安交通大学出版社,2014.6
高职高专“十二五”建筑及工程管理类专业系列规划教材
ISBN 978-7-5605-6396-1

Ⅰ.①工… Ⅱ.①高… Ⅲ.①工程材料-材料试验-高等职业教育-教材 Ⅳ.①TB302

中国版本图书馆CIP数据核字(2014)第142538号

书　　名　工程材料试验
主　　编　高　鹤
责任编辑　史菲菲

出版发行　西安交通大学出版社
(西安市兴庆南路10号　邮政编码710049)
网　　址　http://www.xjtupress.com
电　　话　(029)82668357　82667874(发行中心)
(029)82668315　82669096(总编办)
传　　真　(029)82668280
印　　刷　陕西元盛印务有限公司

开　　本　787mm×1092mm　1/16　**印张**　15.875　**字数**　381千字
版次印次　2014年9月第1版　2014年9月第1次印刷
书　　号　ISBN 978-7-5605-6396-1/TB·80
定　　价　32.80元

读者购书、书店添货,如发现印装质量问题,请与本社发行中心联系、调换。
订购热线:(029)82665248　(029)82665249
投稿热线:(029)82668133
读者信箱:xj_rwjg@126.com